Grundlagen der
exakten Naturwissenschaften
Band 7

GRUNDLAGEN DER EXAKTEN NATURWISSENSCHAFTEN
Wissenschaftstheoretische, logische und philosophische Untersuchungen zur Physik und den angrenzenden Gebieten

Herausgegeben von
Peter Mittelstaedt,
Universität Köln

BAND 1:
Grundlagen der Quantentheorie
Herausgegeben von
P. Mittelstaedt und J. Pfarr

BAND 2:
I. Strohmeyer, Transzendentalphilosophische und physikalische Raum-Zeit-Lehre

BAND 3:
P. Mittelstaedt,
Der Zeitbegriff
in der Physik

BAND 4:
Protophysik und Relativitätstheorie
Herausgegeben von J. Pfarr

BAND 5:
Interpretations and Foundations of Quantum Theory
Edited by H. Neumann

BAND 6:
Recent Developments on Quantum Logic
Edited by P. Mittelstaedt and E.-W. Stachow

BAND 7:
Philosophie and Physik
der Raum-Zeit
Herausgegeben von J. Audretsch und K. Mainzer

Philosophie und Physik der Raum-Zeit

Herausgegeben von
PROF. DR. JÜRGEN AUDRETSCH
Universität Konstanz
und
PROF. DR. KLAUS MAINZER
Universität Konstanz

B·I·
Wissenschaftsverlag
Mannheim/Wien/Zürich

CIP-Titelaufnahme der Deutschen Bibliothek

Philosophie und Physik der Raum-Zeit / hrsg. von Jürgen Audretsch u. Klaus Mainzer. - Mannheim; Wien; Zürich: BI-Wiss.-Verl., 1988
(Grundlagen der exakten Naturwissenschaften; Bd. 7)
ISBN 3-411-03183-2
NE: Audretsch, Jürgen [Hrsg.]; GT

„Der Holzschnitt (1687) des Titelbildes stellt Newtons Beispiel für eine *‚Unifizierung‘* dar: Fallbewegung *(Erdphysik)* und Mondbewegung *(Himmelsphysik)* werden durch dieselbe Ursache Schwerkraft *(Gravitationstheorie)* erklärt."

Druck: Druckerei Krembel, Speyer
Bindearbeit: Klambt-Druck GmbH, Speyer
Printed in Germany
ISBN 3-411-03183-2

Einleitung

Im Wintersemester 1986/87 fand im Rahmen des Studium Generale an der Universität Konstanz eine gemeinsame Vortragsreihe von Physikern und Philosophen zum Thema „Philosophie und Physik der Raum-Zeit" statt. Die Veranstaltung war schwerpunktmäßig mit dem Kolloquium der Fakultät für Physik mit den Fachkollegen der Gymnasien gekoppelt und vom Oberschulamt Freiburg als Fortbildungsveranstaltung anerkannt worden.

Die beiden Organisatoren der Vortragsreihe wollten als Philosoph bzw. Physiker wieder an die Gründungsideen der Universität Konstanz anknüpfen, nach denen *fachübergreifende Forschung und Lehre* für die Bodenseeuniversität charakteristisch sein sollte. Bereits in der „Denkschrift über die Errichtung von wissenschaftlichen Hochschulen in Baden-Württemberg" von 1963 wurde festgestellt:

„Für die Naturwissenschaftliche Fakultät der neu zu gründenden Universität wird insbesondere die Beziehung zur Philosophischen Fakultät erwartet ... Es wird ... die Verbindung der Naturwissenschaften gerade mit der Philosophie selbst erhofft. Hat doch schon Max Planck in seinen letzten Lebensjahren die Gewinnung einer neuen philosophischen Grundlage als eine dringliche Aufgabe der modernen Naturwissenschaft bezeichnet. Andererseits ist die Fühlung mit der modernen Naturwissenschaft heute für eine produktive Entwicklung der Philosophie wichtig." [1)]

Das Ziel der Veranstaltungsreihe war also der *Dialog von Physik und Philosophie.* Es sollte exemplarisch - am Beispiel der Raum-Zeit-Diskussion - deutlich werden, daß es auch heute naturphilosophische Konzepte gibt, die in der modernen physikalischen Forschung eine erkenntnisleitende Funktion haben und damit bis in die darauf aufbauenden Technologien wirken. Damit soll etwas von der Einheit der Wissenschaften wiedergewonnen werden, die durch die institutionelle Trennung von Physik und Philosophie verloren zu gehen droht.

Diese Trennung ist sicher durch die fortschreitende Spezialisierung der Einzelwissenschaften unvermeidlich geworden. Andererseits soll aber durch solche gemeinsamen Veranstaltungen deutlich werden, daß neben der rasanten Spezialisierung auch die Tendenz zur Vereinheitlichung die moderne Forschung bestimmt. Der Dialog von Physik und Philosophie ist Teil eines Brückenschlags von Natur- und Geisteswissenschaften und hat daher auch universitäts- und bildungspolitische Bedeutung.

[1)] Denkschrift über die Einrichtung von wissenschaftlichen Hochschulen in Baden-Württemberg (Landtag von Baden-Württemberg, Verzeichnis der Beilagen Bd. VI, Nr. 2990)

Für diesen Dialog liegen, wie schon erwähnt wurde, große historische Vorbilder vor. Als Newton sein epochemachendes Lehrbuch veröffentlichte, wollte er keine Trennung von der Philosophie, sondern eine *neue Naturphilosophie* mit neuen Methoden: „Philosophiae naturalis principia mathematica" nannte er sie. Sein Ziel war also eine mathematische und experimentelle Naturphilosophie. Besonders Einstein betonte schließlich, daß neben Experiment und Mathematik das naturphilosophische Konzept eine maßgebende erkenntnisleitende Funktion hat. Der Unterschied zu bloß spekulativen Entwürfen besteht darin, daß die Grundbegriffe und ihre mathematisch-physikalische Struktur präzisiert werden, um sie experimentellen Prüfungen zugänglich zu machen. Der Dialog von Physik und Philosophie gelingt also nur dann, wenn *aktuelle physikalische Forschung* und *Philosophie* aufeinander eingehen.

In der Vortragsreihe standen die historischen und systematischen Voraussetzungen der relativistischen Raum-Zeit-Theorien im Vordergrund. Dabei wurden die verschiedenen Aspekte der Forschung aus der Sicht der jeweiligen Autoren betont. Gemeint ist der heuristische Prozeß der Theorieentwicklung, der kühnen Spekulationen und Entdeckungen, die operative Einführung der Grundbegriffe und ihre Beziehung zur Arbeit im physikalischen Labor, die Systematisierung und axiomatische Ausarbeitung der Theorie, ihre experimentelle Bestätigung, aber auch die Wirkungsgeschichte naturphilosophischer Traditionen.

In dem Beitrag *„Philosophie und Geschichte von Raum und Zeit"* (K. Mainzer) wird der historische Weg von vorwissenschaftlichen und lebensweltlichen Orientierungen in Raum und Zeit über verschiedene Raum-Zeit Konzepte der neuzeitlichen Physik bis zur Speziellen Relativitätstheorie aufgezeigt. Das systematische Ziel des Beitrags besteht darin, die historischen Konzepte von Raum und Zeit, wie sie z. B. von Newton, Leibniz oder Physikern und Philosophen des 19. Jhs. vorgeschlagen wurden, in die heutige Sprache der Geometrie zu übersetzen, um sie heutigen Physikern verständlich und mit der Raum-Zeit der Speziellen Relativitätstheorie vergleichbar zu machen. Dazu wird die flache 4-dimensionale Minkowski-Geometrie eingeführt. Das erwähnte Wechselspiel von naturphilosophischem Konzept, mathematischer Struktur und Experiment wird damit im jeweiligen Einzelfall deutlich.

In dem Beitrag *„Ist die Raum-Zeit gekrümmt?"* (J. Audretsch) wird der Aufbau der modernen Gravitationstheorie dargestellt. Die Spezielle Relativitätstheorie wird geometrisch um das Konzept der gravitierenden Wechselwirkung erweitert. Ausgangspunkt hierfür ist, daß alle Einflüsse von inhomogenen Gravitationsfeldern auf Massen und Lichtstrahlen durch die Krümmung einer Raum-Zeit-Geometrie beschrieben werden. Wissenschaftstheoretisch wird dabei die „Relativität" der gewählten Geometrie herausgestellt. Es lassen sich nämlich auch alternative Formulierungen der Allgemeinen Relativitätstheorie ohne „Krümmung" der

Raum-Zeit angeben, die für die Vereinheitlichung von Quantenmechanik und Gravitation Bedeutung haben.

Die beiden ersten Beiträge dienten einem ersten historischen und systematischen Durchlauf der Raum-Zeit-Theorien von den Anfängen bis zu Einstein. In dem Beitrag *„Über die Bedeutung und Begründung der Speziellen Relativitätstheorie“* (P. Mittelstaedt) wird eine alternative Begründung der Speziellen Relativitätstheorie vorgeschlagen, die weder auf die in ihren Voraussetzungen schwer zu durchschauende Einsteinsche noch auf die in modernen Lehrbüchern verwendete Herleitung der Lorentz-Transformationen rekurriert. Die Erfahrungsvoraussetzungen, Hypothesen, Definitionen und Konventionen dieser Begründung werden genau unterschieden und mit entsprechenden Voraussetzungen der Galilei-Newtonschen Raum-Zeit verglichen. Die Spezielle Relativitätstheorie ist danach nicht nur besser, weil sie die experimentellen Sachverhalte zutreffender beschreibt. Sie basiert vielmehr auf weniger hypothetischen Voraussetzungen als die klassische Raum-Zeit und hat in diesem Sinn - ein philosophisch überraschendes Ergebnis - „einen höheren Grad an Apriorität“.

Die folgenden Vorträge beschäftigen sich mit der Axiomatik von Raum-Zeit-Theorien, die in der modernen Grundlagenforschung eine große Rolle spielt. In dem Beitrag *„Theorie und Struktur der Physik“* (E. Scheibe) wird zunächst allgemein das axiomatische Programm zur Rekonstruktion physikalischer Theorien nach G. Ludwig (L-Programm) vorgestellt. Eine physikalische Theorie besteht danach aus drei Teilen, nämlich einer mathematischen Theorie, einem Wirklichkeitsbereich und einer Vorschrift, wie die mathematische Theorie auf den Wirklichkeitsbereich anzuwenden ist. Die komplizierten Beziehungen, die zwischen Messen und Experimentieren im Labor und den modernen abstrakten physikalischen Theorien bestehen, aber auch die Abhängigkeiten der Theorien untereinander können so im einzelnen untersucht werden. Viele physikalische Theorien lassen sich in diesem Rahmen als Erweiterungen geometrischer Strukturen einführen (z. B. relativistische Feldtheorie als Erweiterung der Minkowski-Geometrie).

In dem Beitrag *„Zur Axiomatik der Raum-Zeit Theorie“* wendet J. Schröter das L-Programm an, um aus wenigen Grundbegriffen („Ereignis“, „Signal“) eine Raum-Zeit Mannigfaltigkeit zu konstruieren, die der feldtheoretischen Formulierung physikalischer Vorgänge zugrunde liegt. Philosophisch bemerkenswert sind dabei zwei Hinweise: Einmal wird vorgeschlagen, wie die Raum-Zeit Axiomatik für den Gesamtkosmos und seine Struktur erweitert werden kann. Zum anderen wird eine protophysikalische Rechtfertigung der axiomatischen Grundbegriffe „Ereignis“ und „Signal“ gefordert. Danach wären operative Vorschriften zu ihrer „Herstellung“ bzw. „technischen Realisation“ unter Laborbedingungen anzugeben, wobei sich eine so verstandene Protophysik und das L-Programm ergänzen könnten.

Auch in dem Beitrag *„Einführung der Raum-Zeit Struktur mittels Lichtstrahlen und Teilchen“* (J. Ehlers) wurde die axiomatische Methode angewendet. In seinem Vortrag zeigte Ehlers Wurfkunststücke mit Kreide, um damit den geometrischen Begriff der „Weltlinie“ eines „Probekörpers“ zu verdeutlichen. Mit Lichtstrahlen und frei fallenden massiven Probekörpern läßt sich eine Mannigfaltigkeit definieren, die den Axiomen einer Weyl-Geometrie (nach dem Mathematiker Hermann Weyl) genügt. Was so spielerisch aussieht, hat konkrete Anwendung in der Satelittenforschung. Wegen der vier Dimensionen der Raum-Zeit reichen vier Angaben aus, um ein Objekt im Orbit mittels Radarstrahlen exakt zu orten.
Die wissenschaftstheoretische Grundlagendiskussion kann aus Philosophie- und Wissenschaftsgeschichte viele Anregungen gewinnen. In dem Beitrag *„Geschwindigkeit und Zeit. Aristoteles und Augustinus als Lehrmeister der modernen Physik?“* erörtert P. Janich zunächst das Problem einer operativen Definition der Geschwindigkeit. Auf Aristoteles wird verwiesen, um den Begriff der Zeitdauer aus Bewegungsvergleichen zu gewinnen. Augustinus wird als Anregung verstanden, um ein Zeitmaß durch Auszeichnung einer Standardbewegung zu erhalten. Anschließend wird ein protophysikalischer Vorschlag gemacht, um das gestellte wissenschaftstheoretische Problem aufgrund der aristotelischen und augustinischen Anregung zu lösen.
Der letzte Beitrag ist der experimentellen Prüfung und Bestätigung der Relativitätstheorie gewidmet. In der Arbeit *„Empirische Grundlagen und experimentelle Prüfung der Relativitätstheorie“* beschäftigt sich H. Dehnen zunächst mit den Bestätigungen von Prognosen, die sich aus der Speziellen Relativitätstheorie ergeben. Hierzu gehören insbesondere die Anwendungserfolge in der relativistischen Quantenmechanik. Bei der Prüfung allgemein-relativistischer Prognosen wird zwischen statischen Effekten (z. B. Rotverschiebung im Sonnenspektrum. Perihelbewegung der Planeten), stationären und nicht-stationären Effekten unterschieden. Von wissenschaftstheoretischem Interesse ist die Skala der wachsenden Bestätigungsgrade, die den verschiedenen Bestätigungen zugeordnet werden. Ausblicke auf die Kosmologie und die Welt der Elementarteilchen, die für eine endgültige Bestätigung der Allgemeinen Relativitätstheorie entscheidend sind, schließen den Band ab.
Die Herausgeber danken dem Verlag und Herrn Kollegen Mittelstaedt als Editor der Reihe *„Grundlagen der exakten Naturwissenschaften“* für die freundliche Unterstützung bei der Drucklegung.

Konstanz, im Sommer 1987

J. Audretsch	K. Mainzer
Dekan der Fakultät für Physik	Prorektor für Lehre

Inhaltsverzeichnis

Klaus Mainzer

Philosophie und Geschichte von Raum und Zeit

Vorwort

Räumliche und zeitliche Orientierung gehören zu Grundvoraussetzungen menschlichen Handelns. *Philosophen* und *Physiker* haben daher Raum und Zeit von Anbeginn als Fundamente unseres Weltbildes verstanden. Änderungen der Auffassungen von Raum und Zeit waren in der Geschichte häufig mit Krisen der *Weltanschauung* verbunden: Die Kopernikanische Wende vom geozentrischen Weltbild des Mittelalters zum heliozentrischen Weltbild leitete die Neuzeit ein. Einsteins relativistische Revision der Newtonschen Raum-Zeit Auffassung wurde von vielen Menschen nach dem 1. Weltkrieg als Zusammenbruch einer alten Welt mit absoluten Maßstäben empfunden. „Alles ist relativ!" war ein beliebtes Schlagwort in einer Epoche sich auflösender Wertvorstellungen. Im Zeitalter der Weltraumfahrt und der Hochenergietechnik interessiert uns die Raum-Zeit Struktur sowohl des Universums als auch der subatomaren Welt der Elementarteilchen.

Nicht nur das *physikalische Weltbild* ist also mit unseren Auffassungen von Raum und Zeit verbunden. Auch die modernen *Technologien* der Hochenergie, die mit hohen Geschwindigkeiten von Elementarteilchen nahe der Lichtgeschwindigkeit arbeiten, setzen neue Verfahren der Raum- und Zeitmessung voraus. Unsere lebensweltlich vertrauten Auffassungen von Raum, Zeit und Kausalität mußten dazu grundsätzlichen Veränderungen unterzogen werden, wie sie in der Speziellen und Allgemeinen Relativitätstheorie Einsteins erstmalig vorgetragen wurden.

In dieser einführenden Arbeit werden einige Stationen aus der *Entwicklung der Raum-Zeit Auffassung* von der Antike bis zur Speziellen Relativitätstheorie Einsteins skizziert. Dabei soll am Beispiel von Raum und Zeit gezeigt werden, wie das in der Einleitung erwähnte Wechselspiel von naturphilosophischem Konzept, mathematischer Struktur und Experiment die Forschungsentwicklung bestimmte. Wir werden historisch sehen, wie naturphilosophische Konzepte von Raum und Zeit manchmal zu spekulativ, zu weit oder zu eng waren, um Beobachtungen und Experimente zu erklären. Das wird aber erst bei einer Präzisierung der jeweiligen *Geometrie von Raum und Zeit* deutlich. Die Geometrie von Raum und Zeit ist der mathematische Ausdruck der jeweiligen naturphilosophischen Konzeption. Daher werden einige historische Konzepte von Raum und Zeit, wie sie z. B. von Newton, Leibniz und Physikern und Philosophen des

19. Jhs. vorgeschlagen wurden, in die heutige Sprache der Geometrie übersetzt, um sie heutigen Physikern verständlich und mit der Raum-Zeit der Speziellen Relativitätstheorie vergleichbar zu machen.
Mathematisch wird dabei deutlich, daß die unterschiedlichen historischen Konzepte von Raum und Zeit verschiedenen Symmetriestrukturen entsprechen, die gruppentheoretisch präzisierbar sind. *Wissenschaftstheoretisch* erweist sich dann das Konzept der Raum-Zeit als eine abgeleitete Kategorie, nämlich als Beispiel einer speziellen Symmetrie, die für die jeweilige physikalische Theorie charakteristisch ist.
Um in einem Bild zu sprechen: Physiker und Philosophen webten über die Jahrhunderte an einem *geometrischen Netz von Raum und Zeit,* um möglichst viele Informationen über die Wirklichkeit einzufangen. Manchmal waren die Netzmaschen zu weit oder zu eng oder nicht reißfest genug. Die ersten Anwendungen lieferte die Mechanik, die erste mathematisierte Theorie der Physik in der Neuzeit. Mit der Raum-Zeit der *Speziellen Relativitätstheorie* haben wir ein geometrisches Netz vor uns, in das nicht nur die Mechanik, sondern mittlerweile fast die gesamte moderne Physik von der Elektrodynamik und Optik bis zur Quantenmechanik verwoben ist.

1. Vorwissenschaftliche Orientierung in Raum und Zeit

Vom Standpunkt räumlicher und zeitlicher Orientierung im vorwissenschaftlichen Alltag sind die Theorien von Raum und Zeit, die im Laufe der Wissenschaftsgeschichte entwickelt wurden, keinesweg selbstverständlich. Während der Raum der euklidischen Geometrie an allen Stellen und nach allen Richtungen von der gleichen Beschaffenheit, unveränderlich und unbegrenzt ist, vermitteln unsere Sinne den Eindruck der Ungleichheit der Richtungen, der Veränderbarkeit der Raumstellen und der Begrenztheit der Wahrnehmungen. Während die Physik von einer gleichförmigen Zeit ausgeht, können uns Minuten der Spannung und Angst „zur Ewigkeit" werden und Stunden des Glücks in „Sekundenschnelle" vorüberziehen.[1)]
Wir orientieren uns im *sinnlich wahrnehmbaren Raum* mit Bezeichnugen wie „oben" und „unten", „nah" und „fern", „links" und „rechts", obwohl diese Unterscheidungen geometrisch invariant sind. Von der „oberen" oder „unteren" Seite eines Vierecks kann ich nur sprechen, wenn ich das gemalte Viereck auf dem Papier vor mir sehe. Und ob ein Körper „nah" oder „fern" bezeichnet wird, hängt davon ab, daß ich ihn spüren (z. B. Wärme), tasten oder sehen kann. Selbst die Unterscheidung *„links"* und *„rechts"* beruht auf verschiedenen Empfindungen, die nur mit der leiblichen Konstitution unserer Sinnesorgane zusammenhängen. So stellt bereits Kant in den „Prolegomena" fest:
„Was kann wohl meiner Hand oder meinem Ohr ähnlicher und in allen Stücken gleicher sein als ihr Bild im Spiegel? Und dennoch kann ich eine

solche Hand, als im Spiegel gesehen wird, nicht an die Stelle ihres Urbildes setzen; denn wenn dieses eine rechte Hand war, so ist jene im Spiegel eine linke, und das Bild des rechten Ohres ist ein linkes, das nimmermehr die Stelle des ersteren vertreten kann. Nun sind hier keine inneren Unterschiede, die irgendein Verstand nur denken könnte; und dennoch sind die Unterschiede innerlich, so weit die Sinne lehren, denn die linke Hand kann mit der rechten, ohnerachtet aller beiderseitigen Gleichheit und Ähnlichkeit, doch nicht zwischen denselben Grenzen eingeschlossen sein (sie können nicht kongruieren); der Handschuh der einen Hand kann nicht auf der anderen gebraucht werden." [2)]

Für die alltägliche Wahrnehmung der Veränderbarkeit der Körper (obwohl sie geometrisch starr bleiben) führt E. Mach das scheinbare Schwellen der Steine eines Tunneleingangs beim Einfahren des Eisenbahnzuges an und das Schrumpfen derselben Objekte beim Ausfahren.[3)] Entsprechend der physiologischen Leistung unserer Sinnesorgane lassen sich nun erste Raum- und Figurenfragmente unterscheiden, die eine spätere abstrakte Theorie des euklidischen Raumes überhaupt erst ermöglichen.

Wir beginnen mit den *Ausbreitungsfeldern der Sinnesdaten,* die von den einzelnen Sinnesorganen registriert werden. Die Lichterscheinungen bei geschlossenen Augen (die sogenannten Druckphospheme, das „Augenschwarz"), die Tastempfindungen, z. B. beim Auflegen der Hand, Tonmannigfaltigkeiten sind Beispiele solcher Felder. Das Sehfeld und das Tastfeld sind zunächst ganz getrennte Bereiche. Es sind diejenigen „Mannigfaltigkeiten, in denen sich die visuellen bzw. taktuellen Sinnesdaten, sofern sie gleichzeitig sind, nebeneinander ausbreiten." [4)]

Das *Sehfeld* ist nicht nur begrenzt, sondern scheint sogar recht enge Grenzen zu haben. Aus Versuchen geht hervor, daß ein Nachbild sich nicht mehr merklich verkleinert, wenn es auf eine Fläche projiziert wird, deren Entfernung vom Auge über 30 m anwächst. Die engen Grenzen des Sehfeldes folgen schon aus der Möglichkeit der Panoramamalerei. Das Sehfeld erscheint uns insgesamt als ein in sich zurücklaufender Flächenstreifen, der bereits über ein primitives Orientierungssystem Mitte - Rand verfügt.

Geometrische Idealgebilde wie Punkt und Gerade sind im Sehfeld nicht als anschauliche morphologische Gebilde nachweisbar. Allerdings gibt es anschauliche Vorgänge im Sehfeld, die diese geometrischen Idealgebilde vorbereiten. Man stelle sich z. B. einen hellen Fleck auf einem dunklen Hintergrund im Sehfeld vor. Nimmt nun die Ausdehnung des Flecks bei konstantem Farbton ab, so kann seine Verkleinerung noch so weit schreiten, ohne jedoch völlig zum Verschwinden zu kommen. Er nähert sich vielmehr einer gewissen Grenze, die als anschaulicher Punkt im Sehfeld bezeichnet werden kann. Zwar verschwimmen alle Figuren, wenn die Ausdehnungsgröße unter einen gewissen Betrag sinkt, und insofern sind stetige Prozesse nur in begrenztem Maße im Sehfeld anschaulich erfahr-

bar. Allerdings verschwindet der farbige Fleck in dem Sinne nicht, als ein scheinbar ausdehnungsloser aber sowohl lokalisierter als qualifizierter (in der Nuance seiner Farbigkeit völlig bestimmter) „farbiger Punkt" übrig bleibt.[5)] Solche Punkte (colored points) haben Berkeley und Hume im Auge, wenn sie vom „minimum (visible)" sprechen. So schreibt Hume in „A Treatise of Human Nature": „The table before me is alone sufficient by its view to give me the idea of extension. This idea, then, is borrow'd from, and represents some impression, which this moment appears to the senses. But my senses convey to me only the impressions of colour'd points, dispos'd in a certain manner. If the eye is sensible of any thing farther, I desire it may be pointed out to me. But if it be impossible to shew any thing farther, we may conclude with certainty, that the idea of extension is nothing but a copy of these colour'd points, and of the manner of their appearance."[6)]
Analog gibt es Vorgänge im Sehfeld, die geometrische Idealgebilde wie Linien vorbereiten. Man stelle sich nämlich einen hellen Streifen auf dunklem Hintergrund vor, dessen „obere" und „untere" Ausdehnung bei konstanter seitlicher Ausdehnung schrumpft. Zwar ist dieser „stetige" Prozeß im Sehfeld wieder nur sehr begrenzt wahrnehmbar. Aber der farbige Streifen verschwindet insofern nicht, als eine scheinbar nach oben und unten ausdehnungslose aber sowohl lokalisierte als qualifizierte (in der Nuance ihrer Farbigkeit völlig bestimmte) „farbige Linie" übrigbleibt.
Folgt nun aus diesen Betrachtungen, daß ein Sehfeld endlich oder unendlich teilbar ist? Man kann nur so viel sagen: Schachtelt man schrumpfende Linienstücke als Intervalle auf einer Linie ineinander (um einen Punkt zu bestimmen), so kann man diese Operation nicht beliebig oft iterieren. Man kommt bald zu ineinander verschwimmenden Figuren.[7)]

Ebenso gibt es zwischen zwei anschaulichen Punkten auf einer Linie im Sehfeld immer einen dritten Punkt derart, daß die drei Punkte voneinander wohl getrennt sind. Unsere Sinneserfahrungen im Sehfeld können also unmöglich alleine die geometrische Idee der Stetigkeit vorbereitet haben. Andererseits kann man aber auch nicht eine bestimmte Strecke aus endlich vielen Punkten zusammensetzen. Denn ein anschaulicher Punkt im Sehhfeld ist ja nicht als festes, präzises Gebilde anschaulich gegeben, sondern in einem anschaulichen Grenzprozeß nur angedeutet. Das morphologische, den Punkt andeutende Gebilde hat eine gewisse, aber nicht fest bestimmte und nicht mit endlich ausgedehnten Gebilden vergleichbare Ausdehnung.

Auch im *Hörfeld* lassen sich anschauliche Vorbereitungen gewisser geometrischer Idealgebilde nachweisen. Dazu registriere man z. B. eine Linie als den Tonfluß etwa von gleicher Höhe und Klangfarbe, aber verschiedener Stärke. Zieht sich eine Strecke dieser Linie als gewisse Variation der Lautstärke eines Tons immer mehr zusammen, so registriert man einen Ton von einer ganz bestimmten Intensität, der dem anschaulichen Punkt

im Sehfeld vergleichbar ist. Im Unterschied zum Sehfeld sind jedo
Punkte als Töne nicht zugleich gegeben. Bei den musikalischen Al
kommt es nämlich bald zu Verschmelzungserscheinungen.[8]

Zwar gibt es auch im *Tastfeld* der Haut Empfindungen, die geometrische Idealgebilde wie Punkt und Gerade vorbereiten, z. B. als „punktueller“ stechender Schmerz oder Schnittschmerz. Allerdings bedingt die physiologische Konstitution der Haut auch wichtige Unterschiede zur euklidischen Geometrie. Unterscheidet man nämlich nicht nur die Qualität des Reizes, sondern auch die durch irgendeine Zusatzempfindung gereizte Stelle, so lassen sich große Anormalien nachweisen, die der Raumsinn der Haut gegenüber dem metrischen euklidischen Raum besitzt. So ist die Entfernung zweier Zirkelspitzen, bei denen die von beiden berührten Orte eben noch deutlich unterschieden werden, auf der Zungenspitze 50 bis 60mal kleiner als auf der Mitte des Rückens. Die Hautteile zeigen große Abstufungen der Tastempfindlichkeit. Ein Zirkel, dessen Spitzen die Ober- und Unterlippe zwischen sich fassen, scheint sich zu schließen, wenn man damit horizontal gegen die Seite des Gesichts fährt:[9]

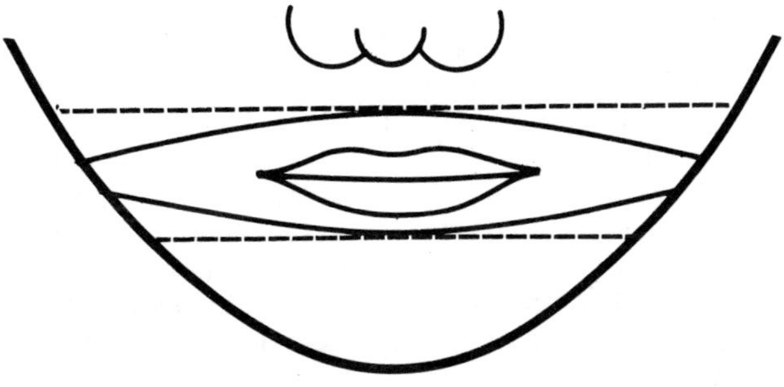

Abb. 1

Gibt man den Zirkelspitzen die Entfernung zweier benachbarter Fingerspitzen und führt sie von diesen über die innere Handfläche nach dem Unterarm, so scheinen sie dort ganz zusammenzufallen:

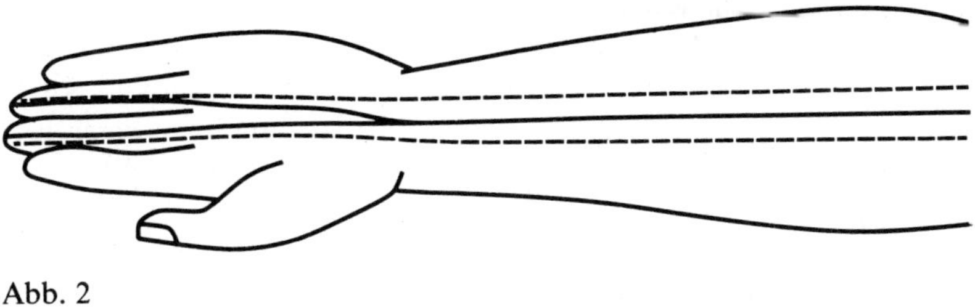

Abb. 2

In den Figuren ist die wirkliche Bahn punktiert, die scheinbare ausgezogen. Zwar werden die Figuren, die die Haut berühren, unterschieden, doch steht offenbar der Tastsinn der Haut zurück gegenüber dem Augensinn.

Insgesamt finden sich also in den einzelnen Sinnesfeldern der Sinnesorgane Vorbereitungen für die geometrischen Idealgebilde. Aber in mancher Hinsicht fehlen noch wichtige Eigenschaften, die den geometrischen Idealgebilden zugeschrieben werden wie vor allem ihre unbegrenzte Approximierbarkeit. Im Anschluß an E. Husserl und O. Becker sollen die verschiedenen Ausbreitungsfelder der Sinnesdaten deshalb auch *präspatiale* (vor- oder quasiräumliche) *Felder* heißen.[10]

Typisch für die vorherigen Betrachtungen war vor allem, daß diese Ausbreitungsfelder als getrennte Leistungen unseres Leibes untersucht wurden. Der *menschliche Leib* ist uns jedoch primär gegeben als eine Leistungseinheit von verwickelten und abgestimmten Einzelfunktionen. Er ist einerseits die Sphäre der Verfügbarkeit für den Willen, wobei eine Handlung letztlich aus Bewegungen des Leibes besteht, andererseits die Sphäre der Sinnesempfindungen und der Empfindungsgefühle (wie z. B. Schmerz, Lust). Als Leistungseinheit ist der Körper uns jeweils in einzigartiger Weise „von innen" gegeben, nicht etwa als ein Ding unter anderen Dingen. Als ein materielles Ding konstituiert er sich erst aufgrund der sogenannten Doppelempfindungen, die für den Tastsinn entstehen, wenn ein Teil unsere Leibes (z. B. die Hand) eine andere Leibstelle berührt. Man kann z. B. seine Hand einmal als bewegliches, empfindendes Glied des Leibes „von innen" fühlen oder „spüren", andererseit mit der anderen Hand „von außen" abtasten. Die zugleich mit diesem Abtasten in der abgetasteten Hand selbst erweckten Tastempfindungen geben die Unterlagen für die Identifizierung des „von außen" und „von innen" zugleich wahrgenommenen Gliedes.[11]

Im Unterschied zu den einzelnen Ausbreitungsfeldern der Sinnesdaten betrachten wir nun den *orientierten Raum* als den Umweltraum, in dessen Mittelpunkt „ich" mich ständig mit allen leiblichen Leistungsmöglichkeiten befinde. Der Umstand, daß ich vermittels meines Leibes eine Stelle im orientierten Raum einnehme, ist dann das, was ihn zum „Raum" macht im Gegensatz zu den bereits angeführten präspatialen Sinnesfeldern. Das, was sich im orientierten Raum darstellt, sind nicht mehr einzelne Sinnesdaten oder präspatiale Figuren, sondern Dinge, die sich aus verschiedenen Sinnesdaten (z. B. visuellen und taktuellen) als Sinneseinheiten konstituieren können: Wir können z. B. dasselbe Ding betasten und sehen. Wir unterscheiden dann zwischen „nah" und „fern", „hier" und „dort" – je nach Stellung zu unserem Leib als Mittelpunkt des orientierten Raumes. So kann man solche Dinge als „nah" bezeichnen, deren Sinnesdaten durch die Sinnesleistungen des Leibes unmittelbar erreichbar sind (durch Tasten, Sehen, Hören), während „ferne" Dinge nur als Sphäre der Verfügbarkeit unseres Willens und seiner Handlungen zählen. Sowohl taktu-

ell wie visuell ist die Stelle des orientierten Raumes, an der sich der Leib befindet, vor allen anderen ausgezeichnet. Sie ist gemeint, wenn wir vom „Hier" sprechen, im Gegensatz zu jedem „Dort".
Ebenso ist im orientierten Raum die Entfernung von „mir" etwas anderes als die Entfernung zweier Dinge voneinander. Der orientierte Raum ist z. B. derjenige Raum, an dessen Horizont ich morgens die Sonne „aufgehen" und abends „untergehen" sehe. Im orientierten Raum „schwillt" und „schrumpft" auch der Zug, der an mir vorbeibraust.

Zu den *koordinierten Sinneserfahrungen* des Hörsinns (der den 1-dimensionalen Tonfluß registriert) und des Seh- und Hautsinns (die 2-dimensionale Flächenerscheinungen registrieren) kommt durch die Empfindung der Bewegung der Glieder (insbesondere der Arme, Hände und Finger) etwas einer dritten Dimension Entsprechendes hinzu. Allerdings ist im orientierten Raum so eine Bewegung wie das Gehen, bei dem durch eine rhythmisch wiederholte Gliedbewegung eine ständige Fortbewegung in einer Richtung erzielt wird, zunächst ausgeschaltet. Der orientierte Tastraum reicht somit nur soweit, wie meine Glieder reichen.[12)]
Jedoch können im orientierten Raum einige Vorgänge in den Sinnesfeldern nicht mehr als Vorbereitung geometrischer Idealgebilde gedeutet werden, wie das in den getrennten Sinnesfeldern möglich war. So kann z. B. ein anschaulicher Punkt des Sehfeldes in Schrägansicht durch eine im orientierten Raum mögliche zusätzliche Bewegung des Rumpfes, des Kopfes etc. zu einem kleinen Fleck in gerader Sicht, eine Linie zu einem Flächenstück werden etc. Offenbar müssen Punkte und Geraden im orientierten Raum gegen solche möglichen Bewegungen invariant sein und dürfen sich nicht verbreitern. Insgesamt vermittelt der orientierte Raum wie zuvor die getrennten Sinnesfelder den Eindruck der Begrenztheit, der Ungleichheit der Richtungen und der Veränderbarkeit der Raumstellen.
Von dem so beschränkten orientierten Raum gelangen wir zu einem *homogenen unbeschränkten Raum* erst, wenn wir unseren jeweiligen ausgezeichneten Ruhepunkt verlassen können und durch Eigenbewegungen (z. B. gehen) jeden Raumpunkt gleichzeitig erreichen können.[13)] Dadurch werden die undeutlichen „fernen" Dinge des orientierten Raumes in deutliche Nähe gebracht. Diese Annäherung kann erfolgen aus beliebiger Ferne und bis in beliebige Ferne. Annäherung in diesem Sinn ist auch die Betrachtung eines Objekts durch ein Fernrohr, eine Lupe oder ein Mikroskop. Ein fundamentaler Unterschied gegenüber den Verhältnissen im orientierten Raum besteht also darin, daß einer Approximation keine prinzipiellen, sondern nur empirische Schranken entgegenstehen. Der Raum wird nun homogen und unbegrenzt erfahren.

Weiterhin lassen sich Dinge als identisch bzw. „starr" erfahren, während im orientierten Raum (je nach Stellung zum ausgezeichneten Mittelpunkt) Sehfiguren oft scheinbar „schwellen" und „schrumpfen". Mit der Möglichkeit beliebiger Approximation entlarven sich aber viele im orientierten Raum als glatt angesehene Flächen z. B. als rauh, gleichmäßig gefärbte als fleckig, gerade Linien als krumm etc. Für die stetigen Schrumpfungsprozesse zur anschaulichen Konstituierung von idealen Punkten aus farbigen Flecken und Linien aus farbigen Streifen müssen solche Erscheinungen ausgeschlossen sein.

Die beliebigen Bewegungs- und Leistungsmöglichkeiten des Leibes als Einheit, seine Möglichkeit beliebiger Orientierung, fördern die Einsicht, daß wir überall und nach allen Richtungen dieselben Bewegungen ausführen können, daß der Raum überall und nach allen Richtungen gleich beschaffen, unbegrenzt und unendlich vorgestellt werden kann. Bei fortgesetzter Änderung der Orientierung, z. B. Drehung um die Vertikalachse, wiederholen sich immer dieselben Änderungen der Raumstellen. Dadurch wird nicht nur die Gleichmäßigkeit, sondern auch die Unerschöpflichkeit, die unbegrenzte Wiederholbarkeit, Fortsetzbarkeit gewisser Raumwahrnehmungen deutlich. So kommen zwar unsere Raumwahrnehmungen allmählich dem geometrischen Raum näher,[14)] ohne ihn allerdings auf diesem Weg vollständig zu erreichen. Dazu ist es notwendig, die geometrischen Figuren wie Gerade, Punkte, Ebene etc. als Grundbegriffe einer geometrischen Theorie zu definieren, für die physiologische Punkt-, Flächenerscheinungen etc. oder technisch herstellbare Ecken, Kanten, Flächen etc. nur angenäherte Realisationen sind.[15)]

Der homogene und isotrope Raum, in dem wir Körper unbegrenzt in alle Richtungen bewegen können, besitzt jedoch noch keine Metrik. Erst unter der weiteren Voraussetzung, daß räumliche Abmessungen, d. h. Längen und Winkel mit starren Maßstäben gemessen werden, gelangen wir vom *homogenen Sinnesraum* zur *metrischen Geometrie.* Historisch wurde dazu zusätzlich das euklidische Parallelitätsaxiom oder einer seiner äquivalenten Sätze angenommen, um so für den physikalischen Raum die euklidische Geometrie auszuzeichnen.[16)]

Führt man jedoch die geometrischen Formen von vornherein dadurch ein, daß sie beliebig (stetig) vergrößer- oder verkleinerbar sind, d. h. definiert man sie von vornherein durch die Ähnlichkeitsgruppe, dann muß das Parallelitätspostulat nicht extra gefordert werden. Das Kriterium der beliebigen Vergrößer- und Verkleinerbarkeit von Formen ist nämlich zum Parallelitätsaxiom äquivalent („Wallis' Kriterium").[17)] In diesem Fall muß zusätzlich die Kongruenz („Maßstab") als abgeleiteter Begriff eingeführt werden.[18)]

Im nächsten Abstraktionsschritt wird die euklidische Geometrie in die *cartesische Geometrie* überführt, in der geometrische Formen wie Punkte, Geraden etc. durch (reelle) Zahlenkoordinaten, Zahlentupel, Gleichungen etc. bezeichnet werden. Erst jetzt können wir die *Symmetriegruppe* des (euklidischen) Raumes $\mathbb{R}^3$ definieren. Es handelt sich um die 6-parametrige euklidische Gruppe, die aus der 3-parametrigen Translationsgruppe und der 3-dimensionalen Rotationsgruppe besteht.

Die *Zeit* erfahren wir in der *vorwissenschaftlichen Wahrnehmung* in der Form von Änderungen des Ortes, an dem sich Körper oder (idealisierte) Massenpunkte befinden. Die 1-dimensionale Menge aller Raumpunkte, dic von einem Massenpunkt durchlaufen werden, ist eine geometrische Bahnkurve. Der Prozeß der sukzessiven, punktweisen und stetigen Erzeugung einer Kurve läßt sich geometrisch dadurch darstellen, daß man die Kurve durch eine Funktion $x = x(\Theta)$ mit einem reellen kontinuierlichen Parameter $\Theta \geq 0$ definiert, wobei die Kurve bei stetigem Anwachsen von Θ stetig aus einem Ausgangspunkt $x = x(\Theta)$ entsteht. Da die Wahl des Parameters nur bis auf eindeutige und stetige Transformationen festgelegt ist, spricht man auch von der *topologischen Zeit.*[19)] Sie bezeichnet nur die Reihenfolge der Zeitpunkte ohne Metrik. Sie kann durch eine beliebige stetige Bewegung eines Massenpunktes realisiert werden. Insbesondere ließ sich also auch eine Gerade wählen.
Auf dem Kontinuum der topologischen Zeit wird eine *Metrik* durch einen beliebigen exemplarischen Bewegungsvorgang definiert. Dazu wird festgesetzt, daß gleiche euklidische Wegstrecken („Pythagoras") auf der Bahn eines Massenpunktes in gleichen Zeitintervallen durchlaufen werden. In bezug auf diese metrische Zeit nennt man eine Bewegung gleichförmig, wenn von der Bahn gleiche Wegstrecken in gleichen Zeitintervallen durchlaufen werden.[20)]
Die Symmetrie der 1-dimensionalen euklidischen Zeit $T(=\mathbb{R})$ wird durch die 1-parametrige Translationsgruppe definiert.

Ereignisse finden an einem bestimmten Ort zu einer bestimmten Zeit statt, d. h. sie lassen sich als Punkte (x, t) mit $x \in \mathbb{R}^3$ *und* $t \in T$ darstellen. In diesem Fall schreibt man auch das direkte Produkt $\mathbb{R}^3 \times T$ für die *4-dimensionale Raum-Zeit,* in der die Ereignisse stattfinden. Die *Symmetrie dieser Raum-Zeit,* in der es neben räumlichen Rotationen und Translationen nur noch zeitliche Verschiebungen gibt, ist natürlich minimal. Mathematisch handelt es sich um eine 7-parametrige Gruppe aus der 6-parametrigen euklidischen Gruppe (mit 3-parametriger Rotations- und 3-parametriger Translationsgruppe) und der 1-parametrigen Translationsgruppe der Zeit. In dieser Raum-Zeit ist es sinnvoll, von zwei Ereignissen (x_1, t_1) und (x_2, t_2) zu sagen, daß sie räumlich getrennt sind, auch wenn sie zu verschiedenen Zeitpunkten stattfinden.

In diesem mathematischen Kontext lassen sich historische Konzepte von Raum und Zeit wenigstens partiell übersetzen, um sie mit heutigen Theorien vergleichbar zu machen. Als Beispiel betrachte man die *aristotelische Physik.*[21] Die aristotelische Lebenswelt ist durch bestimmte regelmäßige Naturereignisse bestimmt. Für den Beobachter, der seinen Standort als ruhend annimmt, geht die Sonne morgens auf und abends unter, steht sie im Sommer höher am Himmel als im Winter. In einer klaren Nacht scheinen die Sterne um ihn zu kreisen. Die Astronomen zur Zeit des Aristoteles ordneten deshalb das Weltall wie eine Zwiebel mit der ruhenden Erde in der Mitte und den Schalen, auf denen die Planeten gleichförmig um die

Erde kreisen. Äußere Schale ist die Fixsternsphäre, die täglich einmal rotiert. Mit einigen geometrischen Tricks lassen sich alle beobachtbaren Bewegungen am Himmel in diesem Sphärenmodell simulieren. Die Genauigkeit ist jedenfalls größer als mit bloßem Auge wahrnehmbar. Räumliche 3-dimensionale Modelle dieser Welt sind die bekannten Himmelsgloben des Mittelalters.

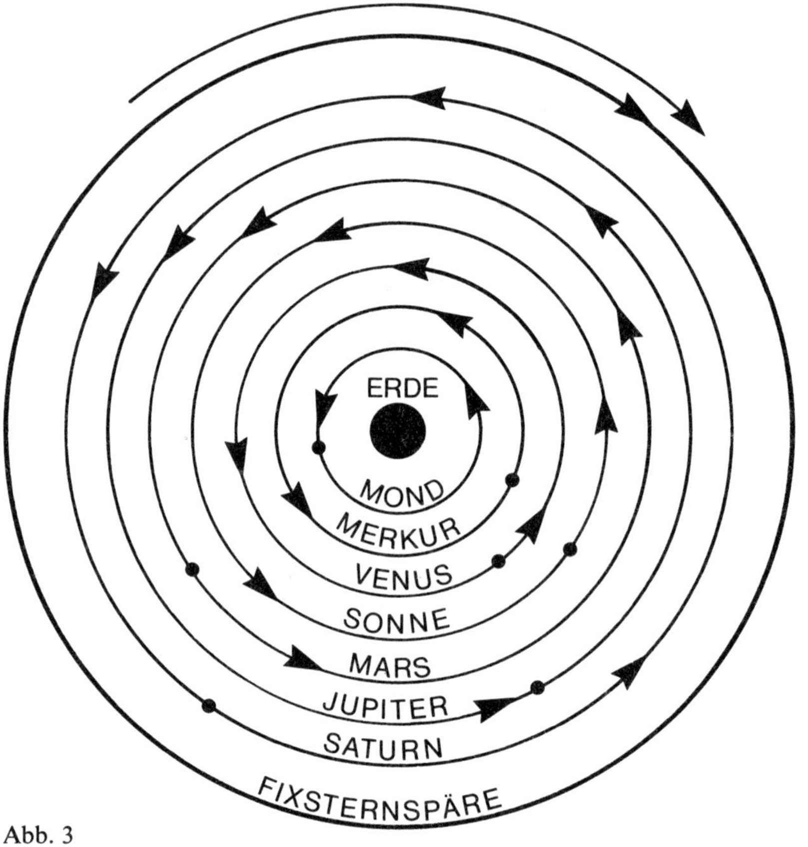

Abb. 3

Neben der *absoluten Ruhe der Erde* und den Kreisbewegungen der Sterne und Planeten unterscheidet Aristoteles auf der Erde nur *Bewegungen konstanter Geschwindigkeit:* Die schweren Körper streben nach unten, die leichten nach oben.

Das ist keineswegs eine historisch überholte Welt, sondern entspricht in bestimmten groben Erfahrungsgrenzen unseren Erlebnissen mit der

Natur.[22] Wenn man noch zusätzlich bedenkt, wie gut diese Raum-Zeit Auffassung mit damaligen weltanschaulich-religiösen Vorstellungen harmonisierte, ist es kein Wunder, daß dieses Weltbild über 1500 Jahre unerschütterlich war.

2. Raum und Zeit in der klassischen Physik

In diesem Abschnitt sollen historische Konzepte von Raum und Zeit, die im Zeitalter der klassischen Physik (17.–19. Jh.) vorgeschlagen wurden, rekonstruiert und in die heutige mathematische Sprache übersetzt werden. Damit sollen sie einerseits heutigen Physikern verständlich, andererseits mit der Raum-Zeit der Speziellen Relativitätstheorie vergleichbar gemacht werden.

2.1 Raum und Zeit nach Newton und Kant

Ein Vergleich mit der Newtonschen Raum-Zeit zeigt, daß sie von dem aristotelischen System zwar in entscheidenden Punkten abweicht, daß es aber auch einige Gemeinsamkeiten gibt. Newton bezieht alle Ereignisse auf einen absoluten Raum und eine absolute Zeit. Erinnert sei an das berühmte Scholium in den „Principia", wo er den *absoluten Raum* von *relativen Räumen* unterscheidet:

„Der absoluten Raum bleibt vermöge seiner Natur und ohne Beziehung auf einen äußeren Gegenstand stets gleich und unbeweglich.

Der relative Raum ist ein Maß oder ein beweglicher Teil des ersteren, welcher von unseren Sinnen durch seine Lage gegen andere Körper bezeichnet und gewöhnlich für den unbeweglichen Raum genommen wird. Z.B. ein Teil des Raumes innerhalb der Erdoberfläche; ein Teil der Atmosphäre; ein Teil des Himmels, bestimmt durch seine Lage gegen die Erde. Der absolute und relative Raum sind dasselbe an Art und Größe, aber sie bleiben es nicht immer an Zahl. Bewegt sich z. B. die Erde, so ist der Raum unserer Atmosphäre, welcher in bezug auf unsere Erde immer derselbe bleibt, bald der eine, bald der andere Teil des absoluten Raumes, in welchen die Atmosphäre übergeht und ändert sich so beständig."[23]

Von der *absoluten Zeit* heißt es analog: „Die absolute, wahre und mathematische Zeit verfließt an sich und vermöge ihrer Natur gleichförmig, und ohne Beziehung auf irgend einen äußeren Gegenstand. Sie wird so auch mit dem Namen: Dauer belegt.

Die relative, scheinbare und gewöhnliche Zeit ist ein fühlbares und äußerlich entweder genaues oder ungleiches Maß der Dauer, dessen man sich gewöhnlich statt der wahren Zeit bedient, wie Stunde, Tag, Monat, Jahr."[24]

Über Newtons Begriffe des absoluten Raumes und der absoluten Zeit wurde in der Wissenschafts- und Geistesgeschichte viel gerätselt. Man stellte sich den absoluten Raum schlicht als einen riesigen leeren Behälter

vor, um dessen *absolut ruhenden Mittelpunkt* sich die materielle Welt konzentriert. An die Stelle der ruhenden Erde als Bezugspunkt der aristotelischen Welt tritt jetzt ein fiktiver Weltmittelpunkt. Die Kopernikanische Wende wird also global zurückgenommen. Da der absolute Raum ferner als unendlich und unteilbar bezeichnet wurde, schienen ihm für theologisch vorgebildete Gelehrte des 17. Jhs. geradezu göttliche Attribute zugesprochen zu werden. Newton selber sprach vom *„sensorium Dei"*,[25] einem Empfindungsorgan Gottes, mit dem er die materielle Welt wahrnimmt. Die frommen Deutungen Newtons standen im Widerspruch zu seiner Methodologie, wonach Physik auf Erfahrungstatsachen zurückzuführen sei: „Hypotheses non fingo."[26]
Newton versuchte, die Existenz des per definitionem nicht wahrnehmbaren absoluten Raumes wenigstens indirekt zu beweisen. In seinem berühmten *„Eimerexperiment"*[27] wollte er zeigen, wie beschleunigte Bewegungen gegenüber dem absoluten Raum durch die an dem bewegten Körper auftretenden Trägheitskräfte festgestellt werden können. Dazu wurde ein mit Wasser gefüllter Eimer an einem Seil aufgehängt und durch das Drehen des Eimers das Seil verdrillt. Läßt man den Eimer los, so wird er in Rotation versetzt, wobei folgende Phänomene beobachtbar sind: In der ersten Phase rotiert relativ zum Beobachter nur der Eimer, während das Wasser ruht. In der zweiten Phase erlangt das Wasser allmählich die gleiche Rotationsgeschwindigkeit wie der Eimer und steigt dabei an den Gefaßwänden hoch, so daß eine Krümmung der Wasseroberfläche eintritt. In diesem Fall führt das Wasser nach Newton zwar keine relative Bewegung zum Eimer aus, aber gegenüber dem absoluten Raum, so daß dieser auch nur als Ursache für die beobachtbare Wasserkrümmung in Frage kommt. Mach hat später kritisiert, daß die Effekte des Eimerexperiments nicht durch ein fiktives „sensorium Dei" hervorgerufen werden, sondern durch eine relative Rotation des Wassers gegenüber fernen, aber realen kosmischen Massen.[28]
Einen anderen Nachweis der Existenz des absoluten Raumes versuchte I. Kant (1769) in seiner Schrift „Von dem ersten Grunde des Unterschiedes der Gegenden im Raume". Kant gründet seinen Beweis auf die *Unterscheidung zwischen rechts und links.* Die Beobachtung zeigt nach Kant, daß die inneren Beziehungen zwischen den einzelnen Teilen der linken Hand zueinander die gleichen sind wie in unserer rechten Hand. Den-

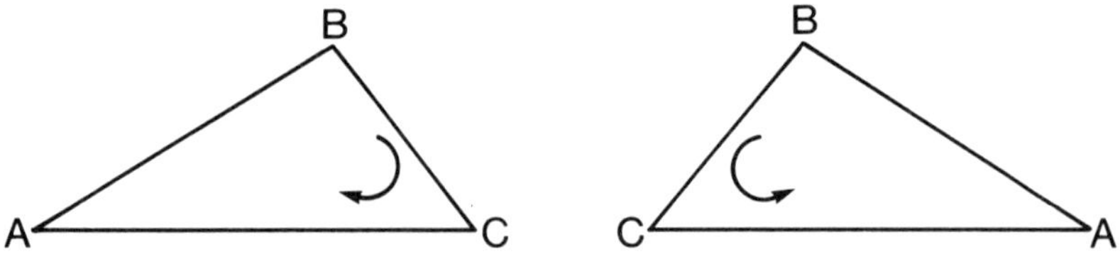

Abb. 4

noch muß es einen grundsätzlichen Unterschied geben, der es nicht erlaubt, die eine Hand an die Stelle der anderen zu setzen. Wenn dieser Unterschied aber, so argumentiert Kant, nicht durch die unterschiedliche Lage der Teile untereinander erklärt werden kann, dann kann er nur durch ihre verschiedene Lage zum absoluten Raum begriffen werden.[29)]

Mathematisch trifft jedoch Kants Fiktion des absoluten Raumes zur Erklärung der Links-Rechtsunterscheidung nicht. Ob zwei kongruente Systeme (z. B. Dreiecke) links- oder rechtsorientiert sind (Abb. 1), kann durch rein kombinatorische Betrachtung erklärt werden: Der Sinn der Drehung wird durch eine Permutation gegenüber linear unabhängigen Vektoren bestimmt.[30)] Im übrigen kann man die linke Seite einer Geraden mit ihrer rechten dadurch austauschen, daß man sie in einer Ebene um 180° dreht. Eine rechtsdrehende Schraube kann in eine linksdrehende, die linke Hand in die rechte Hand verwandelt werden, indem man den betreffenden Gegenstand des 3-dimensionalen Raumes im 4-dimensionalen Raum bewegt. Mathematisch ist also die Links- Rechtsunterscheidung („Parität“) invariant:[31)] Erst in der modernen Elementarteilchenphysik und Molekularbiologie gibt es gute Gründe für die Annahme, daß die Parität in der Natur grundsätzlich nicht mehr gegeben sein muß. Allerdings spielt bei diesen modernen Untersuchungen der absolute Raum keine Rolle.

Der mathematische Kern dieser methodologischen, theologischen und metaphysikkritischen Diskussionen um den absoluten Raum läßt sich wie folgt *gruppentheoretisch* präzisieren und führt uns auf eine bestimmte Symmetrieauffassung der Raum-Zeit. Entscheidend ist nämlich die Annahme, daß es für zwei Ereignisse *objektiv entscheidbar* sei, ob sie *gleichzeitig* und ob sie am selben Ort stattfinden. Die *Menge der Ereignisse* läßt sich daher als direktes Produkt $\mathbb{R}^3 \times T$ des euklidischen Raumes $\mathbb{R}^3$ und der Menge T der Zeitpunkte auffassen. Im euklidischen 3-dimensionalen Raum gibt es eine Metrik, die durch Lineale realisiert werden kann. Die Zeit T wird als 1-dimensionaler euklidischer Raum aufgefaßt, dessen Zeitkkoordinate t durch eine lineare Transformation $t' = t + b$ definiert ist und durch Standarduhren gemessen werden kann. Die Menge aller zu einem konstanten Zeitpunkt $t = t(e)$ mit einem Ereignis e gleichzeitiger Ereignisse bildet eine 3-dimensionale Raumschicht.

In Abb. 5 ist ein Modell dieser Raum-Zeit mit den Schichten gleichzeitiger Ereignisse angegeben. In der 3-dimensionalen Begrenzung unseres Anschauungsraumes sind die Zeit T durch eine vertikale Achse und die 3-dimensionalen Schichten gleichzeitiger Ereignisse durch 2-dimensionale parallele Ebenen dargestellt. Sie repräsentieren die jeweilige *Gegenwart,* die die *Vergangenheit* von der *Zukunft* mit $t > t(e)$ trennt.

Die parallele Schichtung der Raum-Zeit durch (maximale) Untermengen gleichzeitiger Ereignisse definiert auch die *Kausalstruktur* bzw. den Wirkungszusammenhang der Welt. Schießt man nämlich von einem Weltpunkt O in alle Richtungen Kugeln mit unterschiedlicher Geschwindig-

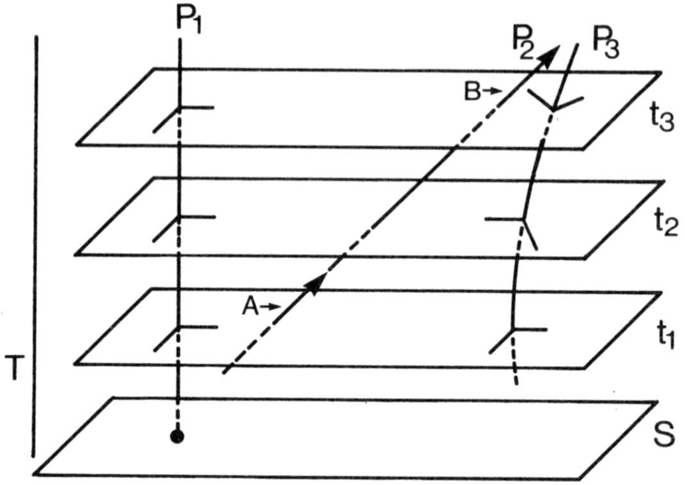

Abb. 5

keit ab, so erreichen sie nur Weltpunkte, die später als *O* sind. Ein in *O* stattfindendes Ereignis hat also nur auf Ereignisse Einfluß, die in der Zukunft stattfinden. Die Vergangenheit gehört nicht mehr zu meinem Einflußbereich. Leibniz stellt dazu in den „Initia rerum mathematicarum metaphysica" fest: „Wenn von zwei Elementen, die nicht zugleich sind, das eine den Grund des anderen einschließt, so wird jenes als vorangehend, dieses als folgend angesehen."[32)]

Die Eigenschaft der Raum-Zeit, daß Zukunft und Vergangenheit eines Ereignisses *e* eine gemeinsame Grenze, nämlich die Gegenwart haben, bringt die Newtonsche Annahme zum Ausdruck, daß es *beliebig schnelle Zeitübertragungen* gibt. Eine (wenn auch nur begrenzt realisierbare) Methode momentaner Zeitübertragung von einem Ort *A* zu einem Ort *B* besteht darin, daß man einer Stange von *A* nach *B* in *A* einen Ruck erteilt, der unmittelbar nach *B* übertragen wird. Der psychologische Grund für den Glauben an die Art von *Gleichzeitigkeit* hängt wohl damit zusammen, daß man in der Alltagswelt ganz selbstverständlich die Dinge, die man sieht, in den Mittelpunkt seiner Wahrnehmung setzt. Der Beobachter weitet seine Zeit so auf die ganze Welt aus, die in seinen Wahrnehmungsbereich tritt.

Eine weitere wichtiger Annahme ist der Glaube an einen *absoluten Ruhepunkt.* In Abb. 5 ist er durch eine Vertikale P_1 dargestellt, da die Raumkoordinaten die gleichen bleiben und nur die Zeit fortschreitet. Psychologisch ist dieser Glaube besonders stark in der Alltagswelt verwurzelt, die seit vorgeschichtlicher Zeit von einer dauernden und wohlgegründeten Erde ausgeht, um die sich „alles dreht".

In Abb. 5 stellt die schräge Gerade P_2 eine gleichförmige Bewegung und die Kurve P_3 eine beschleunigte Bewegung dar. Die Bewegungen in A und B sind parallel. Die parallele Schichtung des Raum-Zeit Modells bringt genau die Newtonsche Auffassung einer Außenwelt zum Ausdruck, in der Zeit unabhängig vom Beobachter (absolut) abläuft, deren momentaner Zustand durch die momentane Materieverteilung in einer Schicht mit $t = t(e)$ bestimmt ist und deren kausale Geschichte durch die Nachfolge der Raumschichten bestimmt ist.

Die Transformationsgruppe, die diese Struktur der Newtonschen Raum-Zeit invariant läßt, besteht aus dem direkten Produkt der Gruppe der Dilationen, Rotationen und Translationen auf dem euklidischen Raum und der affinen Gruppe der Zeit T. H. Weyl nannte diese Lie-Gruppe die „elementare" Symmetriegruppe der Raum-Zeit.[33] Wir nennen sie im folgenden die *Newtonsche Gruppe* G_{new}.

2.2 Raum und Zeit nach Leibniz und Huygens

Während man die Metrik und entsprechende Kausalstruktur der Newtonschen Raum-Zeit im 18. und 19. Jh. allgemein akzeptierte, wurde Newtons Annahme der *absoluten Ruhe* und *Bewegung* bald schon in Frage gestellt. Eine bemerkenswerte Kritik kommt ausgerechnet von einem Theologen. Das überrascht umso mehr, als englische Theologen im 17. und 18. Jh. den großen Newton als „defensor fidei" gegen einen naturwissenschaftlich motivierten Atheismus anriefen, der in der beginnenden Aufklärung erstarkte. Gemeint ist die Kritik von Bischof Berkeley, der hinter Newtons Fiktion des absoluten Raumes die theologische Gefahr des *Pantheismus* wittert, in der Gott mit der Natur identifiziert wird. Nach Berkeley darf man den Raum nur als relativ fassen, „oder es gäbe andernfalls etwas von Gott Verschiedenes, das ewig, ungeschaffen, unendlich, unteilbar und unveränderlich sei."[34]

Berkeley erweist sich zwar als überaus scharfsinniger Kritiker der naturwissenschaftlichen Grundlagen, jedoch nicht als ihr Gegner im Sinne von Nachhutgefechten im Anschluß an die Inquisition gegen Galilei. Er wendet sich vielmehr gegen diejenigen, die ihren neuzeitlichen Fortschrittsglauben als Aufklärung über Theologie verstehen und Religion durch einen naiven Glauben an die Naturwissenschaften ersetzen.[35] Berkeley ist also heute nach wie vor aktuell. *Fiktionen* wie Newtons *absoluter Raum,* die auf keiner Erfahrungstatsache beruhen, boten eine gute Gelegenheit, diejenigen ad absurdum zu führen, die ihr naturwissenschaftliches Glaubensbekenntnis in Sätze zusammenzufassen pflegen, wie „Ich glaube nur das, was ich sehen, fühlen, schmecken und riechen kann."

Ebenso kritisiert Leibniz die Newtonsche Verquickung von Theologie und Naturwissenschaft und weist in seiner berühmten Kontroverse mit Clarke die Schwierigkeiten auf, die eine Gleichsetzung der Allgegenwart des unendlichen Raumes mit der Allgegenwart des unendlichen Gottes erzeugt. Für Leibniz ist der Raum ein *System von Relationen* zwischen Körpern, dem keine metaphysische oder ontologische Existenz zukommt. Die *Lagebeziehung* reicht nach Leibniz zur Definition des Raumes aus: „Zur Bildung der Raumvorstellung gelangt man etwa in folgender Weise. Man beobachtet, daß verschiedene Dinge gleichzeitig existieren und findet in ihnen eine bestimmte Ordnung des Beisammens, der gemäß ihre Beziehung mehr oder weniger einfach ist. Es ist dies ihre wechselseitige Lage oder Entfernung. Ändert nun eins der Elemente seine Beziehung zu einer Mehrheit anderer Glieder, ohne daß unter diesen selbst eine Veränderung vor sich geht, und nimmt ein neu Hinzukommendes eben die Beziehung zu den anderen ein, die das erste hatte, so sagt man, es sei an seine Stelle getreten und nennt diese Veränderung eine Bewegung, die man demjenigen Element zuschreibt, in dem die unmittelbare Ursache der Veränderung liegt. Wenn nun mehrere oder selbst alle Glieder nach gegebenen Regeln der Richtungs- und Geschwindigkeitsänderung fortschreiten, so kann man stets die Lagebeziehung bestimmen, die jedes Glied mit Bezug auf jedes andere erwirbt; man könnte selbst von jedem Element, unter der Voraussetzung, daß es sich gar nicht oder in anderer Weise als tatsächlich geschah, bewegt hätte, sein Lageverhältnis zu allen anderen angeben. Nimmt man nun an, oder macht man die Fiktion, daß es unter diesen koexistierenden Körpern eine genügende Anzahl von solchen gibt, die untereinander keine Veränderung erleiden, so wird man von Gliedern, die zu diesen festen Elementen in eine Beziehung getreten sind, wie sie früher anderen Körpern zukam, sagen, daß sie sich jetzt an der „Stelle" dieser anderen befinden. Der Inbegriff aller dieser Stellen aber wird Raum genannt."[36)]

Mit Newtons Worten betrachtet Leibniz also nur *relative Bezugssysteme*. In seinem dritten Schreiben gegen Clarke hebt er hervor, daß keine räumliche Position und kein Zeitpunkt absolut ausgezeichnet werden kann: „Folglich läßt sich, unter der Voraussetzung, daß der Raum etwas an sich selbst, daß er also mehr als die bloße Ordnung der Körper untereinander ist, unmöglich ein Grund dafür angeben, weshalb Gott die Körper – die Beibehaltung ihrer Abstände und gegenseitigen Lagebeziehungen vorausgesetzt – gerade an diese bestimmte Raumststelle und nicht an eine andere gesetzt hat; warum etwa nicht alles durch einen Umtausch von Osten und Westen umgekehrt angeordnet worden ist."[37)]

Für die *Zeit* heißt es entsprechend:

„...Denn dann wäre es freilich unmöglich, einen Grund zu finden, weshalb die Dinge – unter Annahme ihrer festen identischen Reihenfolge – eher in solche als in anderen Augenblicken hätten hineingesetzt werden sollen."[38)]

Leibniz begründet also die *Relativität aller Raum- und Zeitpunkte* durch sein metaphysisches *Prinzip des zureichenden Grundes* („principium rationis sufficientis"), wonach nichts ist oder geschieht in der Welt ohne zureichenden Grund. Auch Gott hat sich an dieses Vernunftgebot zu halten, um nicht mit der eigenen Schöpfung in Widerspruch zu geraten. Dieses berühmte Lehrstück neuzeitlicher Naturphilosophie, in dem es scheinbar nur um die Relativität und Homogenität von Raum und Zeit geht, hat nicht nur metaphysische, sondern für das 17. und 18. Jh. durchaus brisante theologische und politische Hintergründe. Ein Gott, der sich an die Gesetze der Vernunft halten soll, ist politisch der Monarch, der sich an die Gesetze der Verfassung halten muß und nicht nach despotischem Gutdünken in das Leben der Menschen eingreifen darf. Clarke scheint diese Konsequenz zu wittern, wenn er gegen Leibniz durchaus inquisitorische Töne anschlägt:

„Gegen alle die, die behaupten, daß in einer irdischen Regierung die Dinge ohne Einmischung des Königs vollkommen ihren Gang gehen könnten, ist der Verdacht gerechtfertigt, daß sie am liebsten den König ganz beiseite schieben möchten: So zielt dann auch in der Tat die Lehre, daß der Lauf der Welt die stete Leitung Gottes, des höchsten Herrschers, nicht nötig hat, darauf ab, Gott aus der Welt zu verbannen.“ [39)]

Der mathematische Kern der Leibnizschen Argumentation führt zu einer neuen, von Newton verschiedenen *Raum-Zeit Symmetrie.* Dazu muß man den Begriff der *absoluten Ruhe* und *Bewegung (Rotation)* fallen lassen. Für das Raum-Zeit Modell in Abb. 6 bedeutet das, daß es keine bevorzugten Bewegungen („gerade Linien“) oder Achsen und keinen Parallelismus (außer in der Schicht der Gleichzeitigkeit zu einem festen Zeitpunkt) gibt. Im Unterschied zur Newtonschen Raum-Zeit ist also die Leibnizsche nicht affin. Sie hat insgesamt weniger Struktur.

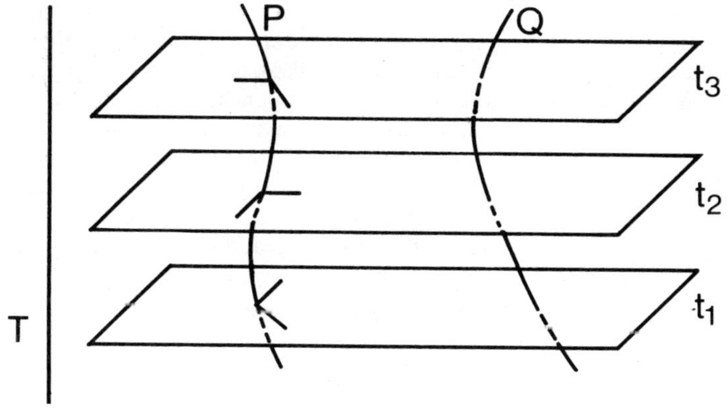

Abb. 6

Ihre Symmetrie ist durch eine Transformationsgruppe festgelegt, die nicht nur 3 Parameter benötigt, sondern 6 beliebige reelle Zeitfunktionen für die Winkel- und Translationsgeschwindigkeit. Sie ist also keine endliche kontinuierliche Gruppe im Lieschen Sinn. Da sie beliebige stetige Bewegungen invariant läßt, wird sie im Anschluß an H. Weyl die *kinematische Gruppe der Raum-Zeit* genannt.[40] Wir sprechen im folgenden von der *Leibnizschen Symmetriegruppe* G_{kin}. Offenbar gilt für die Newtonsche Symmetrie: $G_{\text{new}} \subset G_{\text{kin}}$. Da der Begriff der *Gleichzeitigkeit* unverändert ist, trägt die Leibnizsche Raum-Zeit dieselbe *Kausalstruktur* wie die Newtonsche.

Methodologisch folgt nun: Wenn in der Leibnizschen Raum-Zeit keine Bewegungsform ausgezeichnet ist, dann kann es bei der Untersuchung konkreter Systeme wie z. B. der Planeten nur darum gehen, das Koordinatensystem so zu wählen, daß die Zeitfunktionen der Massenpunkte möglichst einfachen Gesetzen genügen. In diesem Leibnizschen Kontext besteht also z. B. der entscheidende Verdienst von Kopernikus in dem Hinweis, daß ein Koordinatensystem existiert, für das die Gesetze der Planetenbewegung eine wesentlich *einfachere* Form einnehmen als wenn sie – wie bei Aristoteles und Ptolemaios – auf die ruhende Erde bezogen werden. Das war in der Tat nur eine kinematische Frage. Erst Newton (nach Vorbereitung durch Kepler) gibt dynamische Gründe an, warum sich die Planeten „wirklich" um die Sonne und nicht um die Erde bewegen.

So lange es sich nur um kinematische Fragen handelt, beschreibt die Leibnizsche Symmetrie exakt die Raum-Zeit der (klassischen) Physik. Leibniz gibt also nur ein *kinematisches Relativitätsprinzip* an. Wie erklärt er aber dann dynamische Effekte wie das Auftreten zentrifugaler Kräfte bei der Kreisbewegung? In der Tat haben Leibniz und besonders sein physikalischer Lehrer Huygens dieses Problem gesehen. So versuchte Huygens die zentrifugalen Kräfte bei einer sich drehenden Scheibe durch die relative Bewegung verschiedener Teile der Scheibe zu erklären.[41] Die relative Bewegung dieser Teile könnte aber – gruppentheoretisch gesprochen – wegtransformiert werden, wenn als Bezugssystem dasjenige System gewählt wird, das denselben Ursprung und dieselbe Winkelgeschwindigkeit wie die rotierende Scheibe hat. Relativ zu diesem rotierenden Koordinatensystem sind die Teile der Scheibe in Ruhe. Bekanntlich wird der Druck, den die Zentrifugalkräfte ausüben, dadurch nicht aufgehoben. Nach einem geometrischen und einem kinematischen Symmetrieprinzip steht also ein dynamisches noch aus.

2.3 Raum und Zeit in der klassischen Mechanik

Newton und Leibniz haben beide recht in ihrer gegenseitigen Kritik. Newtons Fiktion eines absoluten Ruhepols im Universum läßt sich durch keine Beobachtung und durch kein Experiment entscheiden. Newtons Raum-Zeit hat also „zuviel Struktur". Leibnizens Raum-Zeit hat aber „zu wenig", da die von Newton ausgezeichneten absoluten Rotationsbewegungen durchaus einer dynamischen Erklärung bedürfen. Aber muß dazu

auf das Monstrum des absoluten Raumes zurückgegriffen werden?
Den ersten Schritt zu seiner Elimination tat L. Euler, indem er auf die enge Verbindung des absoluten Raumes mit *Newtons Trägheitsgesetz* „lex inertiae" aufmerksam machte. Bereits C. MacLaurin hatte 1748 betont: „Dieses Beharren eines Körpers in einem Zustand der Ruhe oder gleichförmiger Bewegung kann es nur in bezug zum absoluten Raum geben und wird nur verständlich, wenn man ihn annimmt."[42] Euler versucht daher analog wie D'Alembert in seinem „Traité de Dynamique" und Kant in den „Metaphysischen Anfangsgründen der Naturwissenschaften", die Notwendigkeit des Trägheitsgesetzes durch das Prinzip vom zureichenden Grund a priori zu beweisen, um so die Existenz des absoluten Raumes indirekt zu begründen.[43] Da Euler im Unterschied zu Newton auf eine analytische Formulierung der Mechanik mit Bewegungsgleichungen zurückgreifen kann, hat bei ihm auch die Invarianz einer Theorie gegenüber Transformationen eine algebraisch präzise Bedeutung. Historisch sollte man allerdings berücksichtigen, daß sich erste Formulierungen eines Trägheits- und Relativitätsprinzips bereits bei G. Galilei, I. Beeckman und R. Descartes finden.[44]

Den entscheidenden Schritt machte L. Lange 1885 mit seiner Einführung von *Trägheits- oder Inertialsystemen*.[45] Relativ zu solchen „Trägheitssystemen" behält nach Lange das Trägheitsgesetz auch ohne die Annahme eines absoluten Raumes seine physikalische Bedeutung. Nimmt man nämlich an, daß drei Massenpunkte vom gleichen Ursprung aus geschleudert werden und frei sich selbst überlassen bleiben, d.h. keiner Krafteinwirkung ausgesetzt sind, so ist das entsprechende Koordinatensystem, relativ zu dem die drei Punkte drei verschiedene gerade Linien beschreiben, nach Lange als „Trägheitssystem" definiert. Dann ist nach Lange das Trägheitsgesetz äquivalent zu der Behauptung, daß jeder vierte Massenpunkt frei sich selbst überlassen ebenso entlang einer Geraden relativ zu diesem System sich bewegt. Man definiert meistens kurz: Das Trägheitssystem ist ein Koordinatensystem, in dem Newtons Trägheitsgesetz gültig ist.
Ob technisch-empirisch solche Trägheitssysteme ausgewiesen werden können, ist eine andere Frage. Historisch haben die Astronomen des 19. Jh.s bereits auf das *astronomische Fundamentalsystem* als empirisch gute Realisationen eines Inertialsystems hingewiesen.[46] Das ist dadurch definiert, daß die durchschnittliche Drehbewegung der Galaxien relativ zu diesem System in Ruhe ist. Inertialsysteme werden auch *„Laborsysteme"* genannt, um deutlich zu machen, daß die experimentell beobachtbaren Effekte im Labor erst in bezug auf diese Systeme beschrieben werden können.
Häufig wurde gegen die Newtonsche Formulierung des Trägheitsgesetzes der Vorwurf erhoben, daß es im Aufbau der Mechanik zirkulär sei, von „kräftefreien" Bewegungen zu sprechen, so lange noch keine Kräfte definiert seien. Es wurde daher vorgeschlagen, das Inertialsystem und die

Masse als Trägheitswiderstand gegen Beschleunigungen über die *Stoßkinematik* einzuführen.[47] Geht man von inelastischen Stoßvorgängen aus, so hat man es bezogen auf die Erde mit Geschwindigkeiten u_1, u_2 vor dem Stoß und ihrer gemeinsamen Geschwindigkeit v nach dem Stoß zu tun. Für ein Inertialsystem wird dann gefordert, daß das Verhältnis der Geschwindigkeitsänderungen $u_1 - v$ und $u_2 - v$ bei Wiederholungen für alle u_1, u_2 eine Konstante ist, d.h. daß der Impulssatz für Stoßvorgänge definiert ist. Denn ist das Verhältnis der Geschwindigkeitsänderungen konstant, so läßt sich ein Massenverhältnis der zusammenstoßenden Körper durch das umgekehrte Verhältnis der Geschwindigkeitsänderungen definieren. Beobachtbare Abweichungen von der Konstanz des Verhältnisses der Geschwindigkeitsänderungen bei Stoßvorgängen können durch Störungen erklärt werden.

Mathematisch ist jedenfalls entscheidend, daß die 4-dimensionale Raum-Zeit neben Kausalstruktur und Metrik eine affine Geometrie hat, deren („zeitartige") gerade Linien (d.h. solche, die nicht in den Schichten der Gleichzeitigkeit liegen) freie Bewegungen darstellen (Abb. 7). Diese Forderung bringt in der Sprache der Geometrie exakt das Trägheitsgesetz zum Ausdruck: Ein Massenpunkt, der sich frei ohne Einwirkungen von außen bewegt, führt eine gleichförmige Translation aus. Im Raum-Zeit Modell von Abb. 7 ist seine „Weltlinie" (Weyl) eine Gerade mit linearen Zeitfunktionen $x_i = x_i(t)$ als Raumkoordinaten. Die Inertialsysteme mit rechtwinkligen Koordinatensystemen, einem Anfangsmoment und einer Länge- und Zeiteinheit sind durch Transformationen der Newtonschen Gruppe G_{new} verbunden.

Allerdings brauchen zwei Inertialsysteme keineswegs relativ zueinander zu ruhen, sondern das eine wird in bezug auf das andere eine gleichför-

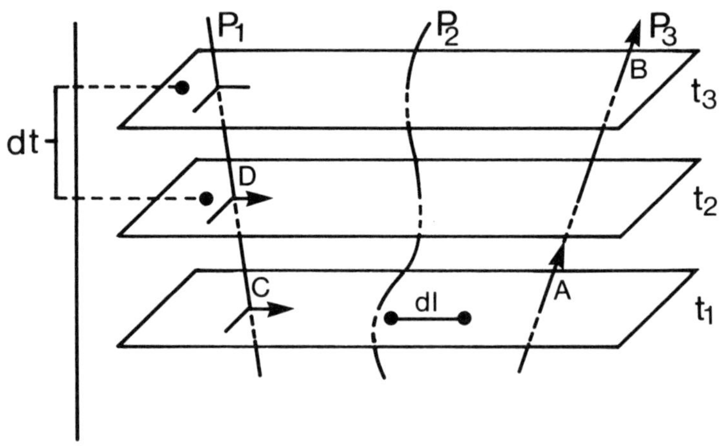

Abb. 7

mige Translation ausführen. Die Raumkoordinaten x_i und x_i' zweier Inertialsysteme I und I' sind also durch eine Transformation der kinematischen („Leibnizschen") Gruppe G_{kin} verbunden. Dabei ist zu beachten, daß die x_i' in lineare Zeitfunktionen übergehen, wenn für x_i lineare Funktionen der Zeit eingesetzt werden. Zu den Transformationen der Newtonschen Gruppe G_{new} treten also neu nur *Transformationen* $x_i' = x_i + v_i t$ und $t' = t$ hinzu, wobei die Konstanten v_i die Komponenten der *Translationsgeschwindigkeit* des Inertialsystems I in Bezug auf I' sind. Im Modell Abb. 7 sind die gleichförmigen Bewegungen (z. B. P_1, P_3) ausgezeichnet gegenüber beschleunigten Bewegungen P_2. Aber keine *absolute Ruhe*, also Vertikalen sind definiert. Allerdings ist die Parallelität der 4-dimensionalen Vektoren des 4-dimensionalen Raum-Zeit Modells definiert (d. h. $A \| B$ und $C \| D$).
Was die Metrik dieser Raum-Zeit betrifft, so ist für jede Schicht der Gleichzeitigkeit, d. h. für jeden 3-dimensionalen euklidischen Raum gleichzeitiger Ereignisse die euklidische Metrik zuständig. Die euklidische Metrik ist also nur für die 4-dimensionalen Vektoren der Raum-Zeit definiert, die in einer Gleichzeitigkeitsschicht liegen. Liegen zwei 4-dimensionale Weltpunkte A und B nicht in einer Schicht der Gleichzeitigkeit, so kommt ihnen ein bestimmter Zeitunterschied zu, nämlich die Zeitkomponente des 4-dimensionalen Vektors AB. Sie ist durch die Wahl der Maßeinheit für die Zeit bestimmt und ist eine lineare Form $t(AB)$ des Vektors AB. A ist früher, gleichzeitig oder später als B genau dann, wenn $t(AB) > 0$, $t(AB) = 0$ oder $t(AB) < 0$ ist. Im Anschluß an H. Weyl sprechen wir auch von der *Galilei-Metrik* der Raum-Zeit in Abb. 7, die 1.) durch die Linearform $t(r)$ der Zeitdauer der Verschiebung r und 2.) für $t(r) = 0$ durch die euklidische Metrik bestimmt ist.[48)]

Man erkennt sofort, daß neben dem Trägheitsgesetz auch *Newtons* berühmtes *2. Gesetz* („Masse mal Beschleunigung = Kraft") *invariant* ist gegen die genannten Transformationen. Die Masse ist nämlich ein vom Inertialsystem unabhängiger Skalar. Differenziert man die Transformation $x_i' = x_i + v_i t$ nach der Zeit, so ist zwar nicht die Geschwindigkeit

$$\frac{dx_i'}{dt'} = \frac{dx_i}{dt} + v_i,$$

wohl aber die Beschleunigung

$$\frac{d^2x_i'}{dt'^2} = \frac{d^2x_i}{dt^2}$$

ein vom Inertialsystem unabhängiger Raumvektor. Insgesamt ändern sich also die Kräfte, mit denen Körper aufeinander einwirken, nicht, wenn man den Körpern eine gemeinsame gleichförmige Translation erteilt. Es ist richtig, daß Newtons 2. Gesetz das Trägheitsgesetz impliziert. Es ist jedoch bemerkenswert, daß das Trägheitsgesetz allein die affine Raum-Zeit Struktur der Newtonschen Mechanik definiert. Die übrigen Mechanikgesetze beschränken oder erweitern diese Raum-Zeit Geometrie nicht. Wir können nun präzisieren, was es heißt, daß die Mechanikgesetze *„objektive Naturgesetze"* sind, „immer und überall" oder - wie man im 17. und 18. Jh. meinte - „ewig" gelten. Sie sind objektiv im Sinne der Invarianz gegen eine Transformationsgruppe, die im folgenden die *Galilei-Gruppe* G_{gal} genannt wird.[49)] Jedes Inertialsystem repräsentiert ein mögliches Labor, in dem die Gesetze überprüft werden können. Ihre Form ändert sich nicht, wenn man die Testergebnisse eines Labors auf das Inertialsystem eines anderen Labors gemäß den Transformationen aus G_{gal} umrechnet.

Die Form einer mechanischen Bewegungsgleichung (‚Naturgesetz') bleibt also bei Transformation aller Punktkoordinaten unverändert (‚invariant'). Hier wird eine zentrale *Symmetrieeigenschaft von Raum und Zeit* in der klassischen Mechanik deutlich. Die Invarianz der Form eines Naturgesetzes ist nämlich analog zur Invarianz der Form einer geometrischen Kugel, wenn bei einer Drehung die Koordinaten aller Punkte um denselben Winkel verändert werden (Abb. 8). Da alle Punkte transformiert werden, spricht man auch von *globaler Symmetrie*.[50)] Raum und Zeit der klassischen Mechanik sind in diesem Sinn durch eine Symmetriestruktur der Theorie, nämlich der Galilei-Gruppe G_{gal} bestimmt.

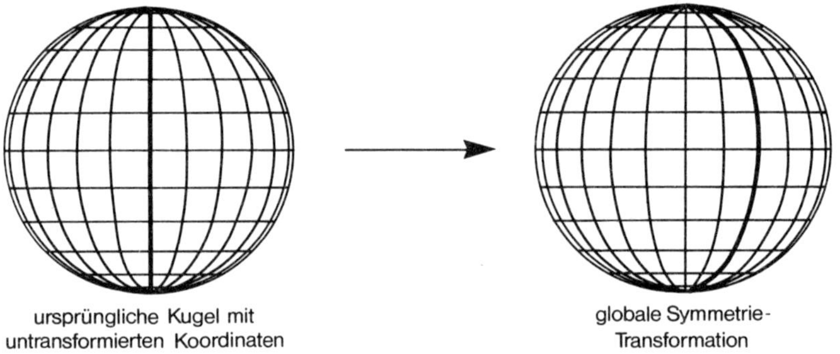

Abb. 8

Offenbar ist ihre Symmetriestruktur spezieller als die *Leibnizsche kinematische Gruppe* G_{kin}, jedoch allgemeiner als die *Newtonsche „elementare" Gruppe* G_{new}, d. h. $G_{new} \subset G_{gal} \subset G_{kin}$.

Die Galilei-Gruppe charakterisiert also die klassische Mechanik exakt im Sinne von Kleins „Erlanger Programm". Abschließend sollen ihre Transformationen noch einmal im einzelnen zusammengestellt und einige ihrer gruppentheoretischen Eigenschaften genannt werden:[50)]

1) Den Übergang von einem Inertialsystem I zu einem im Raum um den Vektor a_i verschobenen System I' leistet die Transformation

$x'_i = x_i + a_i$ und $t' = t$. Diese *Raum-Transformation* hängt offenbar von 3 Parametern ab, nämlich den Komponenten des raum-zeitlichen konstanten Vektors a_i.

2) Den Übergang von einem System I mit den Koordinaten x_i zu einem System I' mit einem dazu gedrehten Koordinatensystem leistet die Transformation $x'_i = a_{ik} x_k$ und $t' = t$ mit orthogonaler Matrix $a_{ik} a_{lk} = \delta_{il} = a_{ki} a_{kl}$ und dem Kroneckersymbol $\delta_{il} = 1$, falls $i = l$ und $\delta_{il} = 0$ andernfalls. In Vektorschreibweise notiert man auch kurz $r' = Rr$ mit der orthogonalen Drehmatrix R. Die *Drehungen* im 3-dimensionalen Raum hängen ebenfalls von 3 unabhängigen Parametern ab.
3) Den Übergang von einem System I zu einem um das konstante *Zeitintervall b* verschobenen System I' leistet die Transformation $t' = t + b$ und $x'_i = x_i$, die von einem Parameter der Konstanten b abhängt.
4) Den Übergang von einem System I zu einem dagegen mit *konstanter Geschwindigkeit* v_i bewegten System I' leistet die Transformation $x'_i = x_i + v_i t$ und $t' = t$. Diese Transformationen hängen von 3 Parametern ab, nämlich den raum-zeitlich konstanten Komponenten v_i des Vektors der *Relativgeschwindigkeit* von I gegenüber I'.

Aus den Transformationen 1)–4) läßt sich die allgemeinste Form einer Galilei-Transformation angeben, nämlich $r' = Rr + vt + a$ und $t' = t + b$, die von insgesamt $3 + 3 + 1 + 3 = 10$ Parametern abhängt, nämlich 3 Parameter für a, 3 Parameter für R, 1 Parameter für b und 3 Parameter für v. Die Galilei-Transformationen bilden bezüglich des Hintereinanderausführens von Transformationen eine *kontinuierliche 10-parametrige Liesche Gruppe*.

Aus den geometrischen Symmetrieeigenschaften dieser Raum-Zeit folgen *Erhaltungssätze* von physikalischen Größen, wie C. G. J. Jacobi 1845, F. Klein 1872 und allgemein E. Noether gezeigt haben. So folgt z. B. aus der Homogenität des Raumes (d. h. Invarianz bei räumlicher Translation) die Erhaltung des linearen Impulses, aus seiner Isotropie (d. h. Invarianz bei räumlicher Rotation) die Erhaltung des Drehimpulses, aus der Homogenität der Zeit (d. h. Invarianz bei zeitlicher Translation) die Erhaltung der Energie etc. (insgeamt 10 Erhaltungssätze).

3. Raum-Zeit der Speziellen Relativitätstheorie

Im folgenden Abschnitt werden einige historische Stationen auf dem Weg zu Einsteins Spezieller Relativitätstheorie skizziert. Ziel ist dabei wieder eine gemeinsame geometrische Sprache, in der die verschiedenen historischen Konzepte von Raum und Zeit miteinander verglichen werden können. Mathematisch erweisen sich Raum und Zeit wieder als bestimmte Symmetriestrukturen von physikalischen Theorien (z. B. Elektrodynamik), mit denen die Rahmenbedingungen für das Messen, Rechnen und Experimentieren im physikalischen Labor festgelegt sind.

3.1 Elektrodynamik und Äther

Die Newtonschen Gleichungen der Mechanik sind invariant gegenüber der Galilei-Gruppe, aber Maxwells Gleichungen der Elektrodynamik nicht. Dazu betrachte man die *Wellengleichung des Lichts* in einem Inertialsystem mit cartesischen Koordinaten x, y, z und physikalischer Zeitkoordinate t. Für ein zweites Inertialsystem x', y', z', das sich gleichförmig mit Geschwindigkeit v relativ zum ersten in gemeinsamer x-Richtung bewegt, erwartet man nach Anwendung der Galilei-Transformationen dieselbe Gleichungsform

(1) $$\Delta'\psi - \frac{1}{c^2}\frac{\partial^2\psi}{\partial t'^2} = 0\,.$$

Differenziert man aber die Transformationsgleichungen, ergibt sich das klassische Additionstheorem der Geschwindigkeiten. Eine einfache Rechnung zeigt dann, daß die Wellengleichung *nicht galilei-invariant ist*. Dies gilt natürlich nicht nur für elektromagnetische Wellen, sondern z. B. auch für *Schallwellen*. Für Schallwellen überrascht die mangelnde Invarianz aber nicht. So wird der Schall von einem Medium z. B. der Luft transportiert. Schallwellen sind Kompressionen oder Verdünnungen der Luft oder eines anderen Mediums. So entspricht die obengenannte Wellengleichung offenbar einem Bezugssystem, relativ zu dem das Medium ruht. Der entscheidende Unterschied zum Elektromagnetismus ist jedoch, daß Wellen wie z. B. Schallwellen Phänomene eines Mediums sind, dessen Eigenschaften durch die klassische Mechanik bestimmt sind. Die Existenz ausgezeichneter Bzugssysteme läßt sich auf die vielschichtigen Bewegungen des Trägersystems (z. B. Luft) zurückführen. Demgegenüber ist die Fiktion eines Äthers als „Medium" elektromagnetischer Wellen eine echte ad hoc Hypothese, da sie nichts anderes erklären soll als die Wellenausbreitung.

Wenn die Gleichungen der Elektrodynamik aufgrund ihrer überwältigenden experimentellen Bestätigung (z. B. Elektrotechnik) als korrekt akzeptiert werden müssen, bleiben nur folgende Möglichkeiten:

1) Die Mechanik ist galilei-invariant. Die Elektrodynamik hat ein ausgezeichnetes Bezugssystem, in dem der Äther ruht.
2) Es gibt ein Invarianzprinzip (‚Relativitätsprinzip') für Mechanik und Elektrodynamik. Das kann nicht das Galileische Relativitätsprinzip sein. Eine Änderung der Mechanikgesetze wird erforderlich.

Die 1. Möglichkeit wurde historisch z. B. von H. A. Lorentz verfochten. Die 2. Möglichkeit war schließlich Einsteins Ansatz. Für die 1. Möglichkeit war es naheliegend, die Existenz des Äthers mit der Relativbewegung eines Bezugssystems (z. B. Erde) zum Äther nachzuweisen. Berühmt wurden in dem Zusammenhang die *Michelson-Morley-Versuche*, die seit 1881 durchgeführt wurden.[52)]

Michelson konstruierte ein Interferometer (Abb. 9) mit einer Lichtquelle *Q*, einer Linse *L* für ein paralleles Lichtbündel, einem halbdurchlässigen Spiegel *P* für die Teilung des Lichtstrahls, zwei Reflexionsspiegeln $S_{\parallel}$ und $S_{\perp}$ und einem Fernrohr *F* zur Beobachtung von Interferenzen aufgrund der Phasendifferenz beider Teilstrahlen.

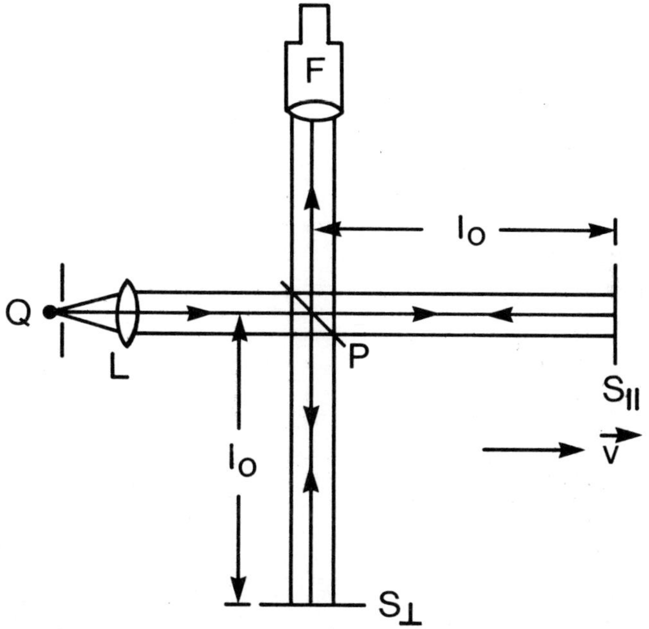

Abb. 9

Mit dem ruhenden Äther stellte man sich ein Inertialsystem *I* verbunden vor, mit dem Interferometer ein Inertialsystem *I'* (z. B. Erde), das sich relativ zu *I* mit der Geschwindigkeit *v* bewegt. Beträgt in I die Lichtgeschwindigkeit *c*, so hat sie nach dem klassischen Additionstheorem in *I'* bei Bewegung nach rechts den Betrag $c - v$, bei Bewegung nach links den Betrag $c + v$. Das Ziel ist also die Messung von *v*.

Für die Laufzeit $PS_{\parallel}P$ in *I'* ergibt sich

(2) $$t_{\parallel} = \frac{l_0}{c-v} + \frac{l_0}{c+v} = \frac{2\,l_0 c}{c^2 - v^2} = \frac{2\,l_0}{c(1 - v^2/c^2)},$$

für die Laufzeit $PS_{\perp}P$ in *I'*

(3) $$t_{\perp} = 2\,l/c$$

Dabei bewegen sich P und $S_\perp$ bei Hin- und Rückweg jeweils um $vt_\perp$ nach rechts. Nach dem Satz des Pythagoras (Abb. 10) gilt

$$l^2 = l_0^2 + l^2 v^2/c^2.$$

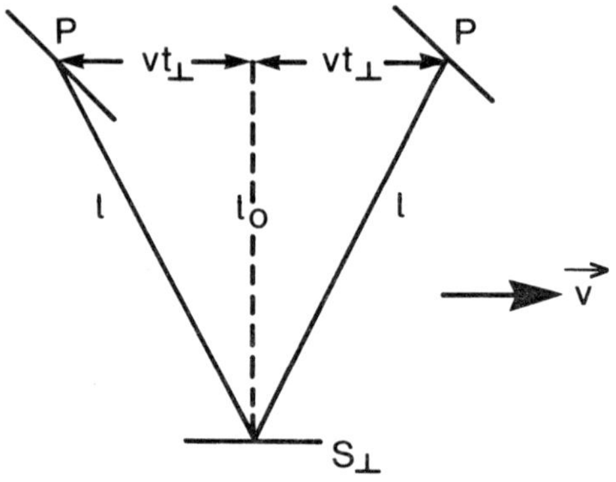

Abb. 10

Dann folgt

$$l = \frac{l_0}{\sqrt{1 - v^2/c^2}}, \text{ also } t_\perp = \frac{2\,l_0}{c\sqrt{1 - v^2/c^2}}.$$

Die Zeitdifferenz der Phasenverschiebung beträgt dann

$$\text{(4)} \qquad \begin{aligned} \Delta t &= t_\parallel - t_\perp \\ &= \frac{2\,l_0}{c}\left(\frac{1}{1 - v^2/c^2} - \frac{1}{\sqrt{1 - v^2/c^2}}\right). \end{aligned}$$

Bei Rotation des Interferometers konnte keine meßbare Zeitdifferenz zwischen Lichtwegen nachgewiesen werden. Der gesuchte Effekt zum Nachweis der Existenz des ruhenden Äthers blieb also aus. Um die Existenzannahme des ruhenden Äthers zu retten, stellte H. A. Lorentz 1895 die folgende Hypothese auf: Bei hoher Geschwindigkeit kommt es zu einer realen Längenkontraktion des Maßstabes l_0 (z. B. Interferometer) relativ zum Äther in Bewegungsrichtung um den Faktor $\sqrt{1 - v^2/c^2}$. Mathematisch ergibt sich dann in der Tat $\Delta t = 0$, so daß der Äther daher durch Interferometer nicht nachweisbar wäre. Wissenschaftstheoretisch handelt es sich hierbei um den klassischen Fall einer *ad hoc Hypothese*, da die benannte Rechengröße „ad hoc“ angenommen wurde, ohne in den damaligen physikalischen Theorien begründet zu sein.

3.2 Einsteins Spezielle Relativitätstheorie

Im Unterschied zu Lorentz votierte Einstein für ein *gemeinsames Relativitätsprinzip* von *Mechanik* und *Elektrodynamik*. Sein Ziel ist also eine

„einheitliche" Theoriebildung in der Physik bzw. ein gemeinsames Symmetrieprinzip von Mechanik und Elektrodynamik. Folgende Ausführung ist charakteristisch für Einsteins Motivation:
„Betreffend den Versuch von Michelson und Morley zeigte H. A. Lorentz, daß dessen Ergebnis wenigstens nicht im Widerspruch sei mit der Theorie des ruhenden Äthers.
Trotz aller dieser schönen Erfolge war der Stand der Theorie doch nicht voll befriedigend, und zwar aus folgendem Grunde. Die klassische Mechanik, von der doch nicht bezweifelt werden konnte, daß sie mit großer Näherung gilt, lehrt die Gleichwertigkeit aller Inertialsysteme (bzw. Inertialräume) für die Formulierung der Naturgesetze. (Invarianz der Naturgesetze in bezug auf den Übergang von einem Inertialsystem auf ein anderes.) Die elektromagnetischen und optischen Experimente lehrten dasselbe mit erheblicher Genauigkeit. Aber das Fundament der elektromagnetischen Theorie lehrte die Bevorzugung eines besonderen Inertialsystems, nämlich das des ruhende Lichtäthers. Diese Auffassung des theoretischen Fundaments war gar zu unbefriedigend. Gab es keine Modifikation des letzteren, welche - wie die klassische Mechanik - der Gleichwertigkeit der Inertialsysteme (spezielles Relativitätsprinzip) gerecht wird?

Die Antwort auf diese Frage ist die spezielle Relativitätstheorie." [53)]
In seiner berühmten Arbeit vom 30.6.1905 über die Elektrodynamik bewegter Körper stellt Einstein zwei Postulate an den Anfang:[54)]
1. *Spezielles Relativitätspostulat*
Alle gleichförmig geradlinig zueinander bewegten Inertialsysteme sind physikalisch gleichwertig.
2. *Postulat der Konstanz der Lichtgeschwindigkeit*
Die Lichtgeschwindigkeit ist in (wenigstens) einem Inertialsystem konstant unabhängig vom Bewegungszustand der Lichtquelle.

Das Relativitätspostulat ist, wie erwähnt wurde, eine Forderung, die bereits in der neuzeitlichen Physik (z. B. Galilei, Huygens) aufgestellt wurde. Die Konstanz der Lichtgeschwindigkeit war jedoch zum Zeitpunkt von Einsteins historischer Arbeit von 1905 experimentell noch nicht bestätigt. So folgt zwar aus der Konstanz der Lichtgeschwindigkeit, daß in jedem Inertialsystem die Lichtgeschwindigkeit isotrop (d. h. unabhängig von der Strahlrichtung) mit konstantem Wert ist. Dieses Prinzip erklärt also das Ergebnis des Michelson-Morley Experiments. Umgekehrt begründet das Experiment allein aber nicht die Konstanz der Lichtgeschwindigkeit, wie Ritz 1908 bemerkte. Heute liegen jedoch hochgradige Bestätigungen vor (z. B. Lichtemission beim Zerfall schneller π^0-Mesonen mit Geschwindigkeit O,99975 c (CERN 1964 relative Genauigkeit von 10^{-4})).

Die Raum-Zeit Struktur, die sich aus Einsteins Prinzipien ergibt, wird durch eine passende Transformationsgruppe für Inertialsystem festgelegt. Dazu betrachte man zwei Inertialsysteme I und I' mit Raumkoordinaten x, y, z und einer Zeitkoordinate t bzw. x', y', z' und t'. Als faktisches Laborsystem I, das unsere Forderungen erfüllt, könnte man das Sonnensystem wählen, das drei cartesische Koordinaten x, y, z und die galileische Zeitkoordinate t mit der Sonne fest verbindet. Die Koordinatenachsen seien parallel, und I' bewege sich relativ zu I mit Geschwindigkeit v in die positive z-Richtung. Zum Zeitpunkt $t = t' = 0$ mögen die Koordinatensprünge zusammenfallen.

Wir nehmen in I eine Lichtquelle in Ruhe an, die daher relativ zu I' sich mit Geschwindigkeit v in die negative z-Richtung bewegt. Falls die Lichtquelle zum Zeitpunkt $t = t' = 0$ schnell auf- und abflammt, folgt aus Einsteins *zweitem Postulat,* daß ein Beobachter in beiden Systemen I und I' eine sphärische Lichtquelle sich von den Ursprüngen mit Geschwindigkeit c ausbreiten sieht. Die Wellenfront erreicht den Punkt (x, y, z) in I zum Zeitpunkt t, der durch die Gleichung $c^2t^2-(x^2+y^2+z^2)=0$ bestimmt ist. Analog ist die Wellenfront in I' durch $c^2t'^2-(x'^2+y'^2+z'^2)=0$ bestimmt. Aus Einsteins *Relativitätspostulat* folgt, daß die Raum-Zeit homogen und isotrop ist. Daher muß die Verbindung zwischen den beiden Koordinatenmengen linear sein. Die beiden quadratischen Formen in I und I' sind dann durch

(5) $$c^2t^2-(x'^2+y'^2+z'^2) = \lambda^2(c^2t^2-(x^2+y^2+z^2))$$

aufeinander bezogen, wobei $\lambda = \lambda(v)$ den möglichen Skalenwechsel zwischen beiden Bezugssystemen bezeichnet. Durch geeignete Wahl der Achsenorientierung und Untersuchungen der inversen Transformationen von I' nach I läßt sich beweisen, daß $\lambda(v) = 1$ für alle Geschwindigkeiten v ist.

Es erweist sich als mathematisch zweckmäßig, die Koordinatenwerte der Raum-Zeit durch die Koordinaten einer 4-dimensionalen (flachen) Mannigfaltigkeit *(„Viererkoordinaten")* zu notieren:

(6) $$(x_\alpha) = (ct, x, y, z) = (ct, r).$$

Dann ergeben sich Raum-Zeit Koordinaten in I' und I durch die *Lorentz-Transformationen*

(7) $$\begin{aligned} x_0' &= \gamma(x_0-\beta x_1) && \text{mit } \bar\beta = \frac{v}{c}, \beta = |\bar\beta| \\ x_1' &= \gamma(x_1-\beta x_0) && \text{und } \gamma = (1-\beta^2)^{-1/2} \\ x_2' &= x_2 \\ x_3' &= x_3 \end{aligned}$$

Die inversen Transformationen sind entsprechend

(7') $$\begin{aligned} x_0 &= \gamma(x_0'+\beta x_1') \\ x_1 &= \gamma(x_1'+\beta x_0') \\ x_2 &= x_2' \\ x_3 &= x_3'. \end{aligned}$$

Im Laborsystem I (z. B. der Sonne) ist die Metrik *(„Minkowski-Metrik")*

(8) $$ds^2 = g_{\alpha\beta} dx_\alpha dx_\beta = c^2 dt^2 - dx^2 - dy^2 - dz^2$$

mit dem *metrischen Tensor*

(9) $$g_{\alpha\beta} = \begin{pmatrix} c^2 & 0 & 0 & 0 \\ 0 & -1 & 0 & 0 \\ 0 & 0 & -1 & 0 \\ 0 & 0 & 0 & -1 \end{pmatrix}$$

definiert. Sie bleibt bei Anwendung der Lorentz-Transformation invariant („Lorentz-Invarianz").

3.3 Minkowskis Geometrie der Raum-Zeit

Einsteins Konzept der Raum-Zeit soll nun in unsere gemeinsame geometrische Sprache übersetzt werden, in der auch die anderen Beispiele (Newton, Leibniz etc.) formuliert wurden. Historisch war das die Leistung von H. Minkowski (1864–1909).[55] Danach werden Raum und Zeit zu einer *4-dimensionalen Raum-Zeit* M^4 mit cartesischen Raumkoordinaten x, y, z und der Zeitkoordinate t zusamengefaßt. Aus Einfachheitsgründen werden die Einheiten so gewählt, daß die Lichtgeschwindigkeit gleich der Einheit ist, also $c = 1$. Dann sind die Längen- und Zeiteinheiten untereinander austauschbar, wobei 1 sec = 299 792 458 m und 1 Jahr = 1 Lichtjahr entspricht.

Körper mit Lichtgeschwindigkeit bewegen sich in diesem 4-dimensionalen Modell auf den Geraden mit 45° zur t-Achse. Nach dem Satz des Pythagoras bilden sie den *Lichtkegel* $t^2 = x^2 + y^2 + z^2$ (Abb. 11).

Wegen der Konstanz der Lichtgeschwindigkeit können zukünftige bzw. vergangene Ereignisse nur innerhalb des Lichtkegels liegen („zeitartige Ereignisse"). Masseteilchen bewegen sich auf Geraden („gleichförmig") (vgl. Abb. 12 b) oder Kurven („ungleichförmig") innerhalb des Kegels (Abb. 12 c), Photonen als masselose Lichtteilchen auf dem Kegelmantel (Abb. 12 a). Der *Abstand* OQ vom Ursprung O zu einem Punkt Q mit Koordinaten t, x, y, z in der Minkowski-Welt M^4 beträgt $OQ^2 = t^2 - x^2 - y^2 - z^2$, der sich vom pythagoreischen Term um die Minuszeichen unterscheidet. Falls Q auf dem Kegelmantel liegt, so ist $OQ = 0$, falls Q innerhalb des Kegelmantels liegt, so ist $OQ > 0$.

Der wesentliche Unterschied der *Kausalitätsstruktur im Minkowski-Raum* gegenüber der klassischen Kausalitätauffassung besteht darin, daß für einen Beobachter in O die Zukunft bzw. seine Möglichkeit künftiger Handlungen an den Lichtkegel gebunden ist. Daher gibt es ein Raum-Zeit Gebiet in M^4, das weder zum Zukunfts- noch zum Vergangenheitskegel von O gehört, das also mit einem Beobachter in O nicht kausal verbunden ist. Für „Ereignisse" (Raum-Zeit Punkte) P_1, P_2 aus M^4 heißt P_2 *später* P_1 (Abkürzung: $P_1 < P_2$) genau dann, wenn P_2 im Zukunftskegel von P_1 ent-

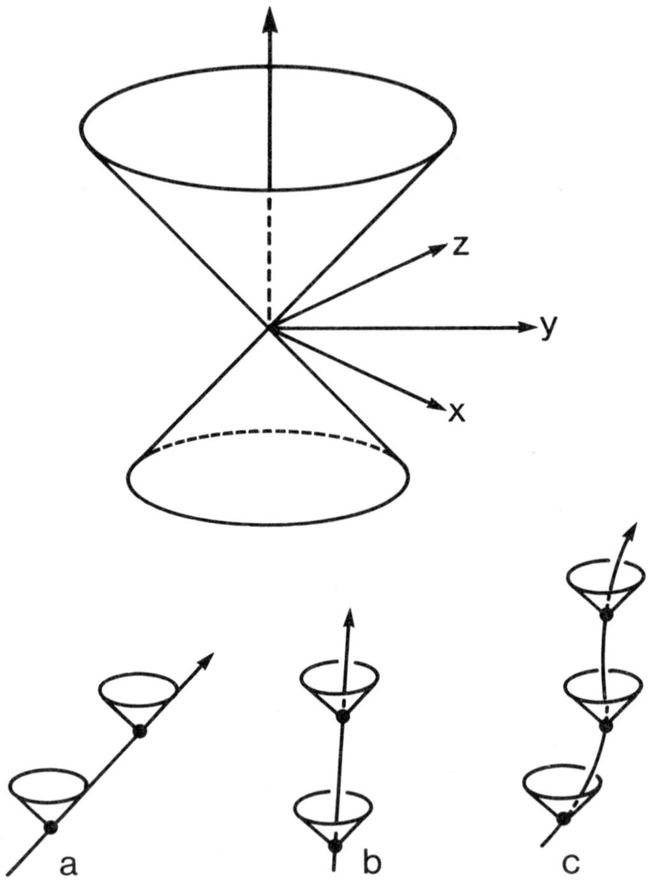

Abb. 11 und 12a, 12b, 12c

halten ist. In Abb. 13 ist das Kausalitätsintervall zwischen P_1 und P_2 dargestellt, nämlich als Schnitt des Zukunftskegels von P_1 mit dem Vergangenheitskegel von. P_2. Mathematisch erzeugen die Mengen $\{x|P_1 < x < P_2\}$ mit P_1, P_2 aus M^4 die *Topologie* von M^4. Sie präzisiert ob und wie zwei Ereignisse in der Minkowski-Welt raum-zeitlich benachbart sind.

Eine grundlegende Konsequenz der Minkowski-Metrik ist die *Verwerfung der absoluten Zeit* Newtons. Die Zeitmessung („Uhr") wird wegabhängig. Man betrachte dazu verschiedene zeitartige Verbindungslinien zwischen zwei Raum-Zeit Punkten *R* und *Q*. In der 3-dimensionalen euklidischen Geometrie wäre die gerade Strecke *RQ* die kürzeste Verbindung. In der

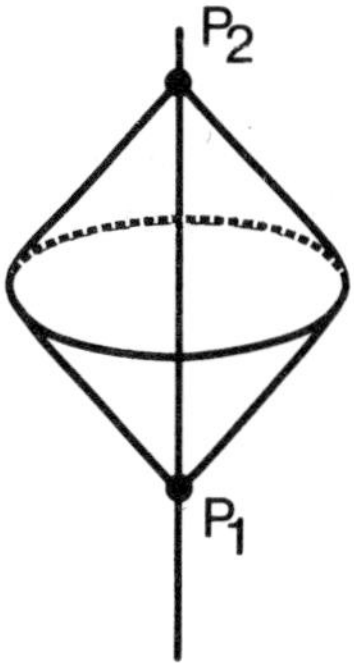

Abb. 13

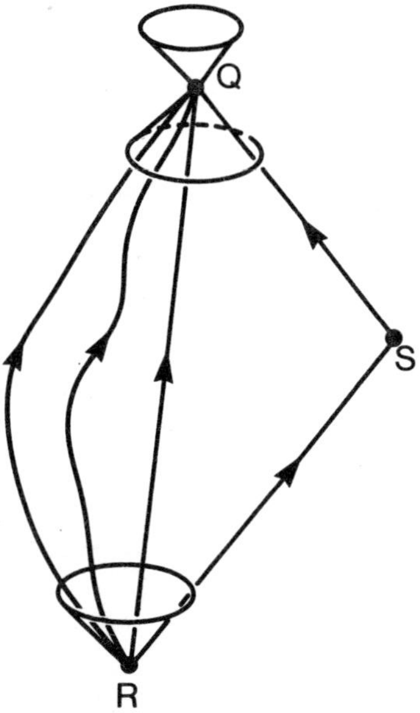

Abb. 14

4-dimensionalen Minkowski-Geometrie stellt sie eine unbeschleunigte Weltlinie maximaler (Zeit-)Länge dar, d. h. insbesondere ist $RQ > RS + SQ$ (Abb. 14).

Eine anschauliche Illustration liefert das folgende Gedankenexperiment *(„Zwillingsparadoxon“)*. Zwilling 1 bleibt auf seinem Heimatplaneten unbeschleunigt zu Hause, während Zwilling 2 mit hoher Geschwindigkeit in einem Raumschiff zu einem Stern *S* fährt, um dann zum Heimatplaneten (der sich inzwischen gleichförmig nach *Q* bewegt hat) zurückzukehren. Wegen $RQ > RS + SQ$ ist Zwilling 1 merklich gealtert, d. h. die Zeitdistanz RQ ist größer als $RS + SQ$ bzw. die Uhren gehen auf dem Weg RQ schneller als auf dem Weg $RS + SQ$.

Wer rastet, der rostet! So könnte man Einsteins Philosophie der Zeit zusammenfassen. Jeder hat also nach Einstein „seine eigene Zeit“, womit allerdings *nicht* ein relatives subjektives Zeitempfinden, sondern die *objektiven Bedingungen der Zeitmessung* gemeint sind. Das Zwillingsparadoxon ist nämlich keineswegs Science Fiction. Das Maß der Zeitdilatation läßt sich unmittelbar aus den Lorentz-Transformationen berechnen und experimentell nachprüfen.

Ohne Zeitdilatation wären z. B. die *Myonen,* die in der Höhenstrahlung auftreten, vor Erreichen der Erdoberfläche zerfallen und könnten nicht gemessen werden. Die Wegabhängigkeit der Zeit wurde auch durch *Mes-*

sungen mit Atomuhren in Flugzeugen bestätigt. Nach Hafele/Keating 1971 weisen Flüge um die Erde in östlicher und westlicher Richtung eine meßbare Zeitdifferenz gegenüber erdfesten Uhren auf (vgl. Beitrag Dehnen).

Ist Minkowskis Geometrie *euklidisch* oder *nicht-euklidisch?* Die Menge aller Punkte Q, die vom Ursprung O den Einheitsabstand $OQ = 1$ haben, bilden die Einheitskugel in der Minkowski-Welt M^4. Es handelt sich um einen Lobatschewski-Raum L^3, für den in Abb. 15 zwei 2-dimensionale Kopien im Zukunfts- und Vergangenheitskegel des 3-dimensionalen Modells eingetragen sind. Mathematisch können wir konforme und projektive Modelle von L^3 studieren. Eine stereographische Projektion von $O' = (-1, 0, 0, 0)$ auf die euklidische Hyperebene („Raumschicht") $t = 0$ ist konform, während dieselbe Projektion von $O = (0, 0, 0, 0)$ auf die Hyperebene $t = 1$ projektiv ist.

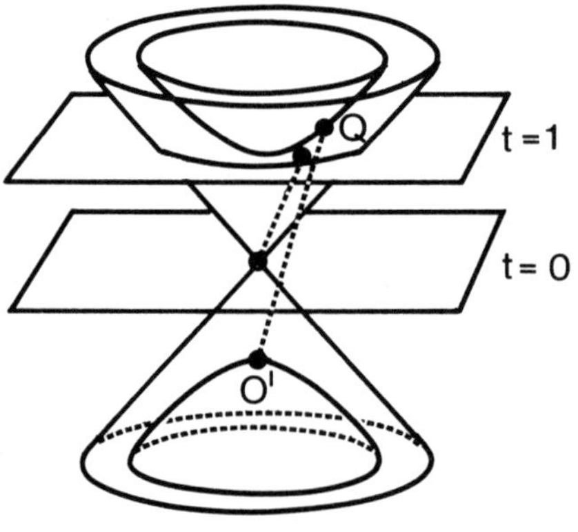

Abb. 15

Physikalische Bedeutung erhält die Einheitskugel L^3 dadurch, daß sie alle Einheitsvektoren in M^4 repräsentiert, d. h. der *Geschwindigkeitsraum* der Speziellen Relativitätstheorie ist ein *nicht-euklidischer Lobatschewski-Raum* L^3. Das ist der geometrische Ausdruck der physikalischen Konsequenz, daß das galileische Additionstheorem für Geschwindigkeiten nicht gilt.

Die 4-dimensionale Minkowski-Geometrie und die sie charakterisierende Lorentz-Invarianz bildet die *gemeinsame Raum-Zeit Struktur* von *Elektrodynamik* und *Mechanik*. Die *4-dimensionalen Koordinaten* (6) haben eine lorentz-invariante ‚Länge' (5). Entsprechend sollen die *4-dimensionalen Vektoren* der Elektrodynamik bzw. Mechanik

(10) $$(a_\alpha) = (a_{ct}, a_x, a_y, a_z)$$

eine lorentz-invariante ‚Länge'

(11) $$a_{ct}^2 - a_x^2 - a_y^2 - a_z^2 = a_{ct}'^2 - a_x'^2 - a_y'^2 - a_z'^2$$

besitzen.

Für die *Maxwellsche Elektrodynamik* läßt sich sofort eine lorentz-invariante 4-dimensionale Formulierung angeben. Dazu müssen nur die bisherigen 3-dimensionalen Größen durch 4-dimensionale Größen mit Lorentz-Invarianz ersetzt werden. So tritt z. B. an die Stelle der 3-dimensionalen Stromdichte $j = (j_x, j_y, j_z)$ der Maxwellschen Elektrodynamik mit den jeweiligen Beträgen j_x, j_y, j_z für die drei Koordinaten x, y, z nun der 4-dimensionale ‚Viererstrom' $(j_\alpha) = (\varrho, j)$ mit der Ladungsdichte ϱ als Zeitkomponente und j als 3-dimensionale Raumkomponente.

Die 3-dimensionale Bewegungsgleichung der *klassischen Mechanik* ist, wie wir gesehen haben, zwar galilei-invariant, aber nicht lorentz-invariant. Die 3-dimensionalen Vektoren der Geschwindigkeit

(12) $$v = (v_x, v_y, v_z) \text{ mit } v_x = \frac{dx}{dt} \text{ (entsprechend für } v_y \text{ und } v_z)$$

und des Impulses

(13) $$p = (p_y, p_y, p_z) \text{ mit } p_x = m_0 v_x \text{ (entsprechend für } p_y \text{ und } p_z)$$

müssen durch 4-dimensionale Vektoren korrigiert werden. Dazu muß zunächst die *Eigenzeit* $d\tau$ eines Inertialsystems definiert werden:

(14) $$\begin{aligned} d\tau &= \frac{ds}{c} \\ &= \sqrt{1 - v^2/c^2}\, dt = \gamma^{-1} dt. \end{aligned}$$

Die Lorentz-Invarianz der Eigenzeit ist durch die Lorentz-Invarianz der Minkowski-Metrik (8) garantiert. Für die ‚Vierergeschwindigkeit' ergibt sich dann

(15) $$\begin{aligned} (v_\alpha) &= \left(\frac{dx_\alpha}{d\tau}\right) = \left(\frac{c\,dt}{d\tau}, \frac{dx}{d\tau}, \frac{dy}{d\tau}, \frac{dz}{d\tau}\right) \\ &= (\gamma c, \gamma v_x, \gamma v_y, \gamma v_z) \\ &= (\gamma c, \gamma v), \end{aligned}$$

für den ‚*Viererimpuls*' mit Ruhmasse m_0 (relativ zu einem Inertialsystem)

(16) $$\begin{aligned} (p_\alpha) &= (m_0 v_\alpha) = (\gamma m_0 c, \gamma m_0 v) \\ &= \left(\frac{m_0 c}{\sqrt{q - v^2/c^2}}, \frac{m_0 v}{\sqrt{1 - v^2/c^2}}\right) \\ &= (\gamma m_0 c, \gamma p). \end{aligned}$$

Eine mathematische Konsequenz ist Einsteins berühmte *Masse-Energie-Formel*

(17) $$E = \gamma m_0 c^2 = \frac{m_0 c^2}{\sqrt{1 - v^2/c^2}},$$

mit der die relativistische Gesamtenergie eines Teilchens mit Ruhmasse m_0 und Geschwindigkeit v berechnet wird. In der Form

(18) $$E = mc^2$$

mit relativistischem Massenterm wurde diese Formel geradezu zu einem Symbol des 20. Jahrhundert: Materie zerstrahlt zu Energie – ob zum Segen der Menschheit in der friedlichen Energietechnik oder zu ihrem Fluch bei den Kernwaffen.

Wie im Fall der Galilei-Invarianz der Klassischen Mechanik beschreibt auch die Lorentz-Invarianz eine *globale Symmetrie* der jeweiligen Theorie. Im einzelnen können wieder aus den geometrischen Symmetrieeigenschaften der Minkowski Raum-Zeit *Erhaltungssätze* für (diesmal relativistische) Größen (z. B. relativistischer Impuls, Energie) abgeleitet werden. Für die *wissenschaftstheoretrische Diskussion* der Minkowski-Geometrie bleibt festzuhalten: Die 4-dimensionale Formulierung von Elektrodynamik und Mechanik ist keineswegs nur ein nachträgliches mathematisches Arrangement (auf das man dann ja auch verzichten könnte). Vielmehr legt sie erst die gemeinsame Raum-Zeit Struktur der Theorien (z. B. Mechanik, Elektrodynamik) fest, auf die z. B. bei der Messung und Rechnung mit hohen Geschwindigkeiten in den modernen Hochenergielabors aufgebaut wird.

Auch das Verhältnis der Einstein-Minkowskischen Raum-Zeit zu den diskutierten historischen Raum-Zeit Konzepten läßt sich nun präzisieren. So ist der *Übergang von der klassischen zur Einsteinschen Raum-Zeit Theorie* offenbar ein Übergang von einer weniger umfangreichen zu einer umfangreicheren Theorie. Häufig wird die Annahme von Gleichzeitigkeitsschichten in der klassischen Raum-Zeit (vgl. Abb. 7) und ihre Verneinung in der Minkowski-Geometrie (vgl. Abb. 11) als unüberbrückbarer Gegensatz geschildert, der den Eindruck eines sprunghaften *Theoriefortschritts* erweckt. Unter dem Gesichtspunkt einer *mathematischen Strukturanalyse* ist diese Darstellung aber unzutreffend. Tatsächlich ist nämlich die klassische Raum-Zeit unter dem Gesichtspunkt der Minkowski-Geometrie nicht falsch. Die Einsteinsche Theorie läßt sich nämlich auf eine Raum-Zeit Theorie mit Inertialsystemen einschränken, die sich langsam verglichen mit der Lichtgeschwindigkeit zum Newtonschen Inertialsystem des Planetensystems bewegen. Dabei sind diese Teilmengen von Inertialsystemen nicht zu weit auf das Weltall ausgedehnt. Die so eingeschränkte Einsteinsche Raum-Zeit Theorie kann nun in die klassische Theorie eingebettet werden. Dabei gibt es wenigstens approximativ sogar ein System von Gleichzeitigkeitsebenen, in denen sich die Sonne nicht oder nur sehr langsam bewegt.

Daß eine Theoriestruktur reicher oder sogar umfangreicher als eine andere ist, erweist sich also als eine objektiv *logisch-mathematisch* präzisierbare Beziehung zwischen Theorien.[56)] Ein solcher Theorienübergang ist also in der Naturwissenschaft (z. B. Physik) ebenso kumulativ, was den Zuwachs an Komplexität, Informationsfülle und Problemlösungskapazität betrifft, wie in der Mathematik. Die Rede von „Umstürzen" und „Revolutionen" kann sich also nur auf *psychologische, soziologische* und *weltanschauliche Kontexte* beziehen, unter denen solche Strukturerweiterungen historisch stattfanden.

Das gilt für die Kopernikanische Wende ebenso wie für die historische Weltanschauungsdiskussion, die Einsteins Einführung der Relativitätstheorie seit den zwanziger Jahren begleitete. In der Tat wurde Einsteins relativistische Revision der klassischen Raum-Zeit Auffassung von vielen Menschen nach dem 1. Weltkrieg als Zusammenburch einer alten Welt mit absoluten Maßstäben empfunden: „Alles ist relativ" war ein beliebtes Schlagwort in einer Epoche sich auflösender Wertvorstellungen und mag ideologisch für eine größere Akzeptanz der Einsteinschen Theorie bei den einen oder gesteigerter Reserve und Ablehnung bei den anderen gesorgt haben.[57)]

Das Beispiel zeigt aber auch, daß eine umfangreichere Theorie nicht identisch mit einer besseren Theorie sein muß. So arbeiten wir heute in vielen Bereichen der Technik erfolgreich mit der klassischen Mechanik, in denen langsame Geschwindigkeiten verglichen mit der Lichtgeschwindigkeit betrachtet werden (z. B. Automobile). Für andere Bereiche (z. B. Hochenergietechnik) trifft das nicht mehr zu.

4. Zusammenfassung und Ausblicke

In der Abb. 16 sind noch einmal die hier diskutierten Stationen der Raum-Zeit Diskussion zusammengefaßt. Wir begannen mit den vorwissenschaftlichen Anfängen raum-zeitlicher Orientierung, denen historisch erste Konzepte in Antike, Mittelalter und Renaissance folgten. *Newton* schafft zwar mit seiner Mechanik die gemeinsamen Grundlagen von Galileis Erd- und Keplers Planetengesetzen und ersetzt damit die aristotelisch-mittelalterliche Physik. Seine Auffassung von Raum und Zeit (geometrisch präzisiert in der Elementaren Transformationsgruppe G_{new}) erweist sich für die Dynamik als zu eng, während die *Leibnizsche Auffassung* (geometrisch präzisiert durch die Kinematische Gruppe G_{kin}) zu weit ist. Erst im 19. Jh. ca. 200 Jahre nach Newtons Principia liegt mit der *Galilei-Gruppe* G_{gal} eine adäquate Präzisierung der Raum-Zeit Geometrie der klassischen Mechanik vor. Die Galilei-Invarianz legt die geometrischen Symmetrieeigenschaften der klassischen Mechanik fest, aus denen sich Erhaltungssätze physikalischer Größen ableiten lassen.

Die *Maxwellsche Elektrodynamik*, deren Wellen sich mit Lichtgeschwindigkeit ausbreiten, erweist sich als nicht galilei-invariant. Als *Einstein* seine Spezielle Relativitätstheorie schuf, waren für ihn weniger Experimente maßgebend, als vielmehr das Ziel, Mechanik und Elektrodynamik auf einem *gemeinsamen physikalischen Fundament* aufzubauen. Das leistete die *Lorentz-Transformationsgruppe*. Dazu mußten allerdings die mechanischen *Bewegungsgleichungen* relativistisch korrigiert werden (z. B. relativistischer Impulsbegriff). Um jedoch auch die Gravitationsgleichung zu erfassen, muß die Spezielle zur Allgemeinen Relativitätstheorie erweitert werden (vgl. Beitrag von J. Audretsch).

Die Lorentz-Invarianz von Mechanik und Elektrodynamik entspricht gemeinsamen geometrischen Symmetrieeigenschaften, die in *Minkowskis 4-dimensionaler Raum-Zeit* präzisiert werden. In dieser geometrischen Darstellung werden die zentralen Unterschiede zu früheren Raum-Zeit Konzepten deutlich (z. B. Aufgabe der absoluten Zeit Newtons, d. h. Wegabhängigkeit der Zeit, Einschränkung der Kausalität auf zeitartige Ereignisse, nicht-euklidischer Geschwindigkeitsraum).

Historisch gewann Einstein die gemeinsame Gruppenstruktur von Mechanik und Elektrodynamik aus zwei Annahmen, nämlich „Relativitätsprinzip" und „Konstanz der Lichtgeschwindigkeit", die wenigstens 1905 bei Publikation der Speziellen Relativitätstheorie *Hypothesen* waren und durch Experimente zu diesem Zeitpunkt nicht vollständig abgesichert waren: Das Michelson-Morley Experiment mit seiner Isotropieannahme des Lichts reicht zur vollständigen Erklärung der Konstanz der Lichtgeschwindigkeit keineswegs. Erst *spätere Experimente* bestätigen in hohem Grad sowohl die Konstanz der Lichtgeschwindigkeit als auch andere Prognosen Einsteins, wie z. B. die Wegabhängigkeit der Zeitmessung. Ebenso gelangen *Erklärungen* von Phänomenen (z. B. Aberration Der Fixsterne, Dopplereffekt) ohne zusätzliche ad hoc Hypothesen. Einsteins erkenntnistheoretischer Mut von 1905 hatte sich also gelohnt.

Die stärkste Bestätigung der Einstein-Minkowskischen Raum-Zeit Geometrie kommt aber heute durch die moderne Physik insgesamt. 1926 hatten *Schrödinger* und *Heisenberg* zunächst eine *galilei-invariante Quantenmechanik* vorgelegt, die sich wenigstens partiell (durch Bohrs heuristisches Korrespondenzprinzip) aus der klassischen Mechanik gewinnen läßt. Für *Dirac* war, ähnlich wie für Einstein 1905, die erkenntnistheoretische Forderung maßgebend, ein gemeinsames Fundament für zwei zunächst inkommensurable Theorien, nämlich Quantenmechanik und Spezielle Relativitätstheorie zu legen. Seine Interpretation einer *lorentz-invarianten relativistischen Schrödinger-Gleichung* des Elektrons führt ihn zu seiner berühmten Prognose eines Antiteilchens („Positron"), das einige Jahre später auch tatsächlich entdeckt wurde. Diracs relativistische Quantenmechanik wurde zur Keimzelle der *Quantenelektrodynamik* (QED), die heute die Grundlage für die moderne Hochenergiephysik bil-

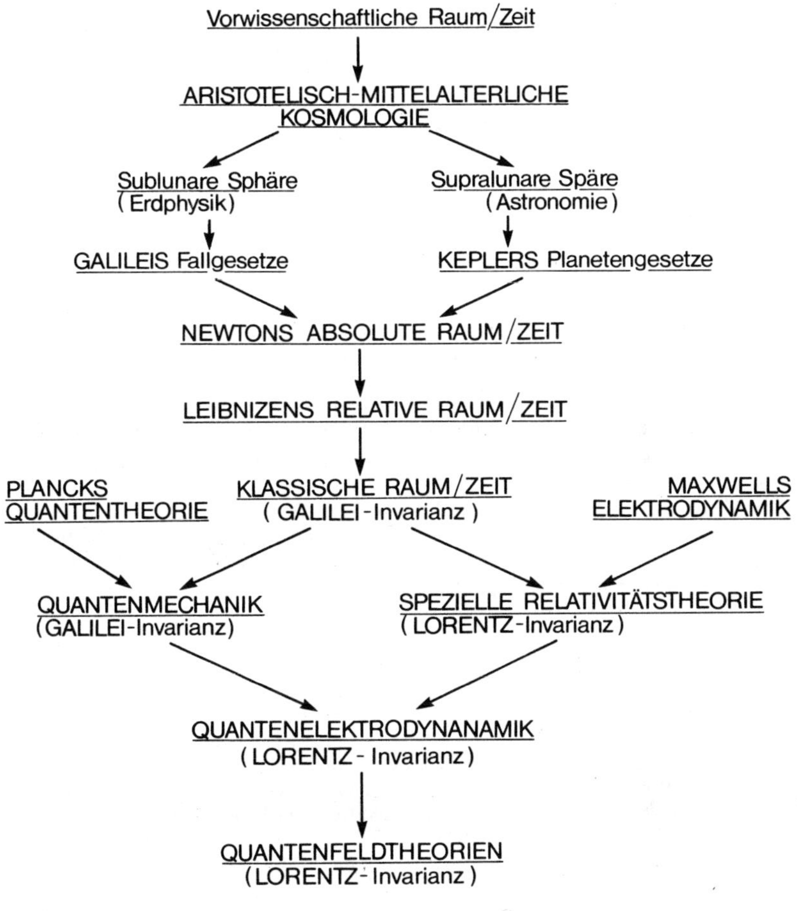

Abb. 16

det. Das geometrische Netz der Minkowskischen Raum-Zeit hat sich in der Quantenwelt bestens bewährt.

Die Physik hat sich also keineswegs immer an die Vorschrift des philosophischen *Empirismus* gehalten, wonach erst gute Experimente auszuführen und dann daraus Naturgesetze und Theorien abzuleiten sind (obwohl es auch dafür Beispiele in der Physikgeschichte gibt). Die *Lorentz-Invarianz* stand vielmehr in unserem Fall als *methodische Symmetrieforderung* am Anfang der Theoriebildung. Hier wird eine *erkenntnistheoretische* Tendenz deutlich, die Einstein selber häufig betont hat. Aus Anlaß des 300. Todestages von Johannes Kepler, einem der Väter der neuzeitlichen

Physik, schreibt Einstein am 9. Nov. 1930 in der „Frankfurter Zeitung": „Es scheint, daß die menschliche Vernunft die Formen erst selbständig konstruieren muß, ehe wir sie in den Dingen nachweisen können. Aus Keplers wunderbarem Lebenswerk erkennen wir besonders schön, daß aus bloßer Empirie die Erkenntnis nicht erblühen kann, sondern nur aus dem Vergleich von Erdachtem mit dem Beobachteten." [58)]

Anmerkungen

1) Eine Einführung in die Psychologie der Zeit liefert J. Cohen, Time in Psychology, in: J. Zeman, Time in Science and Philosophy, Amsterdam/London/New York 1971, 153-164; ders., Psychological Time in Health and Disease, Springfield, Ill. 1967. Einen kulturgeschichtlichen Überblick über unterschiedliche Zeitvorstellungen einzelner Kulturen findet sich in M.-L. Franz, Zeit. Strömen und Stille, Frankfurt 1981.

2) I. Kant, Prolegomena (Ak. Ausg. IV), 286.

3) E. Mach, Erkenntnis und Irrtum, Leipzig 1917, 22.

4) O. Becker, Beiträge zur phänomenologischen Begründung der Geometrie und ihrer physikalischen Anwendung, Tübingen [2]1973 (1. Aufl. im „Jahrbuch für Philosophie und phänomenologische Forschung" (ed. E. Husserl), Bd. VI, 1923) 63 f.

5) O. Becker, s. Anm. 4, 79 f.

6) D. Hume, A Treatise of Human Nature (ed. E. C. Mossner), London 1969, 82 f. (Sect. III: Of the other qualities of our ideas of space and time).

7) O. Becker, s. Anm. 4, 84.

8) O. Becker, s. Anm. 4, 85.

9) E. Mach, s. Anm. 3, 339. Die Analysen von Mach gehen zurück auf E. H. Weber, Über den Raumsinn und die Empfindungskreise in der Haut und im Auge, in: Ber. d. kgl. sächs. Gesellsch. d. Wissenschaften, mathem.-naturw. Cl. 1852, 85 f.

10) O. Becker, s. Anm. 4, 62.

11) O. Becker, s. Anm. 4, 70; ebenso E. Ströker, Philosophische Untersuchungen zum Raum, Frankfurt 1965, 100 f. (Der Leib als Zentrum des Anschauungsraumes). Besonders die Untersuchungen von E. Ströker legen Parallelen zu Kants Leibeskonstitution im Opus postumum nahe. Hier ist insbesondere das Problem der Selbstaffektion zu erwähnen.

12) O. Becker, s. Anm. 4, 73; E. Ströker, s. Anm. 11, 102 f. (Der orientierte Anschauungsraum).

13) O. Becker, s. Anm. 4, 73 f.

14) Dazu besonders E. Ströker, Der Anschauungsraum als Grenzfall gelebter Räumlichkeit, in: s. Anm. 11, 202 f.

15) Zur phänomenologischen Raumkonstitution vgl. besonders E. Husserl, Ding und Raum (Vorlesungen 1907) (ed. U. Claesges), in: Husserliana Bd. XVI, Den Haag 1973.

16) Vgl. auch K. Mainzer, Geschichte der Geometrie, Mannheim/Wien/Zürich 1980, 119 ff.

17) J. Wallis, De Postulato Quinto et Definitione Quinta, lib. 6 Euclidis, desceptatio geometrica, in: Opera Mathematica II, Oxford 1693, 669-678; F. Engel/P. Stäk-

kel (eds.), Theorie der Parallellinien von Euklid bis auf Gauß, Leipzig 1895, 21–36.

18) Den Aufbau einer solchen Geometrie hat P. Lorenzen durchgeführt in: P. Lorenzen, Elementargeometrie. Das Fundament der analytischen Geometrie, Mannheim/Wien/Zürich 1984.

19) Vgl. auch P. Mittelstaedt, Klassische Mechanik, Mannheim/Wien/Zürich 1970, 24.

20) E. Mach betonte, daß eine gleichförmige Bewegung nur relativ zu einer anderen Bewegung definiert werden kann: E. Mach, Die Mechanik, Leipzig 1901, 234; ebenso H. Reichenbach, Philosophie der Raum-Zeit Lehre, Berlin 1928, § 17. Demgegenüber werden im Rahmen der Protophysik Vorschläge gemacht, geradlinig gleichförmige Bewegungen rein geometrisch und uhrenfrei einzuführen, um auf dieser Grundlage die Chronometrie zu begründen. Vgl. P. Janich, Die Protophysik der Zeit. Konstruktive Begründung und Geschichte der Zeitmessung, Frankfurt 1980.

21) Vgl. auch J. Bacry/I. M. Lévy-Leblond, Possible kinematics, in: J. Math. Phys. 9 1968, 1605-1614. Eine gruppentheoretische Definition der aristotelischen Raum-Zeit Symmetrie ist natürlich idealtypisch und dient dazu, den aristotelischen Raum- bzw. Zeitbegriff vom heutigen physikalischen Standpunkt aus zu verstehen. Historisch ist die aristotelische Raumtheorie eine teleologisch gefärbte Lehre von den natürlichen Orten der Körper. Dazu auch W. Wieland, Die aristotelische Physik, Göttingen ²1970.

22) Vgl. auch J. Piaget, Les notions de mouvements et de vitesse chez l'enfant, engl. The Child's Conception of Mouvement und Speed, London 1970.

23) I. Newton, dt. Mathematische Prinzipien der Naturlehre (ed. J. P. Wolfers) Berlin 1872, repr. Darmstadt 1963, 25.

24) I. Newton, s. Anm. 23.

25) I. Newton, Optik Bd. 3, dt. übers. u. ed. W. Abendroth, Leipzig 1898, 145.

26) I. Newton, Philosophiae naturalis principia mathematica, Cambridge ²1713, 484. Zu Newtons Methodologie vgl. J. Mittelstraß, Neuzeit und Aufklärung. Studien zur Entstehung der neuzeitlichen Wissenschaft und Philosophie, Berlin/New York 1970, 287–306, 312–319. Ebenso M. Jammer, Das Problem des Raumes. Die Entwicklung der Raumtheorien, Darmstadt 1960, 118.

27) I. Newton, s. Anm. 23, 29.

28) E. Mach, Die Mechanik, historisch-kritisch dargestellt, Leipzig ⁹1933, repr. Darmstadt 1973, 222 ff.

29) I. Kant, Von dem ersten Grunde des Unterschiedes der Gegenden im Raume, in: Ak. Ausg. II, 377: „Denn die Lage der Theile des Raums in Beziehung aufeinander setzen die Gegend voraus, nach welcher sie in solchem Verhältnis geordnet sind, und im abgezogensten Verstande besteht die Gegend nicht in der Beziehung eines Dinges im Raume auf das andere, welches eigentlich der Begriff der Lage ist, sondern in dem Verhältnisse des Systems dieser Lagen zu dem absoluten Weltraume".

30) Dazu auch H. Weyl, Philosophie der Mathematik und Naturwissenschaft, München/Wien 1982, 113. Jede Anordnung von n linear abhängigen Vektoren legt einen „Sinn" fest. Zwei Anordnungen legen den gleichen Sinn fest, wenn sie durch eine gerade Permutation auseinander hervorgehen. Eine ungerade Permutation ändert den Sinn ins Gegenteil. Die geraden Permutationen bilden eine Untergruppe mit Index 2 innerhalb der Gruppe der Permutationen. Für zwei Basen (e_i) und (e_i') eines n-dimensionalen Vektorraumes läßt sich der Sinn auch

durch den Determinantenbegriff bestimmen. Transformiert man nämlich (e_i) nach (e_i') durch $e_i' = a_{1i}e_1 + \ldots + a_{ni}e_n$, dann besitzen die Koeffizienten a_{ik} eine nicht-verschwindende Determinante. Die Sinne der beiden Basen sind daher entweder gleich oder ungleich, je nachdem ob die Determinante positiv oder negativ ist.

31) Dazu auch K. Reidemeister, Raum und Zahl, Berlin/Göttingen/Heidelberg 1957, 4. Kap.

32) G. W. Leibniz, Initia rerum Mathematicarum metaphysica, in: ders., Hauptschriften zur Grundlegung der Philosophie Bd. 1, ed. E. Cassirer, übers. A. Buchenau, Leipzig 1904, 53 (Mathem. Schr. VII, 18). Zur Geschichte des Raumbegriffs bei Leibniz vgl. auch W. Gent, Leibnizens Philosophie der Zeit und des Raumes, in: Kant-Studien 31 1926, 61–88; M. Jammer, s. Anm. 26, 126ff.; F. Kaulbach, Die Metaphysik des Raumes bei Leibniz und Kant, Köln 1960.

33) Dazu H. Weyl, Raum, Zeit, Materie. Vorlesungen über allgemeine Relativitätstheorie, Berlin 1923, repr. Darmstadt 1961, 142; vgl. auch J. Ehlers, The Nature and Structure of Spacetime, in: J. Mehra (ed.), The Physicist's Conception of Nature, Dordrecht/Boston 1973, 73.

34) G. Berkeley, dt. Eine Abhandlung über die Prinzipien der menschlichen Erkenntnis, übers. F. Überweg, ed. A. Klemmt, Hamburg 1979, 92.

35) Vgl. das Titelblatt zu G. Berkeley, The Analyst, Dublin/London 1734: „The Analyst, or, a Discourse addressed to an infidel Mathematician, wherein it is examined wether The Object, Principles, and Inferences of the modern Analysis are more distinctly conceived, or more evidently deduced, than Religious Mysteries and Points of Faith." Den naturwissenschachtlichen Kritikern der Religion rät er mit Hinweis auf ‚Mathäus VII, 5': „First cast out the beam out of thine own Eye; and then shalt thou see clearly to cast out the mote out of thy brother's eye."

36) G. W. Leibniz, s. Anm. 32, 182.

37) G. W. Leibniz, s. Anm. 32, 135.

38) G. W. Leibniz, s. Anm. 32, 136.

39) G. W. Leibniz, s. Anm. 32, 123.

40) H. Weyl, s. Anm. 33, 146; vgl. auch J. Ehlers, s. Anm. 33, 74.

41) Vgl. die im Nachlaß von C. Huygens gefundene Arbeit, die D. J. Korteweg und J. A. Schouten publiziert haben in: Jahresbericht der Deutschen Mathematiker-Vereinigung XXIX 1920, 136; M. Jammer, s. Anm. 26, 132ff.

42) C. Maclaurin, Account of Sir Isaac Newton's philosophical discoveries, London 1748, Buch 2, Kap. 1, Sect. 9.

43) L. Euler, Theoria motus corporum solidorum seu rigidorum, Rostock/Greifswald 1765, 32. Zu Eulers Einfluß auf Kant vgl. auch H. E. Timerding, Kant und Gauß, in: Kant-Studien 28 1923, 16–40.

44) Beeckmans Trägheitsprinzip für Translations- und Rotationsbewegungen von 1613 findet sich in: Journal tenu par I. Beeckman de 1604 à 1634, I–IV, ed. C. de Waard, La Haye 1939–1953, I, 24, 256; vgl. auch E. J. Dijksterhuis, Die Mechanisierung des Weltbildes, Berlin/Göttingen/Heidelberg 1956, 366–370; J. Mittelstraß, s. Anm. 26, 330ff.

45) L. Lange, Über die wissenschaftliche Fassung des Galileischen Beharrungsgesetzes, in: Ber. kgl. Ges. Wiss., Math.-phys. Kl. 1885, 333–351.

46) H. Seeliger, Über die sogenannte absolute Bewegung, in: Sitzber. Münchner Akad. Wiss. 1906, 85.

47) Dazu auch P. Lorenzen, Zur Definition der vier fundamentalen Meßgrößen, in: J. Pfarr (ed.), Protophysik und Relativitätstheorie, Mannheim/Wien/Zürich 1981, 30.

48) H. Weyl, s. Anm. 33,149.

49) Vgl. auch H. Weyl, s. Anm. 33, 147; J. Ehlers, s. Anm. 33, 75.

50) K. Mainzer, Symmetrien der Natur. Studien zur Natur- und Wissenschaftsphilosophie, Berlin/New York 1988, Kap. 4.11.

51) Vgl. auch P. Mittelstaedt, s. Anm. 19, 47f.

52) Vgl. auch A. Grünbaum, The Falsifiability of the Lorentz-Fitzgerald Contraction Hypothesis, in: Br. J. Philos. Sci. 10 1959, 48–50; G. Holton, Einstein, Michelson und das experimentum crucis, in: ders., Thematische Analyse der Wissenschaft. Die Physik Einsteins und seiner Zeit, Frankfurt 1981, 255–371; Conference on the Michelson-Morley Experiment, at the Mount Wilson Observatory, in: Contributions from the Mount Wilson Observatory Carnegie Institute of Washington Nr. 373 1928, in: Astrophys. J. 68 1928, 341–402.

53) A. Einstein, Über die Spezielle und Allgemeine Relativitätstheorie, gemeinverständlich, Braunschweig 1917, [22]1972, 95.

54) A. Einstein, Zur Elektrodynamik bewegter Körper, in: Ann. Phys. 17 1905, 891–921; vgl. auch J. D. Jackson, Classical Electrodynamics, New York etc. 1975 Chapter 11.

55) H. Minkowski, Raum und Zeit. Vortrag, gehalten auf der 80. Naturforscherversammlung zu Köln am 21. Sept. 1908, Leipzig/Berlin 1909, ferner in: Phys. Z. 10 1909, 104–111; Jahresber. dt. Math. Ver. 18 1909, 75–88; vgl. auch K. Mainzer, s. Anm. 50, Kap. 4.11.

56) Vgl. G. Ludwig, Die Grundstrukturen einer physikalischen Theorie, Berlin/Heidelberg/New York 1978; vgl. auch Beitrag E. Scheibe.

57) Analog läßt sich der politische, ökonomische und kulturelle Hintergrund der Quantenmechanik in den 20iger Jahren analysieren. Vgl. Forman/von Meyenn, Quantenmechanik und Weimarer Republik, Braunschweig/Wiesbaden 1984.

58) A. Einstein, Johannes Kepler. Zum 300. Todestag am 9. Nov. 1930 in der ‚Frankfurter Zeitung', repr. in: A. Einstein, Mein Weltbild (ed. C. Seelig) Berlin 1964, 151.

Jürgen Audretsch

Ist die Raum-Zeit gekrümmt?
Der Aufbau der modernen Gravitationstheorie

1. Einleitung

Im folgenden soll der Aufbau der Allgemeinen Relativitätstheorie, die eine universell wechselwirkende Gravitation durch gekrümmte Raum-Zeiten beschreibt, in elementarisierter Form dargestellt und begründet werden. Es wird dabei auf die axiomatische Grundlegung der Theorie wenig Gewicht gelegt, stattdessen wollen wir einem rekonstruierten historischen Ablauf folgen, in dem Theorien einander ablösen. Das heißt, es soll eine dichte Abfolge von Begründungen gegeben werden, die die jeweiligen Theorien zumindest plausibel erscheinen lassen. Wir werden dabei als Basis die Newtonsche Mechanik und die Newtonsche Gravitationstheorie ausführlich darstellen, da beide Theorien bereits sehr viele der Elemente enthalten, die wir dann in der nachfolgenden Speziellen Relativitätstheorie und Allgemeinen Relativitätstheorie in modifizierter Form wiederfinden werden und deren Abhandlung und Ergänzung wir durch die verschiedenen Theorien hindurch verfolgen wollen. Die experimentelle Bestätigung der jeweiligen Theorie wird dabei nur am Rande eine Rolle spielen. Aus Platzmangel und da wir primär an systematischen Zusammenhängen interessiert sind, werden wir auch nicht versuchen, historisch korrekte Zuweisungen von Ideen zu Personen durchzuführen. Es mag die verkürzte Aussage ausreichen, daß die meisten Grundideen der Allgemeinen Relativitätstheorie auf Albert Einstein zurückgehen. Wir werden physikalische Formeln soweit wie möglich vermeiden. Wenn sie auftreten, werden sie nicht mathematisch abgeleitet und zumeist auch nicht ausführlich erläutert. Der Leser, der keine Vorkenntnisse in Physik besitzt, möge sie entweder überlesen oder als eine suggestive Zusammenfassung der in diesem Zusammenhang in Worten gemachten Aussagen auffassen.

2. Newtonsche Mechanik und unrelativistische Physik

Um physikalische Vorgänge in ihrem räumlichen und zeitlichen Ablauf mathematisch beschreiben zu können, benötigt man Uhren, Maßstäbe und deren Parallelverschiebung. Was damit gemeint ist, entnehmen wir vorläufig dem Alltagsgebrauch dieser Wörter. Auf die operative Präzisierung gehen wir später ein. In der unrelativistischen Mechanik (Newtonsche Mechanik), die wir hier zunächst diskutieren wollen, geht man davon aus, daß sich in dem jeweils interessierenden Raumgebiet Bezugssysteme einführen lassen, deren Elemente keine Relativgeschwindigkeit zueinander aufweisen. Sie werden *starre Bezugssysteme* genannt. Es erweist sich, daß die Beschreibung der physikalischen Vorgänge dann einfach wird, wenn man sie speziell auf starre Bezugssysteme mit parallelen Koordinatenlinien bezieht. Durch parallele Verschiebung dreier nicht-paralleler räumlicher Maßstäbe nach allen Richtungen entsteht ein Netz gerader, paralleler Linien. Entlang dieser Linien werden mit gleichen Maßstäben Abstandsmessungen vorgenommen. Die Zahlenwerte der gemessenen Abstände eines Aufpunkts vom Ursprung des Bezugssystems dienen als Koordinaten x^1, x^2, x^3. (Eine spezielle Realisierung ist das bekannte kartesische Koordinatensystem x, y, z.) Dem so gewonnenen Bezugssystem ordnen wir schließlich noch über eine Uhr mit der Anzeige t einen einheitlichen Zeitablauf zu.

Daß man gerade ein solches auf Starrheit beruhendes Bezugssystem einführt, ist willkürlich, erweist sich aber als sinnvoll, denn bei der Wahl des Bezugssystems wird man sich von dem Bestreben leiten lassen, daß die physikalischen Gleichungen zwischen den auf das Bezugssystem bezogenen Meßwerten möglichst direkte und unverfälschte Schlüsse auf das physikalische Geschehen selbst erlauben sollen. Bei einem nicht-starren Bezugssystem würde aber in den Gleichungen für einen physikalischen Vorgang eine zusätzliche scheinbare Zeitabhängigkeit bereits dadurch auftreten, daß sich die Koordinatenachsen selber gegeneinander bewegen.

Sehr viel haben wir allerdings mit der Einführung eines solchen Bezugssystems noch nicht gewonnen, denn auch ein Bezugssystem, das als Ganzes gegenüber unserem Ausgangssystem gedreht, mit konstanter Geschwindigkeit bewegt oder das beschleunigt wird, ist wiederum ein starres Bezugssystem. Auf welche aus der Fülle dieser starren Bezugssyteme sollen wir physikalische Vorgänge beziehen? Angestrebt wird nach wie vor eine besonders einfache Formulierung der Physik, und die könnte der Struktur nach wie folgt aussehen: Bezüglich einer besonderen Klasse von starren Bezugssytemen, die erst noch zu charakterisieren wäre, nehmen alle Gesetze der Mechanik nicht nur eine besonders einfache Form an, diese Form ist noch dazu in all diesen speziellen Bezugssystemen die gleiche. Daß diese Forderung sich tatsächlich realisieren läßt, zeigt der geniale Newtonsche Ansatz, bei dem für den Aufbau der Mechanik das Konzept des freien Punktteilchen an den Anfang gestellt und mit seiner Hilfe die Auswahl unter den Bezugssystemen getroffen wird.

Das *freie Punktteilchen* ist eine Idealisierung, die sich im Rahmen des Anwendungsbereichs der klassischen Mechanik näherungweise realisieren läßt und die in allen folgenden Überlegungen eine zentrale Rolle spielen wird. Diese Idealisierung entsteht durch einen doppelten Grenzübergang, in dem sowohl bezüglich der Ausdehnung zum punktförmigen Objekt übergegangen wird (Punktteilchen), als auch alle Wechselwirkungen so abgeschirmt werden, daß sie keinerlei Wirkung mehr auf das Punktteilchen ausüben (frei). Der Übergang zum Punktteilchen ist die Voraussetzung für eine einfache differentielle Formulierung der Bewegung: Es entsteht eine eindimensionale Kurve. Durch die vollständige Abschirmung wird der Begriff der „kräftefreien" Bewegung und damit auch der Begriff der „Kraft" als Ursache für die Abweichung hiervon vorbereitet. Wir kommen darauf noch zurück.

Im nächsten Schritt machen wir nun von einer wichtigen Eigenschaft freier Punktteilchen Gebrauch, die ohne jeden Bezug auf ein Bezugssystem festgestellt werden kann. Die Bahnen freier Punktteilchen definieren eine Klasse von *ausgezeichneten Bewegungen.* Damit ist gemeint, daß die unterschiedlichsten freien Punktteilchen, wenn sie unter den gleichen Anfangsbedingungen in Bewegung gesetzt werden, dann stets auch derselben Bahn folgen. Die Bahn ist also nicht für das einzelne freie Punktteilchen charakteristisch, sondern für alle freien Punktteilchen schlechthin. Das sieht man z. B. daran, daß ein Schwarm der verschiedensten freien Punktteilchen während der Bewegung zusammenbleibt, d. h. in guter Näherung eine einzige Bahn beschreibt. Eine spezielle Anfangsbedingung fixiert also für beliebige freie Punktteilchen stets dieselbe Bahn. Auf dieser Eigenschaft der freien Punktteilchen und auf den durch sie ausgezeichneten Bahnen baut der Zugang zur Struktur der Raum-Zeit auf, der in diesem Band von J. Ehlers dargestellt wird. Bei der im folgenden näher ausgeführten Begründung der Raum-Zeit-Struktur, bei der von Bezugssystemen ausgegangen wird, spielt diese Eigenschaft ebenfalls eine Schlüsselrolle, wenn auch in anderer Weise.

Es zeigt sich nämlich als ein Erfahrungssatz – er wird im vorliegenden Zugang eine der fundamentalen Aussagen über die Natur – daß es eine spezielle Klasse von starren Bezugssystemen gibt, in denen die Bahnen aller freien Punktteilchen gerade Linien bilden. Man beachte, daß diese Aussage nur auf räumlichen Messungen beruht. Es ist bisher noch nichts darüber ausgesagt, wie schnell diese Bahnen durchlaufen werden. Wir nennen diese speziellen Bezugssysteme *Inertialsysteme.* Der Fixsternhimmel spannt näherungsweise ein solches Inertialsystem auf. Man sieht unmittelbar, daß z. B. dagegen rotierende Bezugssysteme keine Inertialsystem sein können, denn bezüglich dieser Systeme würde das freie Punktteilchen eine gekrümmte Bahn beschreiben.

Zur Vervollständigung läßt sich nun noch eine Aussage über die Zeit anschließen. Wir statten ein Inertialsystem in einheitlicher Weise in allen seinen Punkten synchron mit demselben Zeitmaß aus. Unter Zeitmaß $\tilde{t}$ verstehen wir zunächst nur das, was eine Uhr anzeigt, die keinerlei Ganggenauigkeit haben muß, deren Zeiger allerdings nicht stehenbleiben oder zurückgehen sollen. Es ist nun ein weiterer fundamentaler Erfahrungssatz, daß durch Umeichen

$$(2.1) \qquad \tilde{t} \to t = t(\tilde{t})$$

dieser bisher nur monoton ansteigenden Durchparametrisierung in jedem Inertialsystem ein einheitliches, bis auf additive und multiplikative Konstanten festgelegtes Zeitmaß t eingeführt werden kann, bezüglich dessen alle freien Punktteilchen sich nicht nur geradlinig, sondern auch gleichförmig bewegen. Das heißt im einzelnen: Wenn der Uhrengang so eingestellt wird, daß die Bewegung eines einzelnen herausgegriffenen freien Teilchens gleichförmig wird (Konvention), dann erweist sich bei Messungen mit dieser Uhr auch die Bewegung aller anderen freien Punktteilchen als gleichförmig (empirische Aussage). Freie Punktteilchen fliegen also längs gerader Bahnen mit konstanter Geschwindigkeit, die noch von Bahn zu Bahn verschieden sein kann. Kurz gesagt, ihre Beschleunigung ist stets gleich Null:

$$(2.2) \qquad \frac{d^2x^a}{dt^2} = 0, \qquad a = 1, 2, 3.$$

Wir fassen noch einmal zusammen. Es ist eine *empirische* Feststellung, daß sich die folgenden drei Aussagen *gemeinsam* in konsistenter Weise realisieren lassen:

(a) Idealisierung: freies (= vollständig abgeschirmtes) Punktteilchen.
(b) Starres Bezugssystem mit paralleler Raum-Messung x^1, x^2, x^3 und einheitlichem Zeitablauf t.
(c) Freie Punktteilchen führen bezüglich dieses Bezugssystems, das ein Inertialsystem genannt wird, eine geradlinig gleichförmige Bewegung (2.2) aus.

Diese als Gesamtheit zu sehende Aussage, die Definitionen und physikalisches Gesetz zugleich enthält, bedeutet operativ, daß z. B. die Realisierung von (a) durch ständiges Nachjustieren so zu optimieren ist, daß bei Voraussetzung von (b) tatsächlich (c) beobachtbar wird. Analog wird (b) nachjustiert. So gelingt eine immer bessere Approximation der Gesamtaussage.

Es stellt sich nun sofort die Frage: Gibt es mehr als ein Inertialsystem? Die Antwort kann jedermann aus seiner Alltagserfahrung geben. Auch derjenige, der mit einer in gleicher Weise geeichten Uhr z. B. von einem geradlinig mit konstanter Geschwindigkeit fahrenden Auto aus die Bewegung freier Punktteilchen registriert, findet eine beschleunigungsfrei durchlaufene Teilchenbahn. Es gibt also nicht nur ein Inertialsystem, sondern eine ganz Klasse solcher Systeme. Sie bewegen sich gegeneinander geradlinig gleichförmig. Die wichtige empirische Feststellung ist dabei allerdings, daß der Uhrengang in den verschiedenen Inertialsystemen nach richtiger Wahl der Einheit und des Nullpunktes übereinstimmt:

$$(2.3) \qquad t' = t.$$

Wie wir gesehen haben, gibt es keinen absoluten Raum, bezüglich dessen die Beschreibung des Verhaltens der Teilchen besonders einfach würde, sondern eine ganze Klasse für diese Beschreibung äquivalenter Inertialsysteme. Demgegenüber gibt es aber gemäß (2.3) in der unrelativistischen Physik nur eine für alle Inertialsystem einheitliche und daher *absolute Zeit*. Durch ihre Existenz wird es möglich, von einer vom jeweiligen Inertialsystem unabhängigen *universellen Gleichzeitigkeit* zu sprechen. Ein bestimmter Zeitpunkt $t = t_0$ trennt in für alle Beobachter einheitlicher Weise Vergangenheit und Zukunft. Wir erwähnen noch ohne in die Einzelheiten gehen zu wollen, daß die Transformationen der Struktur

$$(2.4)\qquad \begin{aligned} x^{a'} &= x^a(x^b, t) \\ t' &= t, \end{aligned}$$

die die Koordinaten in den verschiedenen Inertialsystemen miteinander verknüpfen, *Galilei-Transformationen* genannt werden.
Soviel zu Bezugssystemen und zur Physik der freien Teilchen. Haben wir über diese Objekte hinaus auch etwas erreicht für die Beschreibung der ganzen Fülle der restlichen physikalischen Phänomene? Sehr viel sogar! Wir haben nämlich die ausgezeichnete Bewegung freier Teilchen als den einen *Standardvorgang* gesetzt und können nun alle anderen mechanischen Vorgänge als Abweichungen hiervon auffassen. Wenn immer ein Punktteilchen in seiner Bewegung von der geradlinig gleichförmigen, also beschleunigungsfreien Bahn freier Punktteilchen abweicht, so wollen wir sagen, daß das Teilchen nicht frei war, daß also keine totale Abstimmung vorlag, sondern daß das Teilchen unter dem Einfluß einer *äußeren Wechselwirkung* stand. Diese wird gerade so in die Theorie eingeführt. Die Beschleunigung des Teilchen dient dabei als ein direktes Maß für die Stärke der Wechselwirkung.
Hierbei allerdings zeigt sich nun als eine weitere wichtige Erfahrung, daß wir allein mit einer zusätzlichen Definition, die sich nur auf die Wechselwirkung bezieht, nicht durchkommen. In ein- und derselben äußeren Situation (z. B. Punktteilchen gleicher Ladung bewegen sich im gleichen elektrischen Feld) können dennoch verschiedene Punktteilchen auch unterschiedlich beschleunigte Bahnen aufweisen. Es muß also für Punktteilchen noch einen inneren Parameter geben, der bei gleicher äußerer Einwirkung verschiedene Beschleunigungen bewirkt. Wir nennen ihn *träge Masse* m_t. Die Erfahrung zeigt dann im einzelnen, daß sich die äußere Einwirkung zu einer vektoriellen Größe $\boldsymbol{K}$ mit Komponenten K_a zusammenfassen läßt, die wir *Kraft* nennen wollen und die mit der erzielten Beschleunigung über den Proportionalitätsfaktor Teilchemasse m_t gemäß

$$(2.5)\qquad K_a = m_t \frac{\mathrm{d}^2 x^a}{\mathrm{d}t^2}$$

zusammenhängt. Ausgehend von dieser Gleichung kann dann – geleitet durch empirische Daten – für die Wechselwirkung, die nunmehr als Ursache der Kraft angesehen wird, eine Theorie entwickelt werden: Theorie des elektrischen Feldes, Theorie der Feder usw. Gerade in den wichtigen weiterführenden Fällen sind diese Theorien nicht selber Gegenstand der Mechanik, sondern erschließen einen neuen Phänomenbereich (z. B. elektromagnetische Wechselwirkung).

Wir müssen noch einmal zu dem Inertialsystem zurückkehren und einen für das Folgende wichtigen Ausbau der Theorie vornehmen. Bisher haben wir die Gleichwertigkeit aller Inertialsysteme nur bezüglich eines einzigen mechanischen Phänomens behauptet: Freie Massenpunkte bewegen sich in allen Inertialsystemen in gleicher Weise. Die Erfahrung sagt nun, daß darüber hinaus tatsächlich eine *universelle Äquivalenz* aller Inertialsysteme zu beobachten ist: *Alle mechanischen* Vorgänge laufen bei gleichen Anfangsbedingungen in *allen* Inertialsystemen in gleicher Weise ab. Wir nennen dies das *Relativitätsprinzip*. Es läßt sich auch als *Unmöglichkeitsaussage* formulieren: Es ist unmöglich, durch Beobachtung mechanischer Vorgänge zu entscheiden, in welchem Inertialsystem man sich befindet. Es ist damit auch unmöglich, mit Hilfe mechanischer Vorgänge ein Inertialsystem vor einem anderen auszuzeichnen.

Das Relativitätsprinzip wird mathematisch dadurch wiedergegeben, daß alle Gesetze der Mechanik bei Bezug auf ein beliebiges Inertialsystem stets dieselbe mathematische Form haben *(Kovarianzprinzip)*. Dieser Umstand wird tatsächlich in Physikbüchern schon immer stillschwiegend vorausgesetzt, wenn dort für ein Phänomen nur eine Gleichung hingeschrieben wird, ohne daß ein Zusatz nötig wäre, der kennzeichnet, in welchem der Inertialsysteme sie gelten soll. Gemeint ist also stets, daß die Gleichung in allen Inertialsystemen gleichermaßen gilt. Gleichungen können räumliche und zeitliche Koordinaten und Ableitungen nach den Koordinaten enthalten. Durch Galilei-Transformationen werden die einander entsprechenden Koordinatenwerte in verschiedenen Inertialsystemen verknüpft. Eine direkte Folge des Kovarianzprinzips ist es daher, daß alle Gleichungen aus Größen aufgebaut sein müssen, die sich unter Galilei-Transformationen so transformieren, daß die gesamte Gleichung wieder in eine von genau derselben Form übergeht. Man nennt diese *Kovarianz unter Galilei-Transformationen* auch die *Forminvarianz* der Gleichungen. Ohne auf Einzelheiten eingehen zu können soll erwähnt werden, daß Gleichungen zwischen Vektor- und Tensorkomponenten forminvariante Gleichungen dieser Art sind.

Damit haben wir für die Struktur der Newtonschen Mechanik einen gewissen Abschluß erreicht – für die Gesamtheit der sich an sie anschließenden unrelativistischen Physik aber immer noch nicht. Eine einfache Frage macht das sofort deutlich. Wir haben oben gesehen, daß wir für die Phänomene, die die Kraft $\boldsymbol{K}$ bewirken, eine Anschlußtheorie zu entwerfen haben. Ist es durch Beobachtungen im Bereich dieser Phänomene vielleicht möglich, zwischen Inertialsystemen zu unterscheiden? Wiederum zeigt die Erfahrung im Bereich der unrelativistischen Physik, daß das nicht der Fall ist. Es gilt also ein auch für alle nicht-mechanischen Vorgänge gültiges *verallgemeinertes Relativitätsprinzip*. Es muß sich daher der hinter ***K*** stehende Ausdruck, wie er sich aus der Anschlußtheorie ergibt, ebenfalls unter Galilei-Transformationen korrekt transformieren. Vom unrelativistischen Standpunkt aus muß *alle* Physik galilei-invariant formuliert werden. Dies ist der zwingend vorgeschriebene *Rahmen* für die Konstruktion von Theorien. Es wird dann gerade der entscheidende weiterführende Punkt, daß es Erfahrungsbereiche gibt, die wir bisher noch nicht berücksichtigt haben, für die dieser Theorienrahmen durchbrochen ist. Zwar sind Thermodynamik, Statistische Mechanik, Newtonsche Gravitationstheorie usw. Theorien, die sich im obigen Sinn korrekt transformieren. Eine so außerordentlich gut empirisch bestätigte Theorie wie die Maxwellsche Elektrodynamik tut es hingegen nicht. Und das zwingt uns dazu, unser bisheriges Schema zu überdenken.

3. Spezielle Relativitätstheorie

Die elektromagnetischen Phänomene durchbrechen bereits in der Näherung der geometrischen Optik den bisherigen Theorienrahmen, denn die Maxwell-Gleichungen besagen unmittelbar, daß die Vakuum-Lichtgeschwindigkeit in allen Inertialsystemen richtungsunabhängig den gleichen endlichen konstanten Wert c hat. Diese Aussage widerspricht klar dem, was wir von der galilei-invarianten Physik über Geschwindigkeiten gelernt haben: Durch Übergang zu einem geeignet bewegten Bezugssystem kann einer Bewegung jeder Geschwindigkeitswert zwischen Null und Unendlich gegeben werden. Die Notwendigkeit des Einbaus der Elektrodynamik gemäß dem Relativitätsprinzip erzwingt somit den Übergang zu einem neuen theoretischen Schema.
Dieses Schema ergibt sich durch eine neue Charakterisierung der Inertialsysteme. Wir halten hierbei zum einen am empirisch Bewährten fest. Das kräftefreie Punktteilchen soll sich nach wie vor bei Bezug auf ein Inertialsystem geradlinig gleichförmig bewegen:

$$(3.1) \qquad \frac{\mathrm{d}^2 x^a}{\mathrm{d}t^2} = 0$$

Zum anderen verlangen wir aber zusätzlich, daß in jedem der Inertialsysteme in Übereinstimmung mit den Maxwell-Gleichungen die Lichtgeschwindigkeit denselben konstanten Wert c aufweisen soll:

$$(3.2) \qquad \sum_{a=1}^{3} \frac{\mathrm{d}x^a}{\mathrm{d}t}\,\frac{\mathrm{d}x^a}{\mathrm{d}t} = c^2.$$

Wir nennen diese *neue Art von Inertialsystemen,* für die beides erfüllt ist, *Lorentz-Systeme.* Wir wir oben bereits gesehen haben, können sie jedenfalls nicht mehr über Galilei-Transformationen miteinander verknüpft sein.

Tatsächlich treten an deren Stelle die *Poincaré-Transformationen,* die eine ganz neue charakteristische Eigenschaft aufweisen. Durch sie werden nicht mehr wie bisher die Zeitkoordinaten nur untereinander transformiert. Allgemein gilt vielmehr, daß, im Gegensatz zur Transformationsformel (2.3), die Zeitkoordinate t' im neuen Bezugssystem nicht nur eine Funktion der alten Zeitkoordinate t, sondern auch der Raumkoordinaten x^a ist:

(3,3) $$t' = t'(x^a, t)$$

Durch Aufgabe der Relation (2.3), die im neuen Schema gewissermaßen durch die Forderung (3.2) ersetzt wurde, geht aber die Existenz einer universellen Zeit, und damit die einer universellen Gleichzeitigkeit verloren. Es ist daher künftig auch nicht mehr sinnvoll, von Raum und Zeit als Größen zu sprechen, die in absoluter Weise voneinander getrennt sind. Es gibt als Hintergrund, auf dem sich das physikalische Geschehen abspielt, nur noch eine als Einheit aufzufassende *vierdimensionale Raum-Zeit.* Wenn immer ein Beobachter sein Lorentz-System einführt, zerlegt er dann für sich (also in beoabachterabhängiger Weise) diese Raum-Zeit in den von ihm gemessenen Raum und die von ihm gemessene Zeit. Ein anderer Beobachter, der bezüglich eines anderen Lorentz-Systems ruht, führt diese Zerlegung hingegen in anderer Weise durch. Weder stimmt der Zeitablauf in beiden Systemen überein, noch werden beide Beobachter bei Längenmessungen an einem dritten Objekt zu gleichen Aussagen kommen. Die jeweils gemessene Zeit und die jeweils gemessenen Abstände können mit Hilfe der die Koordinatenwerte im jeweiligen Bezugssystem verknüpfenden Poincaré-Transformation ineinander umgerechnet werden.

Dadurch, daß auch Aussagen über Zeitdauer und räumliche Abstände abhängig vom Bezugssystem werden, hat die triviale auf die Alltagsphysik bezogene Bemerkung, daß das, was beobachtet wird, abhängig ist vom Standpunkt des Beobachters, eine neue Qualität erhalten. Die Theorie, die die Einzelheiten der Physik in Lorentz-Systemen beschreibt, wurde zu Recht *(Spezielle) Relativitätstheorie* genannt.

Infolge der Relativität der Zeit gibt es keine absolute, d.h. für alle Lorentz-Systeme einheitliche Gleichzeitigkeit mehr. Ereignisse, die in einem System gleichzeitig sind, erfolgen in einem anderen System nacheinander. Da es keine universelle Zeit mehr gibt, ist die *Kausalstruktur* zu ändern. Die Antwort auf die Frage: „Welche Raum-Zeit-Punkte können von einem Ereignis aus beeinflußt werden?“ kann nun nicht mehr lauten: „Alle, die später sind.“ Denn das wäre keine beobachterunabhängige Aussage. Es ist eine der Konsequenzen der neuen Theorie, daß die Lichtgeschwindigkeit Grenzgeschwindigkeit für die Signalausbreitung ist. Die richtige Antwort auf die obige Frage muß also lauten: Beeinflußt werden können alle Raum-Zeit-Punkte, die vom Ausgangsereignis mit maximal Lichtgeschwindigkeit erreicht werden können.

Eine allgemein bekannte Folge des Fehlens einer universellen Zeit ist auch das unterschiedliche Altern von gegeneinander bewegten Zwillingen:

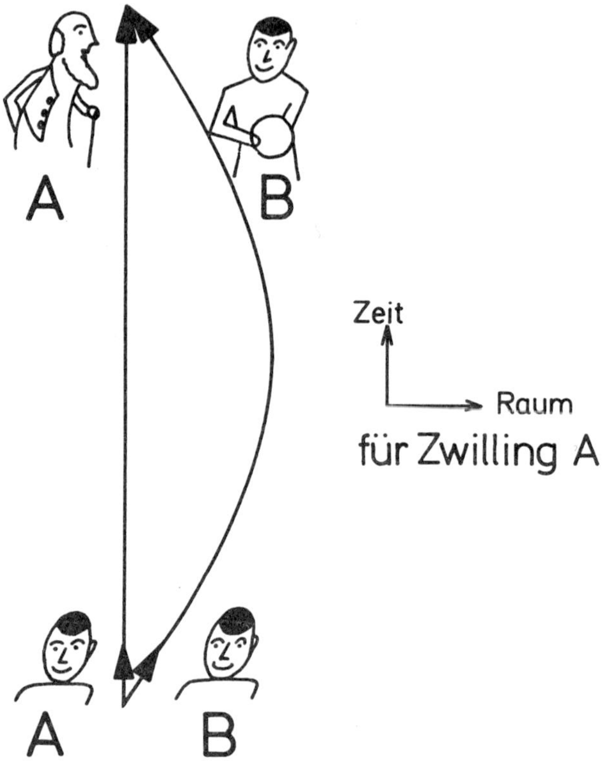

Abb. 1: In der Speziellen Relativitätstheorie hat jeder seine eigene Zeit. Zwillinge treffen sich nach unterschiedlichen Raum-Zeit-Reisen wieder. Sie sind dann nicht mehr gleich alt.

Zwei (gleichaltrige) Zwillinge trennen sich. Der erste bleibt in Ruhe in Bezug auf ein Lorentz-System, der zweite reist davon, kehrt aber nach einiger Zeit an den Ort des ersten zurück. Dann ist im Augenblick ihres Zusammentreffens der erste Zwilling älter als der zweite Zwilling, der die Reise unternommen hat. Dieser an Elementarteilchen nachgewiesene Effekt demonstriert, daß jeder seine eigene Zeit hat.
Als eine weitere Konsequenz des neuen speziell-relativistischen Schemas ist die bekannte Relation

(3.4) $$E = mc^2$$

zu nennen. Sie ist von rechts nach links zu lesen und besagt, daß auch Masse nur eine spezielle Form von Energie ist. Wir werden hiervon später Gebrauch machen. Wir erwähnen in diesem Zusammenhang noch, daß die Spezielle Relativitätstheorie durch die Hochenergiephysik außerordentlich gut bestätigt wird.

Nach diesem Ausflug in die Konsequenzen der Theorie müssen wir noch Versäumtes nachholen. Die bisher dargestellten Elemente unseres Schemas sind:

1.) Es gibt starre Bezugssysteme (Lorentz-Systeme genannt), bezüglich derer
   (3.1) für freie Massenpunkte und
   (3.2) für Licht gilt.
2.) Diese Lorentz-Systeme werden durch Poincaré-Transformationen verknüpft.

Diese Elemente sind noch zum vollen *Theorienrahmen* der Speziellen Relativitätstheorie auszubauen. Das erfolgt völlig analog zu dem Vorgehen, das wir hierfür in der unrelativistischen Physik kennengelernt haben. Die Erweiterungsschritte sind die folgenden:

3.) Wechselwirkungen bewirken Abweichungen von der Bahn freier Teilchen. Sie werden durch Kräfte beschrieben.
4.) Für alle physikalischen Vorgänge gilt ein verallgemeinertes Relativitätsprinzip bzw. eine Unmöglichkeitsaussage.
5.) Dies bedingt die Forminvarianz aller physikalischen Gleichungen unter Poincaré-Transformationen.

Die unrelativistische Physik ist in der speziell-relativistischen Physik als *Grenzfall* für Geschwindigkeiten, die klein gegen die Lichtgeschwindigkeit sind, enthalten. Hier hat also eine Theorie mit größerem Anwendungsbereich eine andere abgelöst, ohne sie damit aufzuheben. Die Newtonsche Mechanik hat sich keineswegs als falsch erwiesen. Es ist nur deutlich geworden, daß zu jeder Theorie der Anwendungsbereich mit anzugeben ist, für den ihre Gültigkeit behauptet wird. Die Nachfolgetheorie ermöglicht es gerade, die Gültigkeitsgrenze der Vorläufertheorie klar zu identifizieren. Da die Newtonsche Mechanik als Grenzfall enthalten bleibt, wird sie durch die sie überholenden Theorien wie Spezielle Relativitätstheorie und Allgemeine Relativitätstheorie nicht abgeschafft, sondern sogar in ihrer Gültigkeit bestätigt.

Wir wollen noch einmal herausstellen, was für den obigen Übergang von unrelativistischer zu speziell-relativistischer Physik charakteristisch ist: Es gibt neben der Bewegung der *freien Massenpunkte* ein weiteres Grundphänomen, die Ausbreitung von *Lichtstrahlen*. Teilchenbahnen und Lichtstrahlen werden von Bezugssystemen aus vermessen. Es zeigt sich dann, daß es eine ganze Klasse von Bezugssystemen gibt, bezüglich derer die Teilchenbewegung beschleunigungsfrei und die Lichtausbreitung mit ein- und derselben konstanten Geschwindigkeit c erfolgt (Lorentz-Systeme). Am Anfang der Überlegung standen also, wie in der unrelativisti-

schen Physik, ausgezeichnete Bahnen. Nur treten jetzt die Lichtstrahlen als neuer Bahntyp hinzu; dafür mußte die Existenz einer absoluten Zeit aufgegeben werden. Die Bahnen beschreiben Kurven in einem vierdimensionalen Raum. Eine mathematische Analyse der Geometrie dieser Raum-Zeiten zeigt, daß es sich um einen pseudo-euklidischen flachen Raum handelt. Das äußert sich z. B. darin, daß parallele Geraden stets parallel bleiben. Ist der Relativabstand zwischen zwei freien Massenpunkten eine Zeit lang konstant, so bleibt er konstant.
Wir wollen noch einen anderen charakteristischen Punkt der relativistischen Physik besonders betonen. Wie oben ausgeführt, gibt es keine absolute Zeit mehr. Einen absoluten Raum kannte selbst die unrelativistische Physik nicht. Sind also alle ohne jede weitere Rückführung anzunehmenden Elemente *(absolute Elemente)* aus unserer Theorie entfernt? Ganz und gar nicht. Wir sind diesbezüglich gewissermaßen nur zu einer höheren begrifflichen Ebene aufgestiegen. Die Flachheit der vierdimensionalen Raum-Zeit erweist sich als ein zentrales Element unserer Theorie, dessen empirische Konsequenzen durch die Laboratoriumsphysik sehr gut bestätigt werden. Man kann allerdings im Rahmen der Speziellen Relativitätstheorie diese Flachheit nur feststellen, aber nicht begründen. Flachheit ist nicht die physikalische Folge von etwas. Die Raum-Zeit beeinflußt alles physikalische Geschehen, bleibt selber aber völlig unbeeinflußt.
Die Existenz dieses absoluten Elements ist ein unbefriedigender Zug der Theorie, dessen Beseitigung im Prinzip einfach ist. Man konstruiere eine umfassende Theorie, in der viele verschiedene Geometrien zugelassen sind und ersinne einen Mechanismus, der das Auftreten einer bestimmten Geometrie kausal auf physikalische Ursachen zurückführt. Wo aber können wir einen physikalischen Ansatzpunkt für eine solche Theorie finden? Welcher Bereich der Physik könnte uns nahelegen, es doch einmal bei der Beschreibung mit einer gekrümmten statt mit einer flachen Raum-Zeit zu versuchen? Welche Beobachtungstatsachen ließen sich mit Hinweis auf eine Raum-Zeit-Krümmung begründen?
Hier kommt uns nun zur Hilfe, daß es gemäß dem Relativitätsprinzip ja ein noch auszuführender Teil unseres Programms ist, auch eine speziell-relativistisch korrekte *Gravitationstheorie* zu entwerfen, die die Newtonsche Gravitationstheorie abzulösen hat. Dabei werden wir auf einige Eigentümlichkeiten stoßen, die die gravitative Wechselwirkung von allen anderen Wechselwirkungen unterscheidet, und die es erlauben werden, Gravitation zu *geometrisieren.* Bemerkenswert wird sein, daß erneut nahezu alles am Verhalten unserer primitiven Standardobjekte, den Punktmassen und Lichtstrahlen, abgelesen werden kann. Wir beginnen wiederum mit den Punktmassen.

4. Newtonsches Äquivalenzprinzip

Das folgende Experiment macht bereits in der unrelativistischen Physik die Sonderstellung der gravitativen Wechselwirkung deutlich. Punktteilchen gleicher träger Masse, aber mit verschiedenen elektrischen Ladungen, die unter gleichen Anfangsbedingungen in ein elektrisches Feld gebracht werden, durchlaufen unter der Wirkung der elektrischen Anziehung oder Abstoßung unterschiedliche Bahnen mit unterschiedlicher Geschwindigkeit. Die Komponenten der Kraft auf eine Ladung q im elektrischen Feld mit Potential $\Phi(x)$ sind durch

$$(4.1) \qquad K_a = -q \frac{\partial \Phi}{\partial x^a}$$

gegeben. Die Beschleunigung, die ein Teilchen im elektrischen Potential erfährt, ist daher mit (2.5) gemäß

$$(4.2) \qquad b_a = -\frac{q}{m_t} \frac{\partial \Phi}{\partial x^a}$$

durch den von Teilchen zu Teilchen variierenden Quotienten q/m_t aus den zwei inneren Parametern Ladung und träge Masse bestimmt. Über die im allgemeinen unterschiedliche Beschleunigung ergeben sich die verschiedenen Teilchenbahnen.

Im Gravitationsfeld bietet sich ein anderes Bild. Feder und Bleiklotz zum Beispiel fallen im luftleeren Raum gleich schnell. Allgemein gilt der Erfahrungssatz, daß bei gleicher Anfangsbedingung auch unter der Wirkung der gravitativen Anziehung alle Teilchen unabhängig von ihrer Masse dieselbe Bahn mit derselben Geschwindigkeit durchlaufen. Genauer gesagt, die Beschleunigung, die die Teilchen im Gravitationsfeld erfahren, ist in für alle Teilchen einheitlicher Weise unmittelbar durch die Ableitung des Gravitationspotentials $U(x)$ gegeben.

$$(4.3) \qquad b_a = -\frac{\partial U}{\partial x^a}$$

Wir wollen dieser Aussage noch eine etwas andere Formulierung geben. Hierzu führen wir, ähnlich wie im elektrischen Feld, eine gravitative „Ladung" ein, die die Stärke der gravitativen Kraft festlegt, die in einem gegebenen Potential $U(x)$ auf ein Teilchen ausgeübt wird. Wir nennen sie *schwere Masse* m_s und schreiben in Analogie zu (4.1)

$$(4.4) \qquad K_a = -m_s \frac{\partial U}{\partial x^a}.$$

Mit $K_a = m_t b_a$ ist die Aussage von Gleichung (4.3) dann gleichbedeutend mit der Gleichheit von träger und schwerer Masse

$$(4.5) \qquad m_t = m_s.$$

Diese Gleichung ist mit der extremen Genauigkeit von 10^{-12} experimentell bestätigt.

Wenden wir uns noch einmal der ursprünglichen Formulierung des Phänomens zu, wie sie unmittelbar aus der Beobachtung entnommen wird.

Die Bahnen der Massenpunkte, die nur der Wirkung der Gravitation unterliegen, sind in massenunabhängiger Weise nur durch Anfangsbedingungen gegeben. Was wir oben für die gegen jede Wechselwirkung abgeschirmten freien Teilchen kennengelernt haben, gilt analog auch dann noch, wenn man als einzige Wechselwirkung die gravitative Wechselwirkung zuläßt. Auch in diesem Fall gibt es wieder eine (natürlich andere) *ausgezeichnete Klasse von Bahnen,* die massenunabhängig durchlaufen werden.

Das hat nun aber sofort eine für unsere Ausgangsfragestellung sehr wichtige Konsequenz. Im Spezialfall eines homogenen Gravitationsfeldes bewegen sich alle Teilchen unabhängig von ihrer Masse überall mit der gleichen(!) konstanten Beschleunigung. Andererseits gibt es aber noch eine völlig andere physikalische Situation, in der genau dieselbe Aussage für die Teilchenbewegung gilt. Auch mit Bezug auf ein mit konstanter Beschleunigung b geführtes Bezugssystem bewegen sich alle freien Teilchen einheitlich mit derselben konstanten Beschleunigung b in Gegenrichtung.

Denken wir uns einen Experimentator, der in einem geschlossenen Kasten ohne Kontakt zur Außenwelt nur durch Beobachtung an Punktteilchen die folgende Frage entscheiden soll:

Ruht der Kasten auf einer großen Masse, z. B. der Erde, durch die in seinem Inneren ein homogenes Gravitationsfeld erzeugt wird, oder ist tatsächlich gar kein Gravitationsfeld vorhanden, und der Kasten wird mit konstanter Beschleunigung gewissermaßen über die Teilchen hinweggezogen?

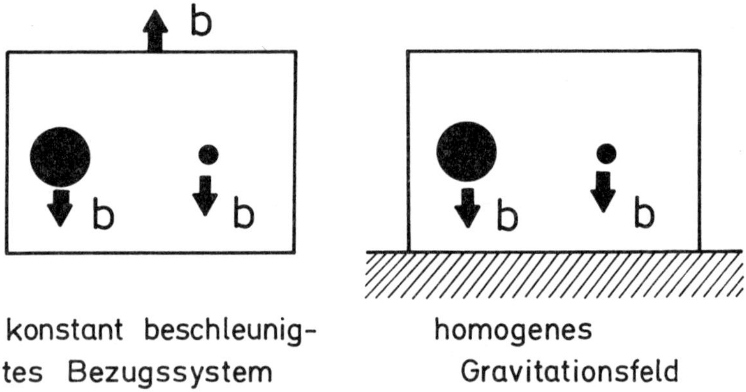

Abb. 2: Alle Massen erfahren in einem homogenen Gravitationsfeld die gleiche konstante Beschleunigung b (rechtes Bild). Auch bezüglich eines mit der Beschleunigung b nach oben bewegten Kastens erfahren freie Massenpunkte beliebiger Masse eine Beschleunigung b nach unten (linkes Bild). Ein Beobachter im Kasten kann daher durch Messungen an Massen nicht entscheiden, ob der Kasten konstant beschleunigt wird oder sich in einem homogenen Gravitationsfeld befindet.

Was immer unser Experimentator mit den Punktmassen anstellt, es ist für ihn unmöglich, die Frage zu entscheiden. Wir wollen diese Feststellung über die Physik homogener Gravitationsfelder die *Unmöglichkeitsaussage* nennen.

Man kann leicht der Unmöglichkeitsaussage eine andere Form geben, aus der derselbe physikalische Tatbestand aus etwas anderer Sicht wiedergegeben wir. Gleichbedeutend mit der obigen Aussage ist auch die, daß ein homogenes Gravitationsfeld in all seinen Auswirkungen auf Punktteilchen in ununterscheidbarer Weise durch Bezug auf ein geeignet beschleunigtes Bezugssystem simuliert werden kann *(Simulierbarkeitsaussage).*

Schließlich läßt sich auch noch derselbe Tatbestand durch eine *Eliminierbarkeitsaussage* beschreiben: Durch Bezug auf ein frei fallendes Bezugssystem – das ist ein mit der konstanten Beschleunigung *b* von (4.3) bewegtes Bezugssystem – lassen sich alle Auswirkungen eines homogenen Gravitationsfeldes auf Punktmassen eleminieren. Aus der Sicht dieses Bezugssystems bewegen sich die Punktmassen wie freie Teilchen. Im frei fallenden Fahrstuhl (Halteseil durchgesägt) spürt man keine Gravitation. Man befindet sich im Zustand der Schwerelosigkeit.

Aber kehren wir noch einmal zur Unmöglichkeitsaussage zurück. Haben wir unseren Experimentator nicht vielleicht dadurch etwas zu dürftig ausgestattet, daß wir ihm für die Unterscheidung zwischen homogenem Gravitationsfeld und konstant beschleunigtem Bezugssystem nur Experimente an Masse gestatteten? Wäre es nicht für ihn ein leichtes, zu einer klaren Unterscheidung zu kommen, wenn wir ihm auch z. B. Beobachtungen an dem zweiten elementaren Phänomen, auf das wir uns schon immer bezogen haben, nämlich an Lichtstrahlen, gestatten würden?

5. Einsteinsches Äquivalenzprinzip

Wir wollen die Frage, ob die Unmöglichkeitsaussage durch Beobachtungen an Lichtstrahlen aufgehoben werden kann, zunächst ebenfalls nur für den Spezialfall homogener Gravitationsfelder diskutieren. Sie ist eng verknüpft mit der Frage, ob es überhaupt einen Einfluß von Gravitation auf Lichtstrahlen gibt. Im Rahmen der Newtonschen Gravitationstheorie ist das eindeutig zu verneinen. Die Diskussion unserer Ausgangsfrage wird uns also auf das Problem der Gültigkeitsgrenzen der Newtonschen Gravitationstheorie führen. Gibt es Erfahrungen, die uns zwingen, diese Theorie zu erweitern?

Um dies zu beantworten, betrachten wir wieder unseren Experimentator im Kasten und denken uns für ihn mehrere Experimente mit Lichtstrahlen aus, wobei wir zunächst diskutieren wollen, was ein mit konstanter Beschleunigung bewegter Beobachter bei Abwesenheit von Gravitation registiert.

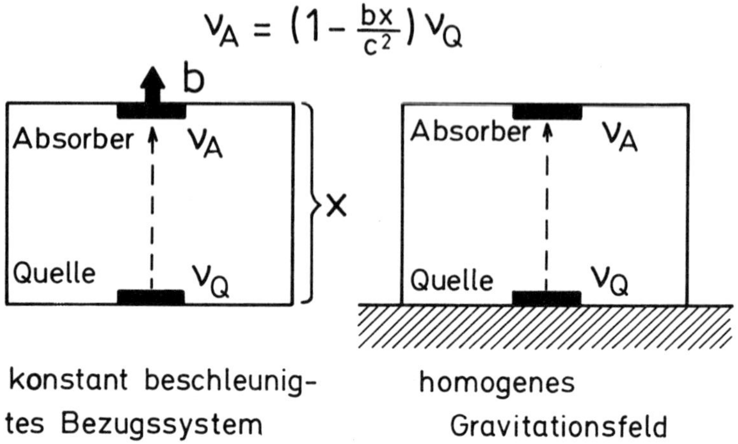

Abb. 3: Auch durch Frequenzmessungen an Lichtstrahlen (gestrichelte Linie) kann ein Beobachter nicht zwischen konstant beschleunigtem Bezugssystem und homogenem Gravitationsfeld unterscheiden. In beiden Fällen wird beim Absorber eine Rotverschiebung des von der Quelle emittierten Lichtes festgestellt. Die Ursache ist einerseits der Dopplereffekt (linkes Bild), andererseits die gravitative Rotverschiebung (rechtes Bild).

Wir beginnen mit der Untersuchung der Frequenzänderung von Licht bei Emission und Reabsorption in einem mit der konstanten Beschleunigung b aufwärts bewegten Kasten.

Das Licht möge am Boden des Kastens mit der Frequenz ν_Q in Richtung auf die Decke emittiert werden. Dabei können wir ohne Einschränkung annehmen, daß der Kasten im Moment der Emission die Geschwindigkeit Null hat. Der Kasten hat die Höhe x. Das Licht braucht daher die Zeit x/c bis es die Decke erreicht. Infolge der beschleunigten Kastenbewegung hat die Decke in der Zwischenzeit die Geschwindigkeit $v = bx/c$ erhalten. Die verringerte Frequenz ν_A, mit der das Licht an der Decke absorbiert wird, ergibt sich dann gemäß Dopplereffekt als

(5.1) $$\nu_A = \left(1 - \frac{v}{c}\;\nu_Q\right)$$

und ist in unserem Fall

(5.2) $$\nu_A = \left(1 - \frac{bx}{c^2}\right)\nu_Q$$

In einem beschleunigt in Richtung Deckel bewegten Kasten kommt das am Boden emittierte Licht rotverschoben am Deckel an. Die obige Versuchsanordnung gestattete es also, experimentell einen beschleunigten von einem unbeschleunigten Kasten zu unterscheiden.

Ob sie es auch gestattet, einen beschleunigten Kasten von einem ruhenden Kasten im homogenen Gravitationsfeld mit Gravitationsbeschleunigung b zu unterscheiden, kann nur das Experiment zeigen. Es liegt vor, und die Antwort ist eindeutig nein. Auch Licht, das im Gravitationsfeld der Erde aufsteigt, erfährt eine Rotverschiebung und seine Frequenz nimmt höhenabhängig ab gemäß der Formel

$$\nu_A = \left(1 - \alpha \frac{bx}{c^2}\right) \nu_Q, \quad \alpha = 0{,}986 \pm 0{,}018 \tag{5.3}$$

die im Rahmen der Meßgenauigkeit sehr gut mit der Formel (5.2) übereinstimmt (b ist dabei die gravitative Erdbeschleunigung).
Diese *gravitative Rotverschiebung* zeigt, daß es tatsächlich einen Einfluß von Gravitation auf Licht gibt. Genau wie ein geworfener Stein so verliert auch Licht an Energie, wenn es im Gravitationsfeld gegen die Wirkung einer gravitativen Anziehung aufsteigt. Seine Frequenz nimmt ab, seine Farbe wird im Spektrum zu größeren Wellenlängen hin (rot-)verschoben. Zur Absicherung denken wir uns noch ein weiteres Experiment aus, das nicht an der Frequenz, sondern an der Bahn des Lichtes anknüpft. Beginnen wir wieder mit dem konstant beschleunigten Kasten. Wir schicken

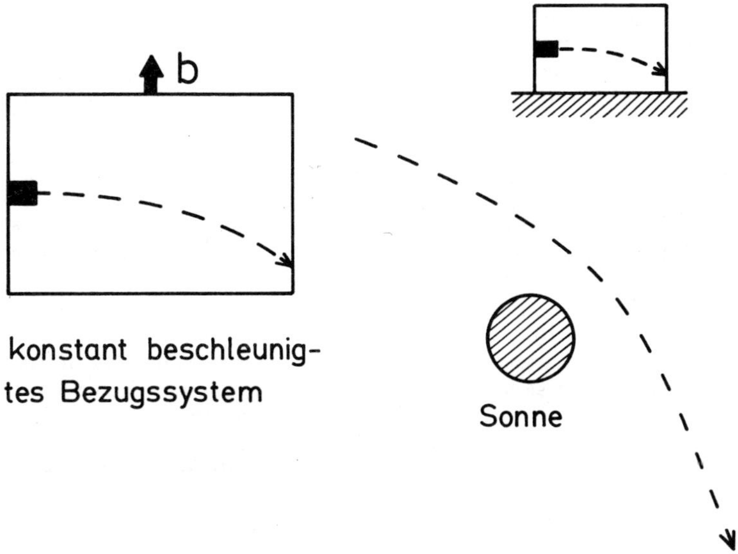

Abb. 4: In einem konstant beschleunigten Bezugssystem beschreibt ein Lichtstrahl (gestrichelte Linie) eine gekrümmte Bahn (linkes Bild). Der entsprechende Effekt eines homogenen Gravitationsfeldes kann im Erdfeld nicht gemessen werden, er ist zu klein (oberes Bild rechts). Erst im Gravitationsfeld der Sonne läßt sich nachweisen, daß Licht infolge der gravitativen Anziehung zur Sonne hin abgelenkt wird (Lichtablenkung, unteres Bild rechts).

Licht mit Anfangsrichtung parallel zum Boden von einer Kasten-Seitenfläche in Richtung auf die gegenüberliegende Seitenfläche los. Da der Kasten, während das Licht läuft, gewissermaßen beschleunigt darüber „hinweggezogen" wird, trifft das Licht auf der gegenüberliegenden Seitenfläche nicht auf gleicher Höhe auf, es erscheint vielmehr in Richtung Kastenboden abgelenkt.
Was ergibt sich in der äquivalenten Situation im homogenen Gravitationsfeld? Messungen hierfür liegen nicht vor. Der Effekt wäre wegen der geringen Gravitationsbeschleunigung im homogenen Erdgravitationsfeld unmeßbar klein. Aber es gibt im astronomischen Bereich klare Beobachtungsaussagen, die auch auf unsere Ausgangssituation einen Rückschluß erlauben. Licht wird beim Vorbeigang an der Sonne durch gravitative Anziehung zur Sonne hin abgelenkt und beschreibt so statt einer Geraden eine gebogene Bahn.
Wir folgern aus dieser *gravitativen Lichtablenkung,* daß Licht auch in dem auf der Erde ruhenden Kasten durch Anziehung im Gravitationsfeld zum Boden hin abgelenkt wird, so daß auch in diesem Fall eine Unterscheidung zwischen homogenem Gravitationsfeld und geeignet konstant beschleunigtem Bezugssystem unmöglich ist
Für unsere beiden Sorten primitiver Testobjekte haben sich homogene Gravitationsfelder und konstant beschleunigte Bezugssysteme als ununterscheidbar erwiesen. Wir schließen nun, wie oben schon mehrfach vorgeführt, den nächsten und vorerst abschließenden Schritt an, indem wir verlangen: Nicht nur für Massenpunkte und Lichtstrahlen, sondern für *alle* physikalischen Vorgänge besteht eine vollständige Äquivalenz von homogenem Gravitationsfeld und konstant beschleunigtem Bezugssystem. In diesem erweiterten Sinne gilt also wiederum eine

Unmöglichkeitsaussage,
Simulierbarkeitsaussage,
Eliminierbarkeitsaussage.

Wir müssen ihren Inhalt nicht noch einmal ausführen, erwähnen aber, daß die Eleminierbarkeitsaussage nunmehr gerade besagt, daß in frei fallenden (nicht-rotierenden) Bezugssystemen die Gesetze der Speziellen Relativitätstheorie gelten. Wir wollen diese Bezugssysteme wiederum Inertialsysteme bzw. Lorentz-Systeme nennen. Wir müssen eine Theorie der homogenen Gravitationsfelder also so konstruieren, daß das Anschalten eines homogenen Gravitationsfeldes einerseits und der Übergang zu einem beschleunigten Bezugssystem andererseits für die ganze Physik gleichwertig sind. Da alle Physik so zu formulieren ist, haben wir wiederum einen *Theorienrahmen* erhalten, in den sich alle physikalischen Einzeltheorien einzupassen haben.
Tatsächlich wissen wir aber immer noch nicht, wie die volle Newtonsche Gravitationstheorie zu einer die Universalität der gravitativen Wechselwirkung wiedergebenden verallgemeinerten Theorie auszubauen ist. Wir

haben hierfür Anhaltspunkte, es fehlt aber noch die entscheidende Klammer, mit der sie zusammengeführt werden können, denn uns stehen bisher nur Aussagen über homogene Gravitationsfelder zur Verfügung. Solche Felder kommen genau genommen in der Natur gar nicht vor. Es ist aber eine Erfahrung, daß jedes inhomogene Gravitationsfeld, wenn man sich nur auf einen hinreichend kleinen Bereich beschränkt, durch ein homogenes Gravitationsfeld approximiert werden kann. Wir wissen also bisher nur, wie die neue Gravitationstheorie jeweils *lokal* aussehen soll; uns fehlt aber die physikalische Idee dafür, wie sich diese lokalen Eigenschaften, im Großen zusammensetzen sollen. Immerhin, dadurch daß lokal stets und überall in einem frei fallenden Bezugssystem die Spezielle Relativitätstheorie gelten muß, haben wir erreicht, daß alle unsere speziell-relativistischen Gesetze im Bereich der nicht-gravitativen Laboratoriumsphysik weiterhin in sehr guter Näherung ihre Gültigkeit behalten. Alles, was wir über nicht-newtonsche gravitative Effekte aussagen werden, wird in erster Linie im astronomischen Bereich nachweisbar sein. Laboratoriumsexperimente sind natürlich im Prinzip nicht ausgeschlossen, nur wegen der Kleinheit der entsprechenden Effekte extrem mühevoll.

6. Gravitation als Raum-Zeit-Krümmung

Die *inhomogenen Gravitationsfelder* werden uns den wichtigsten Aufschluß über die Natur der gravitativen Wechselwirkung geben. Bei ihrer Diskussion kommt auch die Geometrie der Raum-Zeit wieder in den Blick. Wir hatten dieses Thema verlassen, als wir bei der Physik der Speziellen Relativitätstheorie sagten, daß zu ihrer Formulierung das Modell

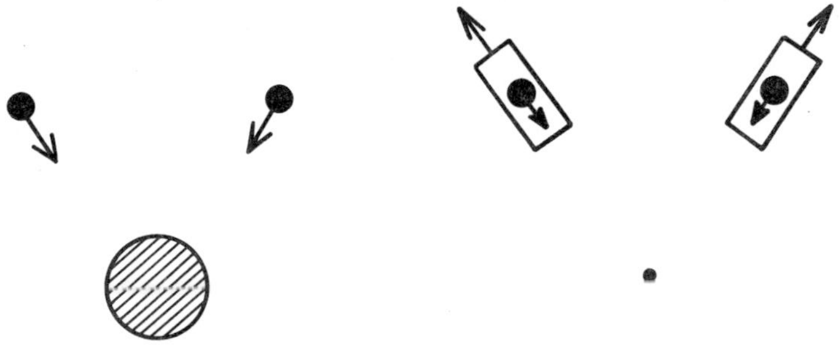

Abb. 5: Im inhomogenen Gravitationsfeld einer kugelsymmetrischen Massenverteilung fallen Massen, denen keine Anfangsgeschwindigkeit erteilt wurde, radial auf das Zentrum zu (links Bild). Dieser Prototyp einer Bewegung im inhomogenen Feld kann nicht dadurch simuliert werden, daß ein einziges Bezugssystem (Kasten) über freie Massen beschleunigt hinwegbewegt wird. Es ist hierfür vielmehr an jeder Stelle ein eigenes Bezugssystem (Kasten) nötig (rechtes Bild; die Pfeile an den Massen symbolisieren die Beschleunigung bezüglich des Kastens).

einer flachen Raum-Zeit Verwendung findet. Andererseits hatten wir soeben festgestellt, daß in homogenen Gravitationsfeldern (die stets lokal vorliegen) in den dort frei fallenden Bezugssystemen alle Gesetze der Speziellen Relativitätstheorie gelten. Wir müssen nun diese Aussagen richtig zusammenfügen. Dazu gehen wir von einer Beobachtung aus:
Wir wollen auch für inhomogene Gravitationsfelder noch einmal die Frage nach der Simulierbarkeit stellen. Im inhomogenen Gravitationsfeld im Außenraum einer Massenkugel (z. B. der Erde) herrscht an jedem Punkt eine radial zum Kugelmittelpunkt gerichtete Gravitationskraft. Punktmassen, denen keine Anfangsgeschwindigkeit mitgegeben wird, fallen radial auf den Kugelmittelpunkt zu. Sie bewegen sich dabei aber auch wechselseitig aufeinander zu und zwar in beschleunigter Weise. Das Auftreten dieser *Relativbeschleunigung* zwischen frei fallenden Teilchen ist charakteristisch für das Vorliegen inhomogener Gravitationsfelder. Sie tritt im homogenen Fall nicht auf. Diese Relativbeschleunigung kann aber nicht durch ein einziges (!) konstant beschleunigstes Bezugssystem simuliert werden. Oder anders ausgedrückt (wir denken wieder an das Beispiel der Massenpunkte, die radial auf den Kugelmittelpunkt zufliegen): Es gibt kein wie auch immer bewegtes Bezugssystem mit der Eigenschaft, daß bei Bezug auf dieses System die Auswirkungen des inhomogenen Gravitationsfeldes eleminiert erscheinen, sich also alle Teilchen so bewegen, als wäre dieses Gravitationsfeld gar nicht vorhanden. Schwerefreiheit kann nicht global erreicht werden. Zusammenfassend können wir daher sagen, daß in einem inhomogenen Gravitationsfeld die Unmöglichkeitsaussage, Simulierbarkeitsaussage und Eliminierbarkeitsaussage nach wie vor jeweils lokal gelten, während sich keine gleichwertigen Aussagen für das System als Ganzes finden lassen. In jedem Punkt gibt es also lokal hierfür geeignete Bezugssysteme, sie fügen sich aber nicht global zu

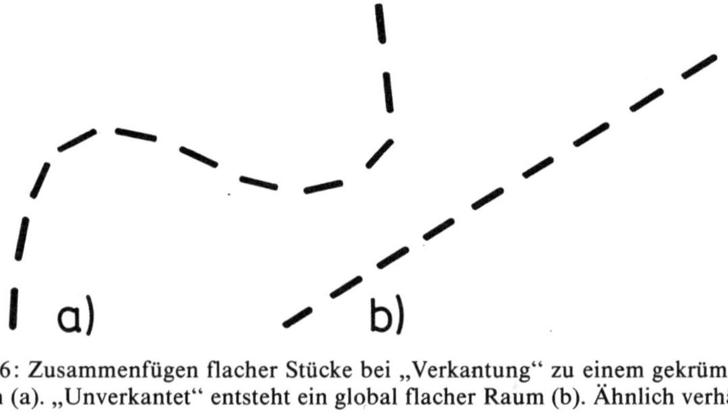

Abb. 6: Zusammenfügen flacher Stücke bei „Verkantung" zu einem gekrümmten Raum (a). „Unverkantet" entsteht ein global flacher Raum (b). Ähnlich verhält es sich auch bei der Raum-Zeit.
Wenn man sich diese Situation „geglättet" vorstellt, so entsteht eine gekrümmte Raum-Zeit.

einem einzigen konstant beschleunigten großen Bezugssystem zusammen, sie sind vielmehr gegeneinander in ortsabhängiger Weise beschleunigt. Das bedeutet geometrisch, daß gewissermaßen eine Aneinanderreihung lokal flacher Raum-Zeiten vorliegt, die sich im Fall der inhomogenen Gravitationsfelder aber nicht global zu einer großen flachen Raum-Zeit zusammenfügen lassen. Sie sind vielmehr gegeneinander „verkantet" zusammengesetzt.

Analoges ist uns von einer anderen Situation her gut gekannt. Für die Vermessung der Innenstädte von Konstanz und Bregenz können wir näherungsweise von einer flachen Erdoberfläche ausgehen. Dennoch kann man auch bei gutem Wetter, und obwohl sich dazwischen nur der Bodensee befindet, von keiner Stadt vom Erdboden aus die andere sehen. Die Erdkrümmung verhindert das.

Am Beispiel der Erdoberfläche läßt sich darüber hinaus verdeutlichen, daß Krümmung Relativbeschleunigung bewirkt. Wir hatten ja gesehen, daß das Auftreten von Relativbeschleunigung typisch für die Bahnen von Massenpunkten in inhomogenen Gravitationsfeldern ist. Wir hatten weiterhin gesehen, daß lokal die Spezielle Relativitätstheorie gilt. Wir wissen, daß sich im Rahmen dieser Theorie freie Punktteilchen und Lichtstrahlen mit konstanter Geschwindigkeit auf geraden Linien bewegen. Wenn man nun aber auf der lokal flachen Erde stets geradeaus fährt (und was das heißen soll, läßt sich überall lokal definieren), so beschreibt man im Großen einen Großkreis und kehrt nach einer Erdumkreisung an den Ausgangspunkt zurück. Auf der gekrümmten Erdoberfläche setzen sich also die lokal geraden Stücke resultierend nicht zu einer Geraden, sondern zu der „Geradesten" der gekrümmten Geometrie, in diesem Fall zu einem Großkreis zusammen. In der gekrümmten Raum-Zeit bewegen sich freie Punktteilchen (d. h. Punktteilchen, die keiner nicht-gravitativen Wechselwirkung unterliegen) und Lichtstrahlen aus demselben Grunde längs der „geradesten" Bahnen der jeweiligen vierdimensionalen Geometrie. Diese Kurven werden *Geodäten* genannt. Sie sind zugleich Autoparallelen, d. h. ihre Tangentenvektoren gehen durch Parallelverschiebung in der eigenen Richtung auseinander hervor. Noch eine weitere Eigenschaft haben diese Kurven mit den Geraden einer Ebene gemeinsam: Sie sind auch die Verbindung extremaler Länge zwischen zwei vorgegebenen Punkten.

Bei Abwesenheit von Gravitation bewegen sich freie Punktteilchen geradlinig; es gibt keine Relativbeschleunigung unter ihnen. Schaltet man nun ein Gravitationsfeld an indem man z. B. eine große Massenkugel in die Nähe bringt, so werden diese Bahnen zu den neuen „Geradesten" verbogen. Sie weisen dann Relativbeschleunigungen auf, und die Puntteilchen fallen beispielsweise radial auf das Gravitationszentrum zu.

Ähnlich weisen Geraden in der Ebene keine Relativbeschleunigung auf. Großkreise, die z. B. senkrecht zum Äquator in Richtung Nordpol verlaufen, die also gewissermaßen parallel am Äquator „gestartet" werden, tref-

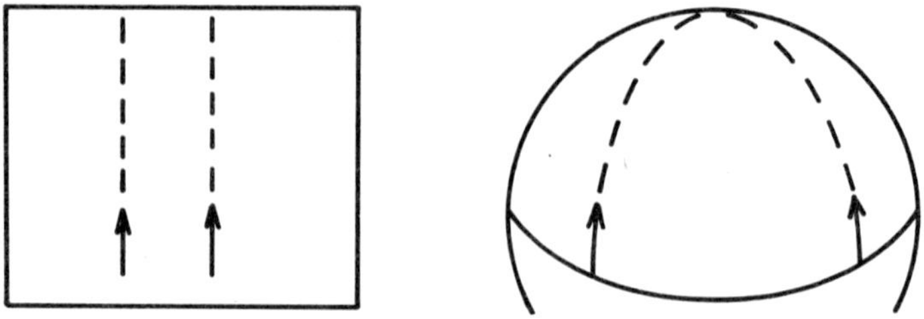

Abb. 7: Die Geodäten („Geradeste") in der Ebene sind Geraden; auf der Kugel sind es Großkreise. In der Ebene weisen Bewegungen auf Geodäten keine Relativbeschleunigung auf. Parallele Geodäten schneiden sich nicht. Auf der Kugel hingegen weisen diese Bewegungen Relativbeschleunigung auf, und parallel begonnene Geodäten schneiden sich.

fen sich hingegen unter ständiger Relativbeschleunigung am Nordpol. Anschalten von Gravitation führt bei Punktteilchen und Lichtstrahlen zu einem neuen Netz von gegenüber dem gravitationsfreien Fall verbogenen Linien. Krümmung der Geometrie bewirkt genau dasselbe mit den geradesten Linien. Durch „Verdellen" der ebenen Geometrie können Geodäten so gelenkt werden, daß sie sich in gewünschter Weise z. B. aufeinander zu bewegen. *Gravitation wird gekrümmte Geometrie.* Da keine globalen Inertialsysteme existieren, ist die Raum-Zeit gekrümmt. Gemäß unserem obigen Zugang sagen wir nicht mehr, daß Teilchen oder Lichtstrahlen im Gravitationsfeld abgelenkt werden, sie werden vielmehr durch eine gekrümmte Geometrie im Sinne einer Ablenkung *geführt. Die Gravitationskraft wird durch geometrische Führung ersetzt.*

Wir wollen noch einmal herausstellen, daß das Verfahren an eine experimentelle Tatsache geknüpft war. Durch „Verbiegen" einer Geometrie entsteht zu vorgegebenen Anfangsbedingungen nur wieder eine einzige Geodäte. Daß alle gegen nicht-gravitative Einflüsse abgeschirmten Punktteilchen unabhängig von ihrer Masse und alle Lichtstrahlen unabhängig von ihrer Frequenz zu gegebener Anfangsbedingung immer nur einer Bahn folgen, hatten wir oben gesagt. Wir sehen jetzt nachträglich, daß dies die *Voraussetzung für die Geometriesierbarkeit* des gravitativen Einflusses war. Hätte z. B. die Masse des Punktteilchens Einfluß auf seine Bahn, so müßte man für jeden Massenwert eine neue Geometrie einführen, hätte also nicht mehr die eine Geometrie der Raum-Zeit.

Den letzten Erweiterungsschritt zum Abschluß der Theorie müssen wir noch in gleicher Weise wie in den vorigen Abschnitten vollziehen. Wir fordern, daß der Einfluß von Gravitation nicht nur auf Massenpunkte und Lichtstrahlen, sondern auf alles physikalische Geschehen durch Beschreibung des Vorgangs in der entsprechend gekrümmten Raum-Zeit vollständig wiedergegeben wird. Eine Konsequenz ist im Umkehrschluß sofort ablesbar: Da Geometrie, und damit deren Krümmung, in die

Beschreibung eines jeden beliebigen raum-zeitlichen Vorgangs eingeht, gilt genau dasselbe auch für Gravitation. Wir haben also eine Gravitationstheorie geometrisiert, in der Gravitation auf schlechthin alle Physik Einfluß nimmt. Gravitation ist eine *universelle Wechselwirkung* geworden. Daher haben wir auch vom Anspruch her wiederum einen *Theorienrahmen* erhalten: Beim Vorliegen einer gewissen gravitativen Situation ist alle Physik in der entsprechenden gekrümmten Raum-Zeit zu formulieren. Das Verfahren hierzu ist im Prinzip vorgezeichnet. Man ändert die speziell-relativistischen Gesetze so ab, daß sie zwar in den lokalen Lorentz-Systemen die speziell-relativistische Form besitzen, sich aber nicht-lokal der Einfluß der Raum-Zeit-Krümmung bemerkbar macht (siehe das Beispiel der „Geradesten"). Hierdurch wird auch unmittelbar deutlich, daß die neue Theorie, die *Allgemeine Relativitätstheorie* genannt wird, die Spezielle Relativitätstheorie auf zwei verschiedene Weisen als *Grenzfall* enthält: Die Spezielle Relativitätstheorie gilt im Fall verschwindenden Gravitationsfeldes und damit verschwindender Krümmung, aber darüber hinaus auch lokal in frei fallenden Bezugssystemen.
Wir wollen nun schließlich die Konsequenz aus der obigen Überlegung ziehen und in folgerichtiger Weise statt von Gravitation nur noch von gekrümmter Raum-Zeit sprechen. Die Frage, deren Beantwortung dann die neue Theorie in einem gewissen Sinne abschließen wird, ist die folgende: Was verursacht die Krümmung der Raum-Zeit?

7. Einsteinsche Feldgleichungen

Wir haben die Newtonsche Gravitationstheorie zu verallgemeinern. Das newtonsche Gravitationspotential $U(x)$, aus dem sich durch Ableitung die Gravitationskraft ergibt, ist mit der Massendichte ϱ über die Gleichung

$$(7.1) \qquad \sum_{a=1}^{3} \frac{\partial}{\partial x^a} \frac{\partial}{\partial x^a} U = -4\pi G\varrho$$

verknüpft. G ist dabei die Gravitationskonstante. Die Masse ist also die Quelle des newtonschen Gravitationsfeldes. Umgekehrt wirkt in dieser Theorie das Gravitationsfeld auch wiederum nur auf Massen.
Wir hatten schon bei der Diskussion der speziell-relativistischen Physik gesehen, daß Masse nur eine spezielle Form von Energie ist. Wenn man noch die Erkenntnis des vorherigen Kapitels hinzunimmt, daß alle Physik von Gravitation beeinflußt wird, liegt umgekehrt die folgende Verallgemeinerung für eine relativistisch korrekte Gravitationstheorie auf der Hand: Nicht nur Massen, sondern *alle* Formen von Energie, Spannungen usw. wirken gravitierend. Licht wird z. B. nicht nur durch Gravitation beeinflußt, es wirkt auch als Quelle der Gravitation, d. h. der Krümmung

der Raum-Zeit. Die *Einsteinschen Feldgleichungen* werden daher in der Form

$$(7.2) \qquad G_{\alpha\beta} = \frac{8\pi G}{c^4} T_{\alpha\beta}$$

angesetzt. Diese partiellen Differentialgleichungen haben einen zu (7.1) analogen Aufbau, stellen aber dessen allgemein-relativistische Verallgemeinerung dar. Wir wollen sie hier nur der Struktur nach diskutieren. Links stehen in (7.2) in Form des Einstein-Tensors Krümmungsgrößen, das sind Ableitungen geometrischer Größen, die die Rolle des Gravitationpotentials $U(x)$ in (7.1) übernommen haben. Rechts steht der Energie-Impuls-Tensor, der die Verteilung von Massendichte, Energiedichte, Spannungen usw. beschreibt. (7.1) ist als *Grenzfall* in (7.2) enthalten: Wenn die Energiedichte allein Quelle der Gravitation ist, wenn diese Quelle nur Geschwindigkeiten klein gegenüber der Lichtgeschwindigkeit aufweist und die erzeugten Gravitationsfelder schwach sind, dann geht die Einsteinsche in die Newtonsche Gravitationtheorie über.
Es handelt sich bei der neuen Theorie natürlich um eine relativistisch korrekt formulierte Theorie. Das heißt, es gibt in ihr keine Signalausbreitung mit Über-Lichtgeschwindigkeit. Auch Änderungen im Gravitationsfeld können sich nur mit Lichtgeschwindigkeit ausbreiten. Die Existenz von *Gravitationswellen* ist daher eine der Vorhersagen der Theorie. Bisher konnten Gravitationswellen allerdings noch nicht nachgewiesen werden. Als weitere empirische Tests erwähnen wir eine quantitativ korrekte Bestätigung von Lichtablenkung, Laufzeitverzögerung und Periheldrehung, die alle gut durch die Einstein-Gleichung in der Form (7.2) beschrieben werden.
Wir dürfen dieses Kapitel nicht schließen, ohne darauf hingewiesen zu haben, daß wir eine Theorie erhalten haben, in der zum ersten Mal eine unserer Ausgangsforderungen erfüllt wurde: Die Raum-Zeit ist kein vorgegebenes absolutes Objekt mehr, sie wird vielmehr aus einer Fülle von möglichen Geometrien über die Einstein-Gleichungen durch den Energieinhalt des jeweiligen Gebietes unter Berücksichtigung der Randbedingungen festgelegt. Die Raum-Zeit-Geometrie ist also Gegenstand der Physik geworden. Es läßt sich nunmehr begründen, warum diese und nicht jene Geometrie herrscht. Die Dynamisierung der Geometrie ist gelungen.
Damit haben wir einen gewissen Abschluß erreicht. Die Theorie ist vollständig. Wir können zur Kritik übergehen und uns insbesondere nach *alternativen Theorien* umsehen.

8. Relativität der Geometrie

Wir kehren zur Ausgangsfrage zurück. Ist die Raum-Zeit gekrümmt? Alle bisherigen Kapitel haben uns dazu gedient, eine Bejahung der Frage so zwingend wie möglich zu machen. Und ohne Zweifel haben wir mit der Einsteinschen Allgemeinen Relativitätstheorie eine sehr elegante, physikalisch sehr tiefliegende und empirisch hinreichend bestätigte Theorie erhalten, die Krümmung zum Inhalt hat. Aber kann man die Theorie nicht uminterpretieren? Gibt es nicht gleichwertige alternative Formulierungen? Und wozu können sie nützen?

Wir müssen zunächst unsere obigen Ausführungen über die Einsteinsche Theorie der gekrümmten Raum-Zeit komplettieren. Wir hatten stillschweigend bei ihrer Formulierung eine Annahme gemacht, und die Diskussion dieser Annahme wird uns weiterführen. Wir hatten oben lokal die Maßstabssysteme (Uhren und Längenmaßstäbe) der Speziellen Relativitätstheorie eingeführt. Beim Vergleich dieser Maßstabssysteme über größere Distanzen war in unsere Überlegungen die Annahme eingegangen, daß ein Maßstab sich nicht ändert, wenn er von einem Ort zum anderen transportiert wird. Dieses ist aber tatsächlich nur eine *Konvention,* die wir experimentell nicht nachprüfen können.

Betrachten wir noch einmal die gravitative Rotverschiebung.

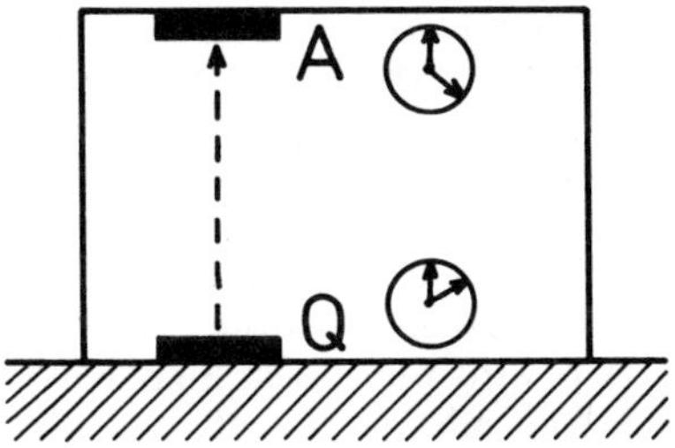

Abb. 8: Die gravitative Rotverschiebung von Licht (gestrichelte Linie) läßt sich auch uminterpretieren als Einfluß des ortsabhängigen Gravitationspotentials auf Uhren, mit denen die Frequenz des Lichts gemessen wird.

Licht steigt im Gravitationsfeld der Erde auf. Seine Frequenz wird mit einer Uhr z. B. am Erdboden und dann wieder in einer größeren Höhe gemessen. Es zeigt sich, daß oben eine kleinere Frequenz gemessen wird. Soweit das Meßergebnis. An ihm ist nicht zu rütteln. Aber wie ist es zu interpretieren? Man sieht sofort, daß es hierfür mindestens zwei Möglichkeiten gibt: Die Uhren sind oben und unten dieselben, und das Licht hat durch den Einfluß des Gravitationsfeldes eine Frequenzänderung erfahren. Genau so haben wir aufgrund unserer Maßstabskonvention bisher argumentiert. Eine zweite Möglichkeit ist die, daß das Licht tatsächlich immer die gleiche Frequenz hat, aber die realen Uhren infolge des Einflusses der Gravitation oben schneller gehen, so daß die mit diesen Uhren registrierte Frequenz kleiner zu sein scheint. Im zweiten Fall würde man sagen, daß die Raum-Zeit „eigentlich" flach ist, daß aber infolge der Einwirkung der Gravitation Längenmaßstäbe und Uhren orts- und zeitabhängig so beeinflußt werden, daß sie uns bei Zugrundelegung unserer Konvention die Vorstellung einer gekrümmten Raum-Zeit vermitteln: *Simulation der Krümmung durch veränderliche Maßstäbe.* Da das Verhalten von Uhren und Längenmaßstäben in alle Meßergebnisse eingeht, wird nicht nur Licht, sondern alle Physik in einer vom Raum-Zeit-Punkt abhängigen Weise wie durch eine universelle Wechselwirkung beeinflußt. Das repräsentiert dann die Gravitation. Selbstverständlich sind die beiden obigen Fälle nur Grenzfälle. Es gibt dazwischen ein ganzes Spektrum von Möglichkeiten, bei denen sowohl Uhren und Maßstäbe als auch Licht und Materie beeinflußt werden.

Man kann alternativen Formulierungen Argumente der Denkökonomie entgegenhalten. Warum soll man z. B. eine flache Raum-Zeit als Ausgangsrahmen in einer Theorie annehmen, wenn sich dieses absolute Strukturelement anschließend infolge der abgeänderten Uhren und Maßstäbe geometrisch gar nicht mehr auswirkt? Eine solche Theorie mag nicht „schön" sein, formulierbar ist sie jedenfalls. Andererseits haben wir herausgestellt, daß der Einsteinschen Theorie eine Konvention zugrunde liegt. Ist dadurch nicht alles Konvention geworden? Selbstverständlich nicht, denn nach Setzen der Konvention bleibt die ganze Fülle von Fragen an die Natur, die so oder so empirisch entschieden werden können. *Ist die Raum-Zeit gekrümmt?* gehört in diesem Rahmen als eine der nunmehr sinnvollen, präzise definierten und eine eindeutige Antwort gestattenden Fragen dazu. Sie muß nach Nennung aller zunächst gemachten Konventionen der Einsteinschen Theorie, auf deren Hintergrund sie überhaupt erst empirisch wird und ihren Sinn bekommt, aufgrund des Beobachtungsmaterials klar mit „ja" beantwortet werden. Davon bleibt unberührt, daß man Theorien konstruieren kann, die zur vorhergehenden Theorie äquivalent sind, aber infolge abgeänderter Konventionen begrifflich von ganz anderen Voraussetzungen ausgehen. Die all diesen Theorien gemeinsame Grundstruktur (mathematisch genauer ausgedrückt: die Äquivalenzklasse dieser Theorien) beinhaltet die eigentliche Aussage über die Natur. Eine konventionsunabhängige Formulierung dieser Grundstruktur besitzen wir aber z. Zt. nicht. Wir haben also eine *Relativität der Geometrie* festgestellt: Aussagen über die Geometrie sind abhängig von Konventionen. Man muß das ganze theoretische Umfeld mit anführen, um verstehen zu können, wie die Aussagen gemeint sind. Trotzdem bleiben sie physikalische Aussagen über die Natur.

9. Gravitationstheorie in flacher Raum-Zeit

Wir schon kurz angedeutet, können wir in einem speziellen alternativen Zugang tatsächlich zur Physik der Speziellen Relativitätstheorie zurückkehren: Die Raum-Zeit ist flach. In ihr spielt sich die Physik ab. Zusätzlich postulieren wir eine universelle Wechselwirkung, die Gravitation, die nicht nur auf die Bahnen von Punktteilchen und Lichtstrahlen, sondern auf alle physikalischen Vorgänge Einfluß nimmt. Gravitation hat mit Geometrie zunächst gar nichts zu tun. Mathematisch wird sie durch ein Tensorfeld der Masse Null mit Spin 2 beschrieben. Wenn man nun über spezielle Feldgleichungen eine einfache Wechselwirkung dieses Gravitationsfeldes mit dem quantenmechanischen Materiefeld, dem Maxwellfeld usw. annimmt und auf dieser Grundlage das Wasserstoffatom als atomaren Maßstab neu durchrechnet, so ergibt sich ein Einfluß auf Uhren und Längenmaßstäbe. Meßgeräte werden selber Gegenstand der Dynamik. Diese real existierenden Maßstäbe, bei denen der Einfluß der Gravitation berücksichtigt werden muß, heißen *renormierte Maßstäbe*. Nur im gravitationsfreien Fall stimmen sie mit denen überein, die zur speziell-relativistischen flachen Raum-Zeit gehören. Mit den renormierten Maßstäben wird tatsächlich gemessen. Wir haben also im alternativen Zugang eine flache Raum-Zeit als Hintergrund, auf dem Gravitation sowohl mit allen Feldern wechselwirkt, als auch (als Folge hiervon) auf alle Uhren und Längenmaßstäbe einwirkt, mit denen dann die gravitativ beeinflußte Physik ausgemessen wird. Wir können aber von hier auch wieder zur Einsteinschen Theorie zurückkehren, indem wir dieselben Meßergebnisse uminterpretieren durch Verwendung der ohne jede Einschränkung ebenfalls möglichen Konvention, daß alle realen Maßstäbe und Uhren transportunabhängig überall gleich sind. Dann ist die hiermit ausgemessene Raum-Zeit eine gekrümmte Raum-Zeit. Es gibt keinen flachen Hintergrund und keine universelle Gravitation mehr, sie wurde durch Krümmung geometrisiert. So entsteht wieder die ursprüngliche Fassung unserer Theorie.

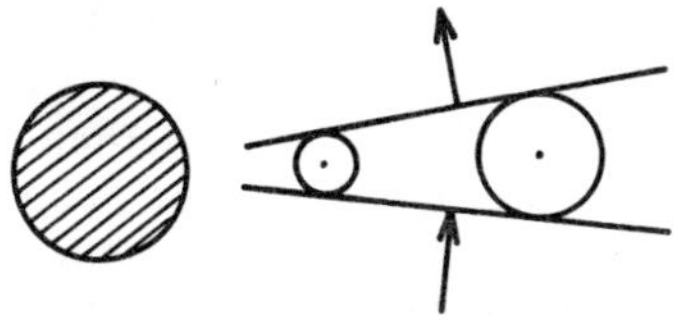

Abb. 9: In der Gravitationstheorie in flacher Raum-Zeit enthält das Licht eine vom Gravitationsfeld abhängige Ausbreitungsgeschwindigkeit. Die Abbildung zeigt, wie die Wellenfronten, die sich als Einhüllende der Huygenschen Elementarwellen ergeben, eine Lichtablenkung erfahren.

In der alternativen Theorie, die im Kern einfach eine speziell-relativistische Gravitationtheorie ist, ergibt sich die Rotverschiebung aus dem ortsabhängigen Uhrengang. Die Lichtablenkung ist die Folge einer ortsabhängigen effektiven Lichtgeschwindigkeit.

Licht bewegt sich wie in einem Medium mit Brechungsindex. Mit realen (also gravitativ beeinflußten) Maßstäben gemessen, ist die Lichtge-

schwindigkeit allerdings überall wieder gleich. Die Periheldrehung folgt aus einer Abänderung der effektiven trägen Masse.
Ein bemerkenswertes Ergebnis erhält man, wenn man in diesem Rahmen die Feldgleichungen der Gravitation konstruiert. Sie sind im Ansatz äquivalent zu den Einsteinschen Feldgleichungen im Grenzfall schwacher Felder (lineare Näherung). Das Gravitationsfeld besitzt aber selber einen Energie-Impuls-Tensor. Da alle Energien, Spannungen usw. gravitierend wirken, erzeugt Gravitation selber wieder Gravitation. Berücksichtigt man diese Selbstwechselwirkung, so wird eine Korrektur der Ausgangsgleichungen nötig, die zu einem iterativen Verfahren zwingt, das schließlich auf die vollen nicht-linearen Einstein-Gleichungen (7.2) führt. Da es sich hierbei um einen insbesondere begrifflich völlig unabhängigen Zugang handelt, ist dies als eine sehr schöne theoretische Bestätigung der Einstein-Gleichungen anzusehen. Es liegen also bis in die Feldgleichungen hinein äquivalente Theorien vor.

10. Quantisierung der Gravitation

Sind unsere Überlegungen zur Formulierung einer alternativen Theorie über ihre wissenschaftstheoretische Bedeutung hinaus auch von praktischem Nutzen für die Theoretische Physik? Wir wollen abschließend zeigen, daß das tatsächlich der Fall ist. Wir haben zwei Theorien für die gravitative Wechselwirkung und die Geometrie der Raum-Zeit kennengelernt. Beide verwenden strukturell verschiedene physikalische Argumentationsweisen und Begriffssysteme. Beide beruhen dementsprechend auch auf unterschiedlichen mathematischen Formalismen. Dieses zusammengenommen hat zur Folge, daß beide Theorien auch unterschiedliche Ausgangspunkte für die Entwicklung umfassenderer neuer Theorien darstellen.
Eines der großen offenen Probleme der modernen Physik ist die Vereinheitlichung der beiden heute noch getrennt nebeneinander stehenden Theorienrahmen, der allgemeingültigen Quantenmechanik einerseits und der universell wirkenden Gravitation andererseits. Ein Zwischenschritt auf dieses Ziel hin ist die Untersuchung von quantenmechanisch bzw. quantenfeldtheoretisch beschriebenen Systemen in äußeren Gravitationsfeldern bzw. gekrümmten Raum-Zeiten. Endziel ist die Quantisierung der gravitativen Wechselwirkung selber. Schon ein Blick auf die Newtonsche Mechanik zeigt aber, daß für die Quantisierung alternative Formulierungen einer Theorie mit gleichem Aussagegehalt wichtig werden können. Die Quantisierung der Mechanik gelingt nämlich nur in ihrer hamiltonschen Formulierung. Die newtonsche Formulierung, wie wir sie ansatzweise im ersten Kapitel kennengelernt haben, erweist sich als hierfür ungeeignet.
Die Einbeziehung quantenphysikalischer Phänomene geschieht durch das Quantisieren von *Theorien*. Das heißt, es wird nach einem mehr oder

weniger festliegenden und eindeutigen Schema von einer bestimmten Formulierung einer Ausgangstheorie zu einer neuen Theorie übergegangen, z. B. von der unrelativistischen Hamiltonschen Mechanik zur unrelativistischen Quantenmechanik. Für den Prozeß der Quantisierung ist es also von Vorteil, möglichst viele alternative Versionen einer Ausgangstheorie vorliegen zu haben.

Im Falle der Gravitationstheorie haben wir zwei kennengelernt. Beide sind tatsächlich auch in der jüngsten Vergangenheit zum Ausgangspunkt für Quantisierungsbemühungen genommen worden. Die von uns zuletzt besprochene Gravitationstheorie in flacher Raum-Zeit hat begrifflich und von der mathematischen Struktur her den großen Vorteil, daß sie zunächst einmal eine speziell-relativistische Feldtheorie wie alle anderen ist, die bereits erfolgreich quantisiert wurden. Man wird daher versuchen, alle am Beispiel anderer Felder gewonnenen feldtheoretischen Methoden zu übertragen (covariant approach). Insbesondere wird man versuchen, das bekannte störungstheoretische Schema anzuwenden. Das ist auch tatsächlich erfolgt, hat sich aber als Fehlschlag erwiesen. Die quantisierte Theorie der gravitativen Wechselwirkung, die auf diese Weise entstanden ist, ist in der einfachsten Version jedenfalls nicht renormierbar, d. h. die auftretenden Divergenzen können nicht in geordneter Weise beseitigt werden.

Ein zweiter Zugang zur Quantisierung geht von der Gravitation als gekrümmter Raum-Zeit-Geometrie aus. In diesem Fall sind alle speziell-relativistischen Standardmethoden für die Quantisierung nicht mehr anwendbar. Hier entsteht zunächst die Aufgabe, der Theorie eine wie auch immer geartete hamiltonsche Formulierung zu geben, bevor man weitersehen kann (canonical approach). Dies ist Gegenstand der aktuellen Forschung.

Zur Quantisierung der Gravitation ist also zu sagen, daß diese beiden Zugänge sowie auch andere Versuche noch nicht zum gewünschten Erfolg geführt haben. Der Übergang zu einer konsistenten quantisierten Version der Einsteinchen Theorie ist bisher nicht gelungen.

11. Schlußbemerkungen

Die in den Grundzügen von A. Einstein entwickelte Allgemeine Relativitätstheorie, die die gravitative Wechselwirkung durch eine gekrümmte Raum-Zeit-Geometrie beschreibt, ist die moderne Theorie der Gravitation. Sie enthält die Newtonsche Gravitationstheorie als Grenzfall, macht aber darüber hinausgehende Aussagen über die Natur, die sich – soweit die Beobachtungsmöglichkeiten hierfür heute bestehen – jeweils bestätigen lassen. Die Allgemeine Relativitätstheorie ist, verglichen mit ihren Vorgängern, zudem von größerer mathematischer und insbesondere physikalischer „Schönheit". Darüber hinaus ist sie physikalisch sehr viel tiefliegender, da sie zugleich eine Geometrie der Raum-Zeit und damit der

Raum-Zeit-Krümmung ist. Wir stehen heute vor dem Problem des Ausbaus und der Weiterentwicklung dieser Theorie. Ein sehr aktueller Anwendungsbereich macht das deutlich: Der sehr heiße früheste Frühzustand des Universums ist das ideale Hochenergielaboratorium. Hier finden Elementarteilchenprozesse bei extrem hohen Energien statt. Die zugehörige Theorie ist zur Zeit überhaupt erst in Ansätzen entwickelt. In diesem Zusammenhang ist es wichtig, daß in dieser physikalischen Situation die starken kosmologischen Gravitationsfelder wesentlich das Hochenergiegeschehen mitbestimmen. Um dies beschreiben zu können, brauchen wir eine Theorie der quantenfeldtheoretischen Prozesse und des quantenfeldtheoretischen Vakuums in unquantisierten äußeren Gravitationsfeldern. An einer solchen Theorie wurde in den letzten Jahrzehnten mit Erfolg gearbeitet. Sie findet z. B. Anwendung im Modell des Inflationären Universums. Ungelöst ist aber nach wie vor das im vorigen Kapitel angesprochene Problem der Quantisierung der Gravitation selber, die ja zugleich eine Quantisierung der Raum-Zeit sein müßte. Hierin und in der Einbeziehung der Gravitation in ein einheitliches theoretisches Schema aller Wechselwirkungen liegen die großen Herausforderungen für die Theoretische Physik am Ende dieses Jahrhunderts.

Anmerkungen

Zu Kapitel 1:

Ein Überblick über die geschichtliche Entwicklung bis zur Speziellen Relativitätstheorie einschließlich wird von K. Mainzer in seinem Beitrag zu diesem Buch gegeben. Für eine kurze Einführung in die Geschichte der Entstehung der Allgemeinen Relativitätstheorie siehe

J. Mehra, „Einstein, Hilbert and the Theory of Gravitation", D. Reidel Publ. Comp., Dordrecht 1974.

J. Stachel in „Einstein Symposium Berlin", H. Nelkowski, A. Hermann, H. Poser, R. Schrader und R. Seiler (Hrsg.), S. 428–442, Springer-Verlag, Berlin usw. 1979.

Zu Kapitel 3:

Es gibt mehrere unabhängige Ableitungen der Poincaré-Transformationen, die sich jeweils in ihren Voraussetzungen unterscheiden. In dem Artikel von P. Mittelstaedt in diesem Buch wird ein solcher alternativer Zugang im einzelnen dargestellt.

Zu Kapitel 6:

Wir wollen der Raum-Zeit eine gekrümmte Geometrie zuordnen. Eine wichtige Voraussetzung dafür, daß das eine empirisch nachprüfbare Aussage wird, ist die Tatsache, daß man die Geometrie eines Raumes innerhalb dieses Raumes selber ausmessen kann.

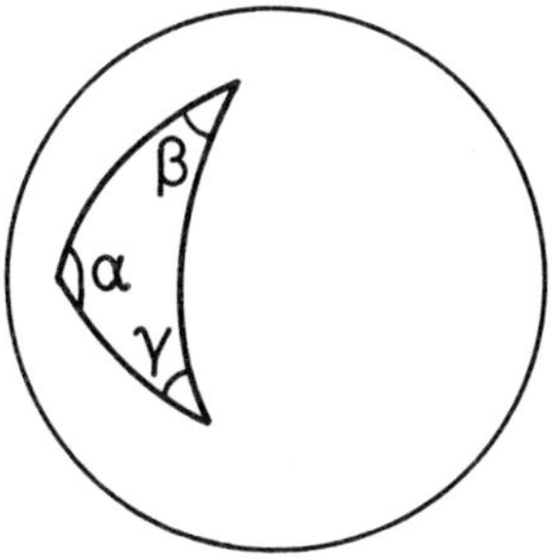

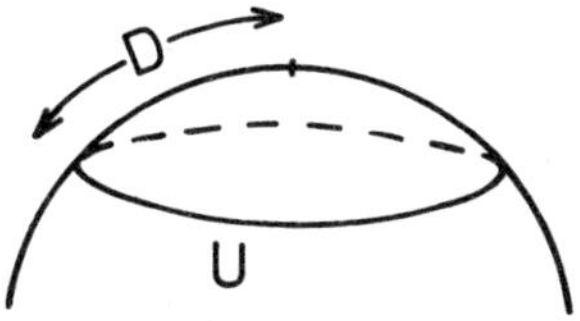

Abb. 10: Die Krümmung einer Fläche läßt sich mit Hilfe der Geometrie in der Fläche ablesen (Winkelsumme im Dreieck; Verhältnis von Umfang zu Durchmesser eines Kreises).

Man muß hierzu nicht den Raum „von außen" untersuchen, was sich ja bei der Raum-Zeit auch nicht machen ließe. Dies läßt sich an der Kugeloberfläche veranschaulichen. Die Winkelsumme des sphärischen Dreiecks ist nicht gleich π. Das Verhältnis von Umfang zu Durchmesser eines Kreises auf der Kugel kann auf der Oberfläche ausgemessen werden und erlaubt dann einen Schluß auf den Radius der Kugel, der ein Maß für die Krümmung der Kugeloberfläche ist.
Ein axiomatischer Zugang zur Gravitation als Raum-Zeit-Geometrie, der ebenfalls auf den auch von uns so stark herausgestellten Punktteilchen und Lichtstrahlen als primitiven Elementen basiert, findet sich in den Artikeln von J. Schröter und J. Ehlers in diesem Buch. Zur Rolle von Elementen der Quantenmechanik in einem solchen Zugang siehe: J. Audretsch, Physical Review *D 27,* 2872–2884 (1983) und J. Audretsch und C. Lämmerzahl, „A Constructive Axiomatic Approach to Space-Time Torsion" (zur Veröffentlichung eingereicht). Die verschiedenen Elemente eines axiomatischen Zugangs zu physikalischen Theorien werden in dem nachfolgenden Artikel von E. Scheibe beschrieben.

Zu Kapitel 7:

Eine Diskussion der empirischen Bestätigung der Einsteinschen Feldgleichungen findet sich im Artikel von H. Dehnen in diesem Buch.

Zu Kapitel 8:

Die Relativität der Geometrie und die Rolle der Konvention ist in der Nachfolge von H. Poincaré insbesondere von H. Reichenbach betont und näher untersucht worden.
H. Reichenbach, „Philosophie der Raum-Zeit-Lehre", Walter de Gruyter, Berlin, Leipzig 1928.

Zu Kapitel 9:

Einzelheiten der speziell-relativistischen Theorie eines universell wechselwirkenden Gravitationsfeldes und insbesondere auch die Ableitung der Einstein-Gleichungen finden sich in:
W. Thirring, Fortschritte d. Physik, *7,* 79–101 (1959).

W. Thirring, Annals of Physics, *16,* 96–117 (1961).
S. Deser, General Relativity and Gravitation, *1,* 9–18, (1970).

Zu Kapitel 10:

Es ist noch zu erwähnen, daß nicht nur die Hamilton-, sondern auch die Lagrange-Formulierung der Mechanik bei deren Quantisierung eine Rolle spielt. Die Feynmannsche Wegintegralformulierung der Quantenmechanik greift darauf zurück. Das Verfahren läßt sich für die Quantisierung von Feldern verallgemeinern. Es sind auch Wegintegralzugänge zur Quantisierung der Gravitation untersucht worden.

Gute Einführungen in den Problemkreis der Quantisierung der Gravitation finden sich in:

„Quantum Gravity", C. J. Isham, D. W. Sciama und R. Penrose (Hrsg.), Oxford University Press, Oxford 1975.
R. M. Wald, „General Relativity", The University of Chicago Press, Chicago, London 1984.

Peter Mittelstaedt

Über die Bedeutung und Begründung der speziellen Relativitätstheorie

Einleitung

Die spezielle Relativitätstheorie ist die physikalische Theorie von Raum und Zeit. Das Adjektiv „speziell" bedeutet in diesem Zusammenhang, daß man im Rahmen dieser Theorie von der Existenz von Gravitationsfeldern absieht. Die Berücksichtigung solcher Felder würde zur „allgemeinen" Relativitätstheorie führen. Aus dieser weiterreichenden Theorie ergibt sich, daß es sehr viele reale Situationen gibt, in denen man sinnvoll von der Existenz von Gravitationsfeldern absehen kann, in denen also diese einschränkende Voraussetzung der speziellen Relativitätstheorie als gegeben angenommen werden können. In solchen Situationen ist daher die Frage nach der Begründung der speziellen Relativitätstheorie ein wohldefiniertes Problem.

Bei der im folgenden dargestellten Begründung geht es nicht um die Richtigkeit dieser Theorie. Die empirische Richtigkeit der speziellen Relativitätstheorie steht unter den genannten Voraussetzungen völlig außer Zweifel und ist durch unzählige experimentelle Resultate immer wieder bestätigt worden. Auf derartige Experimente soll hier auch nicht eingegangen werden. Stattdessen soll die Frage untersucht werden, „warum" die speziell relativistische Raum-Zeit-Theorie gilt, d. h. welche Prämissen, Hypothesen, Definitionen und Konventionen in die Theorie eingehen. Daneben ist natürlich die Frage von Bedeutung, ob kontingente, empirische Resultate für die Rechtfertigung der Theorie *notwendig* sind, d. h. ob es ein *experimentum crucis* gibt.

Bei dieser Begründung der speziellen Relativitätstheorie soll es aber nicht um eine absolute Begründung dieser Theorie gehen, sondern um eine Begründung *relativ* zu der als „klassisch" bezeichneten Galilei-Newtonschen Raum-Zeit-Theorie. Im einzelnen geht es dabei um die folgenden Fragen: Warum ist die spezielle Relativitätstheorie die im Vergleich zur klassischen Raum-Zeit-Theorie bessere Theorie? Ist sie nur besser, weil sie *richtiger* ist, d. h. die experimentellen Sachverhalte zutreffender beschreibt? Oder verwendet sie nur neue Begriffe, ohne daß sich dadurch an den empirisch relevanten Ergebnissen etwas ändert? Oder geht sie von anderen erkenntnistheoretischen Voraussetzungen aus und gelangt deshalb zu neuen Aussagen über die Raum-Zeit-Struktur? Die Antwort auf diese Frage, die im folgenden gegeben werden soll, ist vielschichtig und entspricht in vielfacher Hinsicht nicht dem, was man vielleicht zunächst erwarten würde.

1. Historische Bemerkungen

Die Geschichte der Raum-Zeit-Theorien, die hier besprochen werden sollen, beginnt mit Isaak Newton. In den Principia (1686) kennzeichnet Newton die Begriffe Raum und Zeit auf folgende Weise[1]:

a) „Die absolute, wahre und mathematische Zeit verfließt an sich und vermöge ihrer Natur gleichförmig und ohne Beziehung auf irgendeinen äußeren Gegenstand."

b) „Der absolute Raum bleibt vermöge seiner Natur und ohne Beziehung auf einen äußeren Gegenstand stets gleich und unbeweglich."

Diese so eingeführten Begriffe des absoluten Raumes und der absoluten Zeit stellen den begrifflichen Rahmen dar, auf den die Gesetze und Vorgänge der klassischen Mechanik wenigstens gedanklich bezogen werden können. Sie erklären, was mit den mechanischen Grundbegriffen der Ruhe und Bewegung, sowie mit den Begriffen Zeitrichtung, Zeitordnung und Zeitmaß gemeint ist. Für zwei Jahrhunderte bildeten die Begriffe des absoluten Raumes und der absoluten Zeit den umfassenden Rahmen, innerhalb dessen das Gebäude der theoretischen Mechanik errichtet werden konnte.

Sowohl vom Raum als auch von der Zeit sagt Newton, daß sie ohne Beziehung auf einen äußeren Gegenstand seien. Dennoch hielt er beide Begriffe wenigstens prinzipiell für beobachtbar. Zwar ist wegen der Galilei-Invarianz der klassischen Mechanik der absolute Raum kinematisch nicht nachweisbar. Newton glaubte aber, in dem von ihm beschriebenen Eimer-Versuch ein dynamisches Meßverfahren für den absoluten Raum gefunden zu haben. Die Zeitrichtung und Zeitordnung sollten wegen ihrer Universalität an jedem Vorgang beobachtbar sein. Von der Metrik der Zeit glaubte Newton, daß sie wenigstens näherungsweise durch geeignete Vorgänge, die als Uhren dienen, gemessen werden kann, und daß darüber hinaus Methoden existieren, um diese Zeitmessung ständig zu verbessern.1)

Diese von Newton formulierten Annahmen über die Meßbarkeit des absoluten Raumes und der absoluten Zeit erwiesen sich jedoch später als falsch. Ernst Mach[2] zeigte 1883, daß der absolute Raum prinzipiell nicht beobachtbar ist, und zwar sowohl kinematisch als auch dynamisch. Das von Newton angegebene Eimer-Experiment zum dynamischen Nachweis des absoluten Raumes kann lediglich eine Relativbewegung gegenüber der näheren kosmischen Umgebung konstatieren, nicht aber eine absolute Bewegung gegenüber dem Raum. Auch die absolute Zeit ist nicht beobachtbar, da es keine absolut gleichförmige Bewegung gibt, an der die Metrik der absoluten Zeit abgelesen werden könnte. Die von Newton angedeuteten Möglichkeiten, das Zeitmaß zu verbessern, erweisen sich bei genauerer Analyse als mehr oder weniger zweckmäßige Konventionen. Dieser Gesichtspunkt wurde auch von Henri Poincaré[3] (1898) ausführlich erörtert. Poincaré zeigte darüber hinaus, daß auch bei einer geeigneten Festlegung der Zeitmetrik lokaler Uhren die Synchronisation von räumlich entfernten Uhren nur durch eine weitere Konvention vorgenommen werden kann. Da nämlich keine universelle, an verschiedenen Orten ablesbare Zeitskala existiert, so kann über die Synchronizität räumlich entfernter Uhren nicht experimentell entschieden werden.

Durch diese Überlegungen von Mach und Poincaré erweisen sich der absolute Raum und die absolute Zeit als „müßige metaphysische Begriffe" [2], die für den Aufbau der Mechanik ohne jeden Wert sind. Sie sind aber nicht nur wertlos, sondern auch entbehrlich, da die Newtonsche Mechanik von diesen Begriffen niemals Gebrauch macht. Das, worauf mechanische Vorgänge tatsächlich bezogen werden, ist nicht der absolute Raum, sondern das sind die von Ludwig Lange 1885[4] eingeführten Inertialsysteme. Die in diesen Inertialsystmen verwendete Metrik der lokalen Uhren und die Synchronizität räumlich entfernter Uhren sind dann konventionelle Festsetzungen, die unter dem Gesichtspunkt der Zweckmäßigkeit getroffen werden können.

Auf die geschilderte massive Kritik an den Grundlagen der klassischen Mechanik erfolgte zunächst keine Reaktion. Das durch die Destruktion der Begriffe des absoluten Raumes und der absoluten Zeit von Mach erzeugte begriffliche Vakuum wurde offenbar nicht in dem erforderlichen Maße zur Kenntnis genommen. Spätestens[2)] seit 1885 war im Prinzip klar, daß die Verwendung von Galilei-Transformationen zwischen bewegten Bezugssystemen nicht mehr gerechtfertigt war, ohne daß dieser Umstand bemerkt worden wäre. Zweifel an den traditionellen Begriffen von Raum und Zeit traten vielmehr erst auf, als es nicht gelang, das 1887 von Michelson und Morley durchgeführte Interferenzexperiment[5] im Sinne der Äther-Theorie zu interpretieren. Daß diese Deutung des Michelson-Morley-Experiments im Grunde eine Fehlinterpretation war, wurde erst sehr viel später klar, als bereits eine Lösung des ganzen Problemkreises in Form der speziellen Relativitätstheorie bekannt war.

Der für eine Neuformulierung der Raum-Zeit-Theorie entscheidende Schritt erfolgte durch Albert Einstein. In seiner 1905 publizierten Arbeit[6] formuliert Einstein eine Theorie von Raum und Zeit und zeigt, daß die allgemeinsten Transformationen zwischen Inertialsystemen, die relativ zueinander bewegt sind, Lorentz-Transformationen sind. Für die Herleitung verwendet Einstein neben den mechanisch-kinematischen Beziehungen das Relativitätsprinzip und das Prinzip der Konstanz der Lichtgeschwindigkeit, das die Unabhängigkeit der Lichtausbreitung vom Bewegungszustand der Quelle zum Inhalt hat. Bereits in dieser ersten Publikation zur speziellen Relativitätstheorie konnte Einstein eine vollständige, in sich widerspruchsfreie Theorie von Raum und Zeit angeben, und zahlreiche beobachtbare Konsequenzen daraus herleiten.

Es ist im historischen Rückblick sicher erstaunlich, daß Einstein die Überlegungen von Mach und Poincaré nicht erwähnt. Der Widerspruch zwischen den in der Newtonschen Raum-Zeit-Theorie maßgeblichen Galilei-Transformationen und den von Einstein hergeleiteten Lorentz-Transformationen wird daher auch nicht ausgetragen. Es werden Voraussetzungen genannt, die zur speziellen Relativitätstheorie führen, aber es wird nicht gesagt, warum die Galilei-Newtonsche Raum-Zeit-Theorie falsch ist. Diese Formulierung einer neuen, umfassenden Theorie, die alle bekannten Phänomene widerspruchsfrei beschreibt und erklärt, ohne auf die vorangegangene Theorie einzugehen und sich mit ihr auseinanderzusetzen, entspricht – im Sinne der wissenschaftsgeschichtlichen Begriffsbildung von Thomas Kuhn[7] – einer wissenschaftlichen Revolution und der Aufstellung eines neuen Paradigmas.

Ebenso erstaunlich ist die Tatsache, daß Einstein in der Publikation von 1905 das Michelson-Morley-Experiment nicht erwähnt. Die Frage, ob Einstein im Jahre 1905 das Michelson-Morley-Experiment noch unbekannt war oder ob er es für unerheblich im Rahmen seiner Herleitung gehalten hat, ist nicht eindeutig entschieden.[3)] Später hat Einstein das Michelson-Morley-Experiment immer wieder als eine Bestätigung des Relativitätsprinzips angesehen, ohne allerdings einen direkten Zusammenhang mit seiner Herleitung der Lorentz-Transformation herzustellen. Als ein experimentum crucis, das zwischen Galilei-Transformation und Lorentz-Transformation entscheidet, wurde das Michelson-Morley-Experiment von Einstein nie interpretiert. – Für den einzigen empirischen Sachverhalt, den Einstein in seiner Herleitung explizit erwähnt und benutzt, nämlich das Prinzip der Konstanz der Lichtgeschwindigkeit, konnte er dagegen keine experimentelle Bestätigung angeben. Einige bei Stachel l.c. angegebene Quellen deuten darauf hin, daß Einstein dieses Prinzip als eine Konsequenz der Elektrodynamik angesehen hat, die nicht unbedingt experimentell bestätigt werden mußte (vgl.: [8], p. 49).

Die zwar knappe aber in ihren Voraussetzungen schwer zu durchschauende Einsteinsche Herleitung der Lorentz-Transformation wurde später weitgehend durch einen Rekurs auf die vielfach bestätigte Richtigkeit der speziellen Relativitätstheorie ersetzt. In dem Maße, in dem die empirische Bestätigung der Theorie immer besser wurde, konnte man auf die subtile Einsteinsche Argumentation verzichten und statt dessen von starken, leicht zu verstehenden Prämissen ausgehen, etwa von der Linearität der Transformation und der Invarianz der Lichtausbreitungsgleichung (vgl. z. B. [9]). In dieser Form wird die Theorie heute in vielen Lehrbüchern dargestellt. Der nicht ausgetragene Widerspruch zwischen Galilei-Transformationen und Lorentz-Transformationen verlor dabei durch eine Art Gewöhnung an die neue empirisch gut bestätigte Raum-Zeit-Theorie immer mehr an Interesse.

Neben der wissenschaftlichen Revolution, die ohne direkten Bezug auf die Vergangenheit ein neues Paradigma vorstellt und der auf Erfahrung basierenden Gewöhnung an die neue Situation gibt es noch einen dritten Weg zur speziellen Relativitätstheorie, der die Einsteinsche Raum-Zeit-Theorie mit der ihr entgegengesetzten Galilei-Newtonschen Theorie konfrontiert. Erst durch das Austragen des Widerspruchs zwischen diesen beiden Theorien kann die Frage in befriedigender Weise beantwortet werden, warum die Relativitätstheorie die gegenüber der Newtonschen Raum-Zeit-Theorie bessere und richtigere Theorie ist. - Erste Ansätze zu einer derartigen argumentativen Auseinandersetzung mit der vorrelativistischen Raum-Zeit-Theorie finden sich in der Literatur seit 1910 und sind in den folgenden Jahrzehnten immer wieder aufgegriffen und weiterentwickelt worden[10–17]. Angesichts der großen theoretischen und experimentellen Erfolge der Einsteinschen Theorie haben diese nachträglichen und keinesfalls einfachen Rechtfertigungsversuche wenig Beachtung gefunden. Man kann heute aber diese verstreuten und oft unabhängig voneinander formulierten Argumente zu einer schlüssigen Begründung der speziellen Relativitätstheorie ausbauen. Dieser Begründungszusammenhang, der die Argumente von Mach und Poincaré einbezieht, soll im folgenden kurz skizziert werden.

2. Die Galilei-Newtonsche Raum-Zeit-Theorie

Eine Begründung der speziellen Relativitätstheorie relativ zu der lange Zeit für richtig gehaltenen klassischen Raum-Zeit-Theorie Newtons ist nur überzeugend, wenn die zu widerlegende klassische Theorie so gut wie möglich begründet ist. Nur dann, wenn man sich die Rechtfertigung der speziellen Relativitätstheorie auf diese Weise möglichst schwer macht, werden die eigentlich wichtigen Gründe, die für die Einsteinsche und gegen die Newtonsche Raum-Zeit-Theorie sprechen, deutlich hervortreten. Wir werden daher in diesem Abschnitt eine möglichst überzeugende Rechtfertigung der Galilei-Newtonschen Raum-Zeit-Theorie geben.

Dabei soll aber nicht der Eindruck erweckt werden, als sei eine voraussetzungslose Begründung der klassischen Raum-Zeit-Theorie möglich. Wir werden daher einige Hypothesen explizit formulieren, die als Prämissen in diese Raum-Zeit-Theorie einfließen. Diese Prämissen werden später auch in der speziellen Relativitätstheorie als Voraussetzungen verwendet werden. Da sie aber in gleicher Weise der klassischen Theorie zugrunde liegen, so beeinträchtigen sie nicht die Möglichkeit einer Rechtfertigung der Einsteinschen Theorie in Vergleich zur klassischen Raum-Zeit-Theorie. Die Existenz solcher nicht weiter reduzierbaren Prämissen macht aber deutlich, daß die Rechtfertigungen der beiden hier diskutierten Raum-Zeit-Theorien nicht als apriorische Begründungen zu verstehen sind.

Hypothese (H1) der topologischen Zeit: Es gibt Uhren, mit denen man *lokal* die zeitliche Reihenfolge von Ereignissen bestimmen kann. Die Messung der zeitlichen Reihenfolge erfolgt dabei durch kausal einander folgende Zustände der Uhr. Die so eingeführte „topologische" Zeit ist einheitlich, d.h. die zeitliche Reihenfolge von Ereignissen ist für alle Uhren gleich.

Hypothese (H2) der euklidischen Geometrie: Es gibt Maßstäbe zur Ausmessung des physikalischen Raumes, die in diesem Raum eine euklidische Geometrie realisieren. Die euklidische Geometrie gilt nicht nur lokal, sondern auch global im ganzen Raum.[4)]

Unter einem Bezugssystem verstehen wir eine mit Uhren und Maßstäben ausgerüstete materielle Basis, die es einem Beobachter ermöglicht, zeitliche und räumliche Differenzen zwischen Ereignissen zu messen. Für die folgenden Überlegungen sind insbesondere diejenigen Bezugssysteme wichtig, die man als *Inertialsysteme* bezeichnet. Für diese Bezugssysteme verwenden wir die folgende Definition:

Ein Inertialsystem I ist ein Bezugssystem, in dem sich unbeeinflußste Probekörper geradlinig (im Sinne der euklidischen Geometrie) bewegen.

Der hier verwendete Begriff des unbeeinflußten Probekörpers ist nicht unproblematisch und erfordert eine nähere Erklärung. Wir denken dabei an frei in den Raum gestoßene und dann sich selbst überlassene nahezu punktförmige, d.h. strukturlose Körper k_i. Im folgenden wollen wir davon ausgehen, daß ein hinreichend großes Ensemble $\Gamma = \{k_1, k_2 \dots k_n\}$ solcher Probekörper existiert, das Probekörper verschiedener Bewegungsrichtung und verschiedener Geschwindigkeit enthält.

In einem Inertialsystem I bewegen sich die Elemente k_i dieses Ensembles Γ nach Voraussetzung geradlinig. Darüber hinaus kann man in I die folgende *Beobachtung* machen: In bezug auf eine beliebige (topologische) Zeit-Skala ϑ bewegen sich zwei Probekörper k_a und k_b relativ gleichförmig zueinander, d.h. die in einem Zeitintervall $\Delta\vartheta$ durchlaufenen Wegstrecken s_a und s_b der beiden Körper haben ein von der Zeit unabhängiges konstantes Verhältnis s_a/s_b. Diese Beobachtung kann man verwenden, um in einen Inertialsystem $I(x, \vartheta)$ die Zeitskala ϑ in geeigneter Weise zu normieren. Zur Vereinfachung der Darstellung, aber ohne Einschränkung der Allgemeinheit, verwenden wir im folgenden nur *eine* Raumkoordinate x statt (x, y, z). (Vgl. aber [8)]).

Definition der Newton-Zeit: Wählt man in einem I-System $I(x, t)$ die Zeitskala t so, daß sich ein bestimmter Probekörper $k \in \Gamma$ nicht nur geradlinig, sondern auch gleichförmig bewegt, dann heißt t inertiale metrische Zeit oder auch Newton-Zeit.[5)]

Auf Grund dieser Definition und der genannten Beobachtung erhält man zwei wichtige Ergebnisse als Folgerungen:

1) In einem Inertialsystem $I(x, t)$ mit der Newton-Zeit t bewegen sich *alle* Probekörper $k_i \in \Gamma$ geradlinig und gleichförmig (Galileisches Trägheitsprinzip)

2) Die Newton-Zeit t, für die Folgerung (1) gilt, ist nur bis auf lineare Transformationen $t \rightarrow t' = \alpha t + \beta$ bestimmt, wobei α, β Konstanten sind.

Die Freiheit in der Wahl der Parameter α und β hat folgende Bedeutung: Durch die Konstante α wird die Einheit des *Zeitmaßes* bestimmt, also eine offensichtlich konventionelle Größe, die für alle Uhren in gleicher Weise festgelegt werden kann. Durch die Konstante β wird der Nullpunkt der jeweiligen Zeitskala bestimmt, also wiederum eine Größe, die für eine oder mehrere Uhren am gleichen Ort ohne Schwierigkeiten einheitlich festgelegt werden kann. Für zwei an zwei verschiedenen Raumpunkten x_A und x_B befindlichen Uhren U_A und U_b tritt für die Festlegung der Nullpunkte der entsprechenden Zeitskalen t_A und t_B jedoch ein neues Problem auf. Wie zuerst von Poincaré erkannt wurde, läßt sich die Synchronisation von zwei räumlich voneinander getrennten Uhren U_A und U_B nicht experimentell überprüfen, sondern muß durch eine weitere nur durch Zweckmäßigkeitsgesichtspunkte bestimmte Konvention festgelegt werden.[6)]

Im Rahmen der physikalischen Raum-Zeit-Theorie ist die von Einstein eingeführte Synchronisation mit Licht die wichtigste Methode um die Gleichzeitigkeit entfernter Uhren festzulegen. Ein Lichtstrahl, der zur Zeit $t_A^{(1)}$ (der Uhr U_A) von x_A ausgesandt wurde, zur Zeit $t_B^{(2)}$ (der Uhr U_B) in x_B reflektiert wurde und zur Zeit $t_A^{(3)}$ (der Uhr U_A) wieder in x_A eintritt, kann zur Festlegung der Gleichzeitigkeit verwendet werden. Unter Bewahrung der zeitlichen Reihenfolge der Ereignisse der Emission, Reflexion und Absorption kann $t_B^{(2)}$ nämlich alle Werte $t_B^{(2)} = t_A^{(1)} + \varepsilon(t_A^{(3)} - t_A^{(1)})$ mit $0 \leq \varepsilon \leq 1/2$ annehmen. Jeder Wert von ε entspricht einer bestimmten Synchronisationsvorschrift. Die in vieler Hinsicht einfachste Festsetzung $\varepsilon = 1/2$ entspricht der Annahme einer isotropen Lichtausbreitung und wird als *Einstein-Synchronisation* bezeichnet.[7)]. Die auf den ersten Blick überraschende Tatsache, daß zwei räumlich getrennte Uhren nur mit Hilfe einer Konvention synchronisiert werden können, ist Gegenstand ausgedehnter wissenschaftstheoretischer Untersuchungen geworden. Zu erwähnen sind insbesondere die Arbeiten von Reichenbach[18] und Grünbaum[19]. Trotz immer wieder aufkommender Unklarheiten besteht aber sachlich kein Zweifel, daß die Synchronisierung von räumlich getrennten Uhren nicht empirisch überprüft werden kann.

Auf Grund der bisher eingeführten Hypothesen, Definitionen und Konventionen kann man jetzt die Frage angreifen, durch welche Koordinaten-Transformationen $T_{II'}$ zwei im allgemeinen gegeneinander bewegte Inertialsysteme I und I' miteinander verbunden sind. Von den Koordinatensystemen $K_I(x, t)$ und $K_{I'}(x', t')$ dieser beiden Inertialsysteme wollen wir dabei annehmen, daß t und t' Newtonsche Zeitskalen sind und daß in beiden Systemen Einstein-Synchronisität ($\varepsilon = 1/2$) vorliegt.

Die Inertialsysteme I und I' sind an einem gemeinsamen konstituierenden Ensemble Γ von Probekörpern k_i orientiert, die sich in den Koordinaten (x, t) und (x', t') jeweils geradlinig und gleichförmig bewegen. Von einer Transformation

$$x \rightarrow x' = f_1(x, t), \qquad t \rightarrow t' = f_0(x, t)$$

der Koordinaten verlangen wir daher

Postulat (P1): (x, t)-Geraden gehen in (x', t')-Geraden über,

und weiter zur Vereinfachung

Postulat (P2): endliche (x, t)-Werte gehen in endliche (x', t')-Werte über.

Aus den Postulaten (1) und (2) folgt, daß die Transformationsfunktionen f_0 und f_1 linear sind, und daß sich das System I' gegenüber I mit einer konstanten Geschwindigkeit $v_{II'} = v$ bewegt. Verlangt man als Koordinaten-Konvention weiter

Postulat (P3): Koinzidenz der Koordinatensysteme $K_I(x, t)$ und $K_{I'}(x', t')$ bei $t = 0$

so lauten die Transformationsgleichungen

$$x' = k(v)(x - vt), \qquad t' = \mu(v)t + \nu(v)x$$

mit beliebigen Funktionen $k(v)$, $\mu(v)$ und $\nu(v)$ der Relativgeschwindigkeit v.

An dieser Stelle der Deduktion macht man in der Newtonschen Raum-Zeit-Theorie die folgende Annahme:

Hypothese (H3) der universellen Zeit: Es gibt eine für alle Inertialsysteme einheitliche universelle Zeitskala t. Verwendet man diese universelle Zeit in den Systemen I und I', so vereinfachen sich die Transformationsgleichungen wesentlich. Man erhält

$$x' = k(v)(x - vt), \qquad t' = t$$

mit nur noch einer unbekannten Funktion $k(v)$, die durch weitere Forderungen bestimmt werden kann.

Da das konstituierende Ensemble Γ auf Grund seiner Konstruktion keine Richtung im Raum auszeichnet, so fordern wir

Postulat (P4): Isotropie der Tranformation $T_{II'}$.

Schließlich beachten wir, daß die Systeme I und I' in gleicher Weise an Γ orientiert sind und daher durch Γ keines der beiden Systeme vor dem anderen ausgezeichnet ist. Diese Forderung der Gleichberechtigung aller Inertialsysteme in Bezug auf Γ führt auf das

Postulat (P5): Kein I-System ist vor dem anderen durch Γ ausgezeichnet (– Relativitätsprinzip –).

Mit Hilfe der Postulate (4) und (5) kann man die noch unbekannte Funktion zu $k(v) = 1$ bestimmen und erhält damit die Transformation

$$x' = x - vt, \qquad t' = t$$

die als *Galilei-Transformation* bezeichnet wird. Die Galilei-Transformation ist daher diejenige Transformation, die unter den gegebenen Voraussetzungen das Koordinatensystem $K_I(x, t)$ von I in das Koordinatensystem $K_{I'}(x', t)$ von I' transformiert.

Rückblickend und zusammenfassend zeigt sich durch diese Herleitung, daß die durch die Galilei-Transformationen bestimmte Struktur des Newtonschen Raum-Zeit-Kontinuums neben Definitionen und Konventionen auf zwei wesentlichen Voraussetzungen beruht.

1) Auf den Postulaten (P1)–(P5), die unmittlbar aus den Eigenschaften des konstituierenden Ensembles Γ folgen, das der Definition der Inertialsysteme zu Grunde liegt.
2) Auf den Hypothesen (H1)–(H3) der topologschen Zeit, der Euklidischen Geometrie und der universellen metrischen Zeit.

Während die Postulate (P1)–(P5) Folgerungen aus den Vorbedingungen möglicher Inertialsysteme darstellen und daher für sich genommen keine Voraussetzungen darstellen, die einer Rechtfertigung bedürfen, sind die Hypothesen (H1)–(H3) Annahmen, die sich nicht begrifflich begründen lassen. Es besteht allerdings kein Anlaß, an der Hypothese (H1) zu zweifeln, und für die Hypothese (H2) läßt sich der Realitätsbereich, in dem sie angenommen werden kann, genau abgrenzen. Für die Hypothese (H3) der universellen Zeit ist dagegen eine Rechtfertigung nicht zu sehen.

3. Die speziell-relativistische Raum-Zeit-Theorie

An der Begründung der auf den Galilei-Transformationen beruhenden Newtonschen Raum-Zeit-Theorie ist fast alles unangreifbar. Auch die Hypothesen (H1) und (H2), die nicht weiter begründbar sind, stellen kein Problem dar, da weder begriffliche noch materielle Gründe bestehen, an der Richtigkeit dieser Hypothesen – in einem abgrenzbaren Bereich – zu zweifeln. Lediglich für die Hypothese (H3) der Existenz einer universellen Zeit ist keine Rechtfertigung vorhanden. Darüber hinaus ist diese Annahme spätestens seit Machs Kritik (1883) an Newtons Begriff der absoluten Zeit unhaltbar geworden. Es besteht daher seit dieser Kritik die Aufgabe, eine Raum-Zeit-Theorie ohne die fragliche Hypothese (H3) zu formulieren. Die Durchführung dieses Programms, die erst viele Jahrzehnte später erfolgte, führt auf das Einsteinsche Raum-Zeit-Kontinuum der speziellen Relativitätstheorie.

Wenn man wie hier vorgesehen, die Hypothesen (H1) und (H2) beibehält, dann lassen sich die Begriffe des *Inertialsystems*, der *Newton-Zeit* und der *Einstein-Synchronisation* ebenso wie in der Newtonschen Raum-Zeit-Theorie einführen. Auch die Frage, welche Transformationen $T_{II'}$ die

Koordinatensysteme $K_I(x, t)$ und $K_{I'}(x', t')$ zweier gegeneinander bewegter Inertialsysteme ineinander überführt, wird man wieder durch Rückgriff auf die Eigenschaften des konstituierenden Ensembles Γ zu beantworten versuchen. Die Postulate (P1), (P2) und (P3) führen daher wieder auf die Transformationsgleichungen

$$x' = k(v)(x - vt), \qquad t' = \mu(v)t + \nu(v)x$$

mit drei unbekannten Funktionen $k(v)$, $\mu(v)$ und $\nu(v)$. Die Bestimmung dieser Funktionen unterscheiden sich aber von der oben angegebenen Herleitung, weil jetzt auf die sehr starke Hypothese (H3) verzichtet werden soll. Wir fahren daher ohne diese Hypothese fort und nutzen weiter die Eigenschaften des Ensembles Γ aus. Wegen der Isotropie fordern wir wie oben:

Postulat (P4): Isotropie der Transformation $T_{II'}$

Aus diesem Postulat folgt hier, daß $k(v) = k(-v)$, $\mu(v) = \mu(-v)$ und $\nu(v) = -\nu(-v)$ ist. Statt der ungeraden Funktion $\nu(v)$ verwenden wir im folgenden die gerade Funktion

$$\alpha(v) := -\frac{1}{v}\frac{\nu(v)}{\mu(v)}.$$

Die Gleichberechtigung der Inertialsysteme I und I' in bezug auf das Ensemble Γ führt wieder auf das

Postulat (P5): Kein Inertialsystem ist vor dem anderen durch Γ ausgezeichnet (– Relativitätsprinzip –).

Aus diesem Postulat folgt hier zunächst, daß für die Relativgeschwindigkeiten $v_{II'}$ und $v_{I'I}$ der beiden Systeme

$$v = v_{II'} = -v_{I'I} = -\bar{v}$$

gilt, ebenso wie bei Galilei-Transformationen. Für die Transformationsgleichungen folgt weiterhin

$$x' = \frac{x - vt}{\sqrt{1 - \alpha(v)v^2}}, \qquad t' = \frac{t - \alpha(v)vx}{\sqrt{1 - \alpha(v)v^2}}$$

mit einer geraden, sonst aber unbestimmten Funktion $\alpha(v)$. Unter Verwendung der Hypothese (H3) war an dieser Stelle, also mit den Postulaten (P1)–(P5), die Galilei-Transformation bereits vollstänig festgelegt. Um die jetzt noch unbekannte Funktion $\alpha(v)$ zu bestimmen, nutzen wir das Relativitätprinzip, d. h. die Ununterscheidbarkeit der Systeme I und I' hinsichtlich Γ weiter aus und fordern entsprechend das

Postulat (P6): Die Systeme I und I' unterscheiden sich auch nicht in bezug auf ein drittes System I''.

Technisch bedeutet dieses Postulat, daß die Hintereinanderausführung der Transformationen $T_{II'}(v)$ und $T_{I'I''}(v')$ mit den Relativgeschwindigkeiten $v_{II'} = v$, $v_{I'I''} = v'$ einer Transformation $T_{II''}(v'')$ des gleichen Typs mit einer Relativgeschwindigkeit $v_{II''} = v''$ entspricht. Die Geschwindigkeit v'' ist dabei durch das Additionstheorem der Geschwindigkeiten

$$v'' = \frac{v + v'}{1 + \alpha v v'}$$

gegeben und die Funktion $\alpha(v)$ erweist sich als eine von v unabhängige Konstante α. Damit lauten die Transformationsgleichungen

$$x' = \frac{x - vt}{\sqrt{1 - \alpha v^2}}, \qquad t' = \frac{t - \alpha v x}{\sqrt{1 - \alpha v^2}}$$

Das Vorzeichen der Konstanten α kann man aus der Forderung erhalten, daß die zeitliche Reihenfolge einiger Vorgänge in den Systemen I und I' gleich ist, also durch die Transformation $T_{II'}$ nicht geändert wird. Diese Forderung ist wiederum kein neues Postulat, da man die Invarianz der zeitlichen Reihenfolge wenigstens von denjenigen Ereignissen verlangen muß, die den Bahnpunkten auf den raum-zeitlichen Trajektorien der Probekörper k_i des Ensembles entsprechen. Andernfalls nämlich könnte man die Systeme I und I' hinsichtlich der Bahnen von Γ unterscheiden, im Widerspruch zu dem oben formulierten Relativitätsprinzip. Aus den genannten Forderungen folgt, daß α eine positive Konstante ist, für die wir $\alpha = 1/v_\infty^2$ setzen, wobei v_∞ die Dimension einer Geschwindigkeit hat. Damit erhält man die *verallgemeinerte Lorentz-Transformation* $T_{II'}(v, v_\infty)$

$$x' = \frac{x - vt}{\sqrt{1 - v^2/v_\infty^2}}, \qquad t' = \frac{t - vx/v_\infty^2}{\sqrt{1 - v^2/v_\infty^2}}$$

Die Herleitung dieser Transformationsformeln zeigt, daß sich die verallgemeinerten Lorentz-Transformationen allein aus den Eigenschaften des konstituierenden Ensembles ergeben, das der Definition eines Inertialsystem zugrunde liegt. Wenn also zwei Inertialsysteme im Sinne der hier verwendeten Definition gegeben sind, dann sind sie durch eine verallgemeinerte Lorentz-Transformation miteinander verbunden.

Mit der Herleitung der verallgemeinerten Lorentz-Transformation sind aber die Möglichkeiten des mechanisch-kinematischen Relativitätsprinzips auch voll ausgeschöpft. Der Zahlenwert der (positiven) Konstanten α ergibt sich daher nicht aus einer Forderung, die sich aus den Eigenschaften des Ensembles Γ herleitet, sondern aus einer Forderung, die einer *Konvention* entspricht. Wie schon bei der Herleitung der Galilei-Transformation bemerkt wurde, sollen die raum-zeitlichen Koordinaten-Systeme $K_I(x, t)$ und $K_{I'}(x', t')$ so gewählt werden, daß in I und I' Einstein-Synchronisation vorliegt. Für die Transformation $T_{II'}$ hat das die folgende Bedeutung: Wenn in $K_I(x, t)$ der Synchronisationsparameter den Wert $\varepsilon = 1/2$ hat, dann soll auch in dem durch die Transformation

$T_{II'}(v, v_\infty)$ daraus hervorgehenden System $K_{I'}(x', t')$ der entsprechende Parameter den Wert $\varepsilon' = 1/2$ haben. Bei der Herleitung der Galilei-Transformationen war diese Forderung an die Transformation entbehrlich, da sie bereits auf Grund der übrigen Postulate erfüllt war. Hier jedoch ist die gleiche Forderung keineswegs immer erfüllt, sondern eine Bedingung, die durch eine geeignete Wahl der noch unbestimmten Konstante v_∞ erfüllt werden kann.

Die Auswertung dieser durchaus einleuchtenden Koordinaten-Konvention bereitet jedoch zunächst einige Schwierigkeiten. Die Konvention $\varepsilon = 1/2$ entspricht der Festsetzung, daß sich eine in I ruhende Lichtquelle isotrop ausbreitet. Falls also die Ausbreitung einer in I ruhenden Lichtquelle L in den Koordinaten $K_I(x, t)$ isotrop ist, dann sollte v_∞ so gewählt werden, daß auch in dem aus $K_I(x, t)$ durch die Transformation $T(v, v_\infty)$ hervorgehenden Koordinatensystem $K_{I'}(x', t')$ die Ausbreitung einer in I' ruhenden Lichtquelle L' isotrop ist.[8] Man könnte zunächst versuchen, diese Forderung empirisch zu erfüllen, indem man den Parameter v_∞ so lange variiert, bis die Ausbreitung der Lichtquelle L' in den Koordinaten $K_{I'}(x', t')$ isotrop ist. Dieses Verfahren ist aber nicht nur theoretisch undurchsichtig, sondern auch mit experimentellen Ungenauigkeiten behaftet.

Beide Nachteile lassen sich vermeiden, wenn man ganz anders vorgeht und zunächst auf das Prinzip der Konstanz der Lichtgeschwindigkeit (PKL) zurückgreift: *In einem vorgegebenen Koordinatensystem $K_I(x, t)$ ist die Ausbreitung des Lichts im Vacuum unabhängig von der Geschwindigkeit der Quelle.*[9] Mit Hilfe dieses Prinzips läßt sich aber die Bestimmung von v_∞ durchführen, ohne daß man zwei Lichtquellen L und L' experimentell miteinander vergleichen muß. Die nach Voraussetzung in $K_I(x, t)$ ruhende, isotrope Lichtquelle L ist zwar in I' bewegt, breitet sich in den Koordinaten $K_{I'}(x', t')$ wegen des PKL ebenso aus wie eine in I' ruhende Quelle L'. Diese Quelle L' wird dadurch entbehrlich. Zur Bestimmung von v_∞ muß man jetzt nur fordern, daß die in $K_I(x, t)$ isotrope Ausbreitungsgleichung $x^2 = c^2 t^2$ von L durch die Transformation $T(v, v_\infty)$ in die ebenfalls isotrope Ausbreitungsgleichung $x'^2 = c^2 t'^2$ in $K_{I'}(x', t')$ übergeht, da das nach dem PKL zugleich die Ausbreitungsgleichung einer in I' ruhenden Lichtquelle L' ist. Die elementare Auswertung dieser Forderung führt dann auf das Ergebnis $v_\infty = c$.

Durch dieses Ergebnis gelangt man schließlich zu der nun vollständig bestimmten Transformation $T_{II'}(v, c)$, der Lorentz-Transformation

$$x' = \frac{x - vt}{\sqrt{1 - v^2/c^2}}, \qquad t' = \frac{t - vx/c^2}{\sqrt{1 - v^2/c^2}}$$

die die Inertialsysteme I und I' verbindet.

Rückblickend und zusammenfassend seien noch einmal die Voraussetzungen der Lorentz-Transformationen und damit der speziell-relativistischen Raum-Zeit-Struktur genannt.

1) Die Hypothesen (H1) und (H2), die auch der Newtonschen Raum-Zeit-Theorie zugrunde liegen.
2) Die Postulate (P1)–(P6), die aus den Eigenschaften des konstituierenden Ensembles Γ folgen, also für alle durch dieses Ensemble bestimmten Inertialsysteme erfüllt sind.
3) Die Festsetzung, daß in allen durch eine verallgemeinerte Lorentz-Transformation verbundenen Inertialsystemen Einstein-Synchronisation vorliegen soll.
4) Die für die Erfüllbarkeit der Konvention (3) notwendige Bedingung, daß die Zwei-Wege-Lichtgeschwindigkeit in allen Inertialsystemen isotrop ist.

Es sollte noch hervorgehoben werden, daß die Lorentz-Transformation nur insofern von den Eigenschaften des Lichts abhängt, als für die Erfüllbarkeit der Konvention (3) in drei Koordinaten die Isotropie der Zwei-Wege-Lichtgeschwindigkeit in allen Inertialsystemen vorausgesetzt werden muß. Diese Voraussetzung entspricht einer geringfügigen Erweiterung des mechanisch-kinematischen Relativitätsprinzips auf den Vorgang der Lichtausbreitung. Dagegen hängt die Lorentz-Transformation nicht von der Gültigkeit des Prinzips der Konstanz der Lichtgeschwindigkeit ab. Dieses Prinzip wurde hier nur verwendet, um auf möglichst einfache, rein rechnerische Weise aus der unter (3) genannten Konvention den Wert der Konstanten v_∞ zu bestimmen. Daß der Wert von v_∞ mit der Geschwindigkeit $c = 300\,000$ km sec^{-1} des Lichts im Vakuum übereinstimmt, hätte man wenn auch umständlicher und ungenauer, aber ohne das Prinzip der Konstanz der Lichtgeschwindigkeit durch den experimentellen Vergleich von zwei Lichtquellen finden können.

4. Die Bedeutung der speziellen Relativitätstheorie

α) Aus dem Begriff des Inertialsystems und aus der expliziten Gestalt der Lorentz-Transformation $T_{II'}(v, c)$, die zwei mit der Relativgeschwindigkeit v gegeneinander bewegte Inertialsysteme I und I' miteinander verbinden, folgen alle die Konsequenzen, um derentwillen die Einsteinsche Raum-Zeit-Theorie häufig als unverständlich, unanschaulich und abstrakt angesehen wurde. Ohne auf Einzelheiten einzugehen, seien einige dieser Konsequenzen kurz genannt:

a) Die zeitliche Reihenfolge zweier Ereignisse E_1 und E_2 ist nur dann in allen Inertialsystemen gleich, wenn sich die beiden Ereignisse durch ein Signal verbinden lassen, das sich höchstens mit Lichtgeschwindigkeit ausbreitet.

b) Die zeitliche Reihenfolge aller anderen Ereignispaare hängt von dem Inertialsystem des Beobachters ab. Es gibt dann immer ein Inertialsystem, in dessen Koordinaten die beiden Ereignisse gleichzeitig sind.

c) Die Länge eines bewegten Maßstabes ist gegenüber einem gleichartigen ruhenden Meßstab verkürzt (Längenkontraktion).
d) Eine bewegte Uhr geht langsamer als eine gleichartige ruhende Uhr (Zeit-Dilatation). Auf einer in einem Inertialsystem ruhenden Uhr verfließt zwischen zwei Ereignissen mehr Zeit als auf einer anderen zwischen diesen Ereignissen bewegten Uhr (Uhrenparadoxon).

Diese inzwischen auch experimentell gut bestätigten Phänomene sind Konsequenzen, die sich aus der Anwendung der Lorentz-Transformationen auf gegeneinander bewegte Inertialsysteme ergeben. Zu ihrer Rechtfertigung sind daher keine anderen Argumente erforderlich als die, die zur Herleitung der Lorentz-Transformation verwendet wurden.

β) Die Herleitung der Lorentz-Transformation erfolgte hier in zwei Schritten: Für den ersten Schritt, der zur verallgemeinerten Lorentz-Transformation führt, sind im Vergleich zur Galilei-Transformation keine Experimente erforderlich. Die verallgemeinerte Lorentz-Transformation ergibt sich vielmehr aus den gleichen Prämissen, die auch der Newtonschen Raum-Zeit-Struktur zugrunde liegen, wenn man auf die weder empirisch noch theoretisch begründete Hypothese (H3) der Existenz einer für alle Inertialsysteme maßgeblichen universellen Zeit verzichtet. Um von der verallgemeinerten Lorentz-Transformation $T(v, v_\infty)$ zur Lorentz-Transformation $T(v, c)$ zu gelangen, muß die universelle Konstante v_∞ zu $v_\infty = c$ bestimmt werden. Das kann durch die Forderung erreicht werden, daß in dem aus dem Koordinatensystem $K_I(x, t)$ durch die Transformation $T(v, v_\infty)$ entstehenden Koordinatensysteme $K_{I'}(x', t')$ ebenso wie in $K_I(x, t)$ Einstein-Synchronisation vorliegt. Diese Forderung entspricht einer Koordinatenkonvention, die genau dann erfüllbar ist, wenn in I' die Zwei-Wege-Lichtgeschwindigkeit isotrop ist. Da diese Bedingung nach Voraussetzung in I erfüllt ist, und da I' ganz beliebig ist, so bedeutet die Erfüllbarkeitsbedingung, daß in allen Inertialsystemen die Zwei-Wege-Lichtgeschwindigkeit isotrop sein muß. Diese nicht-konventionelle Annahme kann experimentell geprüft werden.

Bei der Herleitung der Lorentz-Transformation wird gegenüber der Galilei-Transformation einerseits auf die sehr starke und durch nichts gerechtfertigte Hypothese der Existenz einer universellen Zeit verzichtet. Insofern basiert die Lorentz-Transformation auf weniger hypothetischen Voraussetzungen als die Galilei-Transformation und besitzt daher einen höheren Grad an Apriorität. Andererseits wird zur vollständigen Bestimmung der Lorentz-Transformation die zwar einleuchtende aber experimentell beweispflichtige Annahme benötigt, daß in allen Inertialsystemen die Zwei-Wege-Lichtgeschwindigkeit isotrop ist. Insofern hängt die Lorentz-Transformation von einer bei der Herleitung der Galilei-Transformation nicht benötigten empirischen Voraussetzung ab: Das Relativitätsprinzip soll sich nicht nur

auf mechanisch-kinematische Vorgänge beziehen, sondern auch auf einen bestimmten Aspekt der Lichtausbreitung.
Auf Grund dieser Überlegungen ist die spezielle Relativitätstheorie sicher keine voraussetzunglos wahre, apriorische Theorie. Sie beruht vielmehr auf den gleichen, nicht weiter begründeten Prämissen wie die Newtonsche Theorie, nämlich auf den Hypothesen (H1) und (H2) und auf der Annahme (ZWL), daß die Zwei-Wege-Lichtgeschwindigkeit in allen durch das Ensemble Γ definiereten Inertialsystemen isotrop ist. Gegenüber der Newtonschen Raum-Zeit-Theorie verzichtet sie aber auf die sehr starke Hypothese (H3) und besitzt dadurch sicher einen höheren Grad an Apriorität. Worauf es hier besonders ankommt, ist die Feststellung, daß man sich den vielleicht überraschenden Konsequenzen der speziellen Relativitätstheorie nicht dadurch entziehen kann, daß man sich auf die angeblich einleuchtendere Newtonsche Theorie zurückzieht. Die Galilei-Transformationen beruhen nicht nur auf den gleichen Hypothesen (H1) und (H2) wie die Lorentz-Transformationen, sondern zu ihrer Herleitung ist darüber hinaus noch die Hypothese (H3) der Existenz einer universellen Zeit erforderlich. Lediglich auf die Annahme (ZWL) kann verzichtet werden.
Man macht sich leicht klar, daß selbst dann, wenn sich die zur Herleitung der Lorentz-Transformation erforderliche Annahme (ZWL) empirisch als falsch erweisen sollte, kein Anlaß besteht, die Newtonsche Raum-Zeit-Theorie und die Galilei-Transformationen für richtig zu halten. Wenn die Annahme ZWL verletzt ist, dann ist die Lichtausbreitung nicht in allen Inertialsystemen isotrop und damit das Relativitätprinzip auf mechanisch-kinematische Vorgänge beschränkt. Man kann dann in zwei verschiedenen Inertialsystemen I und I' im allgemeinen äquivalent synchronsierte Koordiantensysteme nicht mehr durch Lichtsignale herstellen und überprüfen. Ohne zusätzliche Annahmen ist es daher auch nicht mehr möglich, den Wert der Konstanten v_∞ durch die Forderung festzulegen, daß in I und I' Koordiantensysteme mit gleicher Synchronisation vorliegen. Insbesondere ist nicht zu erkennen, warum unter diesen Voraussetzungen die Konstante v_∞ den einer Galilei-Transformation entsprechenden Wert $v_\infty = \infty$ annehmen sollte.

γ) Angesichts dieser komplizierten, teilweise apriorischen Rechtfertigung der speziellen Relativitätstheorie wird man fragen, ob es auch eine direkte experimentelle Bestätigung dieser Theorie gibt. Da die Theorie in dem durch die Hypothesen (H1) und (H2) abgesteckten Rahmen empirisch richtig sein soll, wird jedes Experiment aus diesem Erfahrungsbereich die Aussagen der Theorie bestätigen können. Das gilt insbesondere für die genannten besonderen Effekte der Längenkontraktion und Zeit-Dilatation. Wichtiger als die Überprüfung dieser und anderer überraschender Konsequenzen der Theorie wäre aber der direkte experimentelle Nachweis der Richtigkeit der Voraussetzungen der Lorentz-Transformation. Da in die Herleitung der Lorentz-Transformation als einzige experimentell überprüfbare Voraussetzung die Annahme (ZWL) eingeht, so wäre eine experimentelle Bestätigung dieser Annahme der stärkste empirisch mögliche Beweis der speziellen Relativitätstheorie.

In der Entdeckungsgeschichte der speziellen Relativitätstheorie hat das Michelson-Morley-Experiment von 1887 eine bedeutsame Rolle gespielt. Es wurde vielfach als ein experimentum crucis angesehen, das zwischen der Newtonschen und der Einsteinschen Raum-Zeit-Theorie entscheidet. Einstein selbst hat sich allerdings sehr viel zurückhaltender geäußert (vgl. [8], S. 48, 49). Tatsächlich kann dieses Experiment die Lorentz-Transformation nicht direkt testen: Das von Michelson und Morley verwendete Interferometer ruht auf der als Inertialsystem I_E betrachteten Erde und ermöglicht es, die Isotropie der Zwei-Wege-Lichtgeschwindigkeit einer auf der Erde ruhenden Lichtquelle L_E in dem Inertialsystem I_E zu messen. Da alle Messungen in dem einen System I_E gemacht wurden, ist eine direkte Überprüfung der Lorentz-Transformation mit diesem Experiment nicht möglich.[20]

Das Experiment überprüft jedoch wenigstens teilweise die oben genannte Voraussetzung (ZWL), die bei der Herleitung der Lorentz-Transformation verwendet wurde. Betrachtet man nämlich das Inertialsystem I_E als ein willkürlich gewähltes Inertialsystem, so gewinnt die im Michelson-Morley-Experiment festgestellte Isotropie der Zwei-Wege-Lichtgeschwindigkeit einer auf der Erde ruhenden Lichtquelle eine allgemeinere Bedeutung. Das Experiment sagt dann aus, daß in einem beliebigen Inertialsystem I die Zwei-Wege-Lichtgeschwindigkeit einer dort ruhenden Lichtquelle L isotrop ist. Das ist aber genau der Inhalt der oben verwendeten Annahme (ZWL), die nötig war, um die zur vollständigen Herleitung der Lorentz-Transformationen erforderlichen konventionellen Forderungen erfüllen zu können. Durch das Michelson-Morley-Experiment wird daher wenigstens teilweise die bei der Herleitung der Lorentz-Transformation notwendige experimentell überprüfbare Annahme ZWL bestätigt.10)

Zur numerischen Bestimmung der universellen Konstanten v_∞ wurde, um experimentelle Ungenauigkeiten zu vermeiden, auf das Prinzip der Konstanz der Lichtgeschwindigkeit (PKL) zurückgegriffen. Sieht man einmal von dem methodisch unbefriedigenden Beweis dieses Prinzips durch die Elektrodynamik ab, so muß das PKL als eine weitere empirische Annahme angesehen werden,11) die in die Herleitung der Lorentz-Transformation eingeht. Allerdings ist diese Voraussetzung nur hinreichend, nicht aber notwendig für die Lorentz-Transformation. Ohne das PKL müßte man zur Bestimmung von v_∞ auf einen experimentellen Vergleich von zwei relativ zu einander bewegten Lichtquellen zurückgreifen. Es ist daher sicher zweckmäßig, bei der

Herleitung der Lorentz-Transformation vom PKL Gebrauch zu machen, man darf es aber nicht zu den unverzichtbaren Voraussetzungen der speziellen Relativitätstheorie rechnen.
Einstein hat sich bei der Aufstellung der speziellen Relativitätstheorie im Jahre 1905 auf kein neues Experiment gestützt. Ob ihm zu dieser Zeit das Michelson-Morley-Experiment bekannt war, ist nicht sicher.[12)] Er verwendete zwar zur Herleitung der Lorentz-Transformation das Relativitätsprinzip für den Vorgang der Lichtausbreitung, ohne es aber schon damals mit dem Michelson-Morley-Experiment in Verbindung zu bringen.[12)] Weiterhin machte er Gebrauch von dem Prinzip der Konstanz der Lichtgeschwindigkeit, obwohl damals keinerlei experimentelle Hinweise auf die Gültigkeit dieses Prinzips existierten. Vermutlich betrachtete Einstein das PKL als eine Konsequenz der Elektrodynamik in einem festen Inertialsystem, die als unproblematisch gelten konnte.[13)] Da das PKL offensichtlich nicht mit der Verwendung von Galilei-Transformationen verträglich ist, könnte es auch bei der Entdeckung der Relativitätstheorie als ein erster Hinweis eine wichtige Rolle gespielt haben (cf. Stachel l.c. S. 52, letzter Absatz).

Abschließende Bemerkungen

Vor dem Hintergrund der von Mach und Poincaré bestimmten Kritik an den Newtonschen Theorien des Raumes und der Zeit, sowie der Fehlinterpretation des Michelsonexperiments im Sinne einer Äther-Theorie, mußte die Einsteinsche Formulierung einer neuen Raum-Zeit-Theorie für die Physiker seiner Zeit als eine Zumutung erscheinen. Die fehlende Auseinandersetzung mit seinen Vorgängern und deren Theorien sowie die von ihm vorausgesagten merkwürdigen Effekte der speziellen Relativitätstheorie trugen sicher nicht zur Überzeugungskraft seiner Theorie bei. Dennoch erwies sich die Theorie sehr bald als richtig und geeignet, alle offenen Fragen zu beantworten. Die Verständnischwierigkeiten der neuen Theorie beruhten auf dem Fehlen einer schlüssigen Begründung und einer Erklärung, warum die Newtonsche Raum-Zeit-Theorie falsch ist.
Der Versuch einiger mit der Materie vertrauter Physiker (Einstein, Weyl, Born, Reichenbach u. a..), die Rezeptionschwierigkeiten der speziellen Relativitätstheorie dadurch zu mildern, daß sie die Theorie in Sinne einer bestimmten philosophischen Konzeption interpretierten, erwies sich als Fehlschlag. Indem die Relativitätstheorie dargestellt wurde als eine Theorie, die man nur im Rahmen eines erkenntnistheoretischen Positivismus, Operationalismus oder Empirismus verstehen könne, wurden zugleich die Gegner dieser philosophischen Positionen als Gegener der Relativitätstheorie herausgefordert. Ein Jahrzehnte dauernder, völlig unsachlicher ideologischer Streit, an dem sich zahlreiche weltanschauliche Grup-

pierungen beteiligten (Marxisten,[14]) NS-Ideologen u. a.) zeugt von dem fundamentalen Mißverständnis der Relativitätstheorie, das sich unter ihren vermeintlichen Gegnern ausgebreitet hatte.
Das in diesen Mißverständnissen zum Audruck kommende Unbehagen hat neben vielen Irrtümern einen sachlichen Grund: Es fehlte die sachliche Auseinandersetzung mit der vorrelativistischen Raum-Zeit-Theorie und der explizite Nachweis, daß diese Theorie nicht haltbar war. Die Erkenntnis, daß unabhängig von den Erfolgen der Relativitätstheorie ein Defizit an geistiger Aufarbeitung der Vergangenheit vorlag, war spätestens seit 1910 vorhanden. In den folgenden Jahrzenhnten wurden die Bemühungen um eine befriedigende Rechtfertigung der Einsteinschen Raum-Zeit-Theorie von vielen Physikern weiter verfolgt. Man kann heute diese, lange Zeit wenig beachtete Argumentationslinie zu einer schlüssigen Begründung der speziellen Relativitätstheorie ausbauen. Das Ergebnis ist wichtig und auch im historischen Rückblick von großer Tragweite: Die Relativitätstheorie ist keine Zumutung an die Vernunft, sondern einsichtiger und weniger hypothetisch als die Newtonsche Raum-Zeit-Theorie.

Anmerkungen

1) „... Die natürlichen Tage, welche gewöhnlich als Zeitmaße für gleich gehalten werden, sind nämlich eigentlich ungleich. Diese Ungleichheit verbessern die Astronomen, indem sie die Bewegung der Himmelskörper nach der richtigen Zeit messen.“ [1]

2) Bereits die 1862 von Maxwell formulierte, nicht galilei-invariante Elektrodynamik hätte – vom Ergebnis her – Zweifel an der Richtigkeit der Galilei-Transformationen aufwerfen können.

3) Die Frage, welche Rolle das Michelson-Morley-Experiment bei der Aufstellung der speziellen Relativitätstheorie möglicherweise gespielt hat, wird auf der Basis der heute zugänglichen Quellen von J. Stachel [8] ausführlich diskutiert.

4) Die Grenzen der Gültigkeit dieser Hypothese sind klar erkennbar und durch die Existenz von Gravitationsfeldern bestimmt. Wie man ohne diese Hypothese vorgehen kann, wird in der Allgemeinen Relativitätstheorie untersucht.

5) Wir verwenden hier abkürzend die Bezeichnung „Newton-Zeit“, weil Newton in den Principia l.c. offensichtlich dieses Zeitmaß gemeint hat.

6) Poincaré erläutert diese Entdeckung an einem von Tycho Brahe 1572 entdeckten Nova-Ausbruch, der in einer Entfernung von etwa 200 Lichtjahren stattfand [3].

7) Eine andere, in der Physik nur selten verwendete Methode der Synchronisation von Uhren ist die für das tägliche Leben wichtige Zonen-Zeit auf der Erde.

8) Wenn man nur eine räumliche Koordinate betrachtet, dann ist diese Forderung immer erfüllbar, d. h. es gibt in I' stets ein Koordinatensystem $K_{I'}(x', t')$, in dem die Ausbreitung der Lichtquelle L' isotrop ist (vgl. [17], S. 110 f.). Bei drei räumlichen Koordinaten ist das jedoch nicht mehr der Fall. Für die Erfüllbarkeit ist dann vielmehr notwendig, daß in I' die von dem jeweiligen Synchronisationsparameter ε unabhängige Zwei-Wege-Lichtgeschwindigkeit isotrop ist (vgl. [17], S. 55 u. [20]). Da das System I' hier ganz beliebig gewählt wurde, so entspricht

diese Bedingung der Voraussetzung, daß die Zwei-Wege-Lichtgeschwindigkeit jeder in einem Inertialsystem I' ruhenden Lichtquelle L' isotrop ist. Diese Voraussetzung folgt nicht aus den bisher formulierten Hypothesen und Definitionen, sondern stellt eine Erweiterung des Relativitätsprinzips in bezug auf inertiale und ruhende Lichtquellen dar. Sie kann experimentell überprüft werden (vgl. hierzu § 4).

9) Das PKL ist ein sowohl theoretisch (durch die Maxwellsche Theorie) als auch experimentell inzwischen gut bestätigtes Resultat. Zur Zeit der Aufstellung der Relativitätstheorie durch Einstein (1905) waren experimentelle Bestätigungen aber noch nicht bekannt.

10) Das Michelson-Morley-Experiment ist aber sicher kein experimentum crucis, das zwischen der Einsteinschen und der Newtonschen Raum-Zeit-Theorie entscheidet. Das geht schon daraus hervor, daß ein negativer Ausgang dieses Experiments, also der Nachweis einer Anisotropie der Zwei-Wege-Lichtgeschwindigkeit, nicht als ein Beweis für die Richtigkeit der Galilei-Transformation angesehen werden könnte.

11) Auf die schwierigen empirischen Bestätigungen des PKL soll hier nicht eingegangen werden.

12) Die hier nur angeschnittenen Fragen, ob das Michelson-Morley-Experiment Einstein bereits vor der Entdeckung der speziellen Relativitätstheorie bekannt war, und welche Bedeutung er diesem Experiment in späteren schriftlichen Äußerungen gegeben hat, werden ausführlich diskutiert von J. Stachel l.c.

13) J. Stachel, l.c., Fußnote 27.

14) Besonders genau untersucht wurden in diesem Zusammenhang die Auseinandersetzungen des dialektischen Materialismus in der Sowjetunion mit der Relativitätstheorie von S. Müller-Markus[21].

Literatur

[1] Isaak Newton, Mathematische Prinzipien der Naturlehre, J. Wolters (ed.), Berlin 1872.

[2] E. Mach, Die Mechanik, Leipzig 1883.

[3] H. Poincaré, „La mesure du temps", Revue de métaphysique et de moral, t. VI, p. 1–13 (1898.

[4] L. Lange, „Über die wissenschaftliche Fassung des Galileischen Beharrungsgesetzes, Ber. Kgl. Ges. Wiss., Math-Phys. Kl. (1885), 333–351.

[5] A. A. Michelson u. E. W. Morley, Am. J. Sci., *34,* 333 (1887).

[6] A. Einstein, „Zur Elektrodynamik, bewegter Körper", Ann. d. Physik *17,* 851 (1905).

[7] Th. Kuhn, Die Struktur wissenschaftlicher Revolutionen, dt. Übers., Suhrkamp-Verlag, Frankfurt 1973.

[8] J. Stachel, „Einstein and Michelson – The Context of Discovery and the Context of Justification", Astron. Nachr. *303* (1982) I, 47–53.

[9] V. Fock, Theorie von Raum, Zeit und Gravitation, Akademie-Verlag, Berlin 1960.

[10] W. v. Ignatovski, Arch. Math. Phys. *17* (1910), p. 1.

[11] Ph. Frank u. H. Rothe, Ann. d. Phys. *34* (1911) p. 825.

[12] W. Pauli, Relativitätstheorie (1921), Nachdruck Paolo Boringhieri, Torino (1963) S. 32.

[13] Y. P. Terletzki, Paradoxes in the Theory of Relativity, New York, Plenum Press 1968.
[14] V. Berzi u. V. Gorini, J. Math. Phys. *10* (1969) p. 1518.
[15] G. Süßmann, Z. Naturforsch. *24 a* (1969) p. 495.
[16] J.-M. Levy-Leblond, Am. J. Phys. *44* (1976) p. 271.
[17] P. Mittelstaedt, Der Zeitbegriff in der Physik, Bibliographisches Institut, Mannheim 1976, ²1980.
[18] H. Reichenbach, Philosophie der Raum-Zeit-Lehre, W. de Gruyter, Berlin u. Leipzig 1928.
[19] A. Grünbaum, Philosophical Problems of Space and Time, D. Reidel Publ. Co., Dordrecht Holland 1973.
[20] J. Pfarr, „Zur Interpretation des Michelson-Versuchs", in: Grundlagenprobleme der modernen Physik, J. Nitsch, J. Pfarr u. E.-W. Stachow, Hrsg., Bibliographisches Institut, Mannheim 1981, S. 189.
[21] S. Müller-Markus, Einstein und die Sowjetphilosophie, Bd. 1, D. Reidel Publ. Co., Dordrecht Holland 1960.

Erhard Scheibe

Struktur und Theorie in der Physik

I

Strukturen und Theorien – den Gegenstand dieses Vortrags – kennen wir alle aus der elementaren Geometrie. Die folgende Figur

(1)

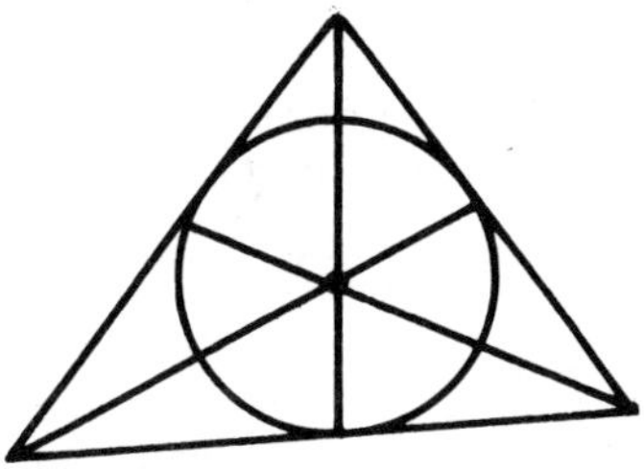

bestehend aus einem Dreieck, seinen drei Winkelhalbierenden und dem Inkreis ist eine geometrische Struktur. Von der Geometrie, einer Theorie des Raumes, kennen wir die Kongruenz- und Zwischenbeziehung, und damit können wir dann schon eine Theorie auch über unsere Figur machen: definieren, was Geraden, was Winkel sind, und dann behaupten, daß die Winkelhalbierenden Geraden sind, die sich in einem Punkt schneiden, daß dieser Punkt Mittelpunkt des Kreises ist usw. Eine Theorie träte dann auf als ein Korpus von Aussagen, und das kann wohl als vorläufig verstanden angesehen werden. Aber mit welchem Recht nennen wir die Figur – den Gegenstand unserer Aussagen – eine Struktur? Auf Grund welchen Strukturbegriffs nehmen wir diese Subsumtion vor?
Man sieht dies vielleicht am besten, wenn wir noch ein zweites, weniger anschauliches Beispiel hinzunehmen, wie es uns diese Versammlung bietet. Nach einer gängigen Auffassung ist die geometrische Figur eine Menge von Punkten. Mehr noch möchte einleuchten, daß diese Versammlung eine Menge ist, – eine Menge von Personen. In der Figur hatten wir Teilmengen von Punkten ausgezeichnet, die Dreieckseiten, den Kreis usw., aber auch Teilmengen von Punktetripeln, wenn immer ein Punkt zwischen zwei anderen liegt, und ähnlich Teilmengen von Punktequadrupeln im Falle der Kongruenz. Entsprechend können wir in unserer Versammlung Teilmengen auszeichnen, etwa die Menge derer, die in Konstanz leben, die Menge der Paare unter uns, die verheiratet sind,

oder – das ist etwas Neuartiges – die Menge der Teilmengen unserer Versammlung, die schon einmal Teilmenge einer ähnlichen wissenschaftlichen Veranstaltung waren. Und so, wie wir über jenes System geometrischer Mengen schließlich etwas ausgesagt haben, können wir über die neu gewonnene Struktur Hypothesen aufstellen, z. B. daß, wenn zwei von uns miteinander verheiratet sind, dann beide in Konstanz leben, oder – etwas komplizierter – daß in jeder Teilmenge von uns, die schon einmal in einer wissenschaftlichen Veranstaltung beisammen waren, einer sich befindet, der mit keinem aus dieser Versammlung verheiratet ist.
Sehen wir nun auf das den beiden Beispielen Gemeinsame, so ergibt sich, daß wir hier von *Strukturen* sprechen, insofern wir endliche Systeme von Mengen vor uns haben, von denen noch einmal jeweils eine – sagen wir X – *dadurch ausgezeichnet ist, daß man von den übrigen sagen kann: sie sind Teilmengen von* X, von X^2, X^3 usw. oder von $\mathrm{Pow}(X)$, der Potenzmenge von X, oder von was immer man in dieser Weise durch Iteration aus X gewinnen kann. Für das Versammlungsbeispiel können wir dies in leicht verständlicher Symbolik so hinschreiben

(2) $$k \in \mathrm{Pow}(X), \quad v \in \mathrm{Pow}(X^2), \quad w \in \mathrm{Pow}^2(X)$$
$$\alpha(X; k, v, w)$$

wobei in α die eigentlich entscheidenden Aussagen hinzugefügt sind, die man über die Struktur $\langle X; k, v, w\rangle$ machen will, und die zusammen mit den sog. Typisierungen der ersten Zeile eine *Strukturart* abgrenzen, – eine Art von Strukturen.
Daß nun Strukturen und Strukturarten in dem bisher angedeuteten Sinn nicht nur in Geometrie und Alltag aufgewiesen werden können, sondern auch in der *Physik* eine Rolle, ja eine hervorragende Rolle spielen, braucht man heute einem theoretischen Physiker nicht lange zu versichern. Er weiß, daß in den letzten Jahrzehnten zahlreiche Strukturarten aus der Mathematik als ihrem eigentlichen Ursprungsort in die theoretische Physik importiert und mit der Zeit weitere Strukturarten in der Physik selbst erfunden wurden. Gruppen, Vektorräume, Ringe, C*-Algebren, Hilberträume, differenzierbare Mannigfaltigkeiten usw., – das sind wohlbekannte Exemplare aus dem Zoo abstrakter Strukturen, in den inzwischen schon viele Monographien auch der theoretischen Physik, besonders zu grundlegenden physikalischen Theorien, einführen. Weniger bekannt ist allerdings, wie eine allgemeine Metatheorie dieser neuen Verfassung der Physik auszusehen hätte und ob insbesondere Strukturarten nicht nur beiläufig, sondern essentiell in der Physik auftreten, so daß also physikalische Theorien *selbst,* z. B. Newtons Gravitationstheorie, die Form einer Strukturart hätten und damit der Gegenstand der Physik besondere, physikalische Strukturen wären.
In der letzten Zeit hat sich Günther Ludwig (Marburg) vonseiten der Physik und haben sich andere vonseiten der Wissenschaftstheorie mit derartigen Fragen befaßt, und ich will im folgenden vor allem an Ludwig

anschließend, einen Eindruck von diesen Bemühungen zu geben versuchen.[1] Es hat sich gezeigt, daß es relativ leicht ist, die heutige Lehrbuchorthodoxie (mit der wohl einzigen Ausnahme der Quantenfeldtheorien) im Rahmen einen mengentheoretischen Strukturartenanalyse zu rekonstruieren und damit die theoretische Physik auf eine einheitliche logische Grundlage zu stellen. Naturgemäß kann ich davon hier nur exemplarisch und beiläufig handeln. Das Schwergewicht der folgenden Ausführungen wird auf einigen grundsätzlichen Möglichkeiten, aber auch Schwierigkeiten liegen, die der neue Ansatz bietet bzw. mit sich bringt.

Die methodologische Position, die ich dabei einnehme, ist die eines *undogmatischen Rekonstruktionismus.*[2] Eine Rekonstruktion ist die verfremdende Wiedergewinnung eines vorgegebenen Originals unter ebenfalls vorgegebenen Rekonstruktionsprinzipien. Eine gewisse Unabhängigkeit dieser Vorgaben führt zu einer Verfremdung des Originals, indem es sich jenen Prinzipien beugen muß. Dies ist das Schicksal jeden wissenschaftstheoretischen Unternehmens dieser Art, und selbst ein von derartigen Geschäften im übrigen unbelasteter Mann wie Ludwig sieht die Sache so, wenn er sagt:

> Wenn wir einen allgemeinen Begriff wie den des physikalischen Objekts einführen, so beabsichtigen wir nicht, eine Analyse der Bedeutung eines solchen Begriffs, wie sie in der Physik üblich ist, zu geben. Statt dessen beabsichtigen wir, den Begriff neu zu formulieren, unabhängig davon, daß die neue Formulierung mit der üblichen nicht in allen Einzelheiten übereinstimmen wird.[3]

Haben wir hier also gewisse Freiheiten, so bleibt ein Rekonstruktionsunternehmen doch undogmatisch, wenn es die jeweils getroffene Wahl nicht zum Dogma erhebt, sondern als einen bloßen Versuch ansieht, ohne ihn als den einzig gangbaren Weg hinzustellen. Jede Rekonstruktion der Physik ist ein durch vorentschiedene Prinzipien der Rekonstruktion *bedingtes* Unternehmen, aus dem man immer nur lernen kann: *wenn* man den und den Rekonstruktionsrahmen zugrunde legt, dann nimmt die Physik die und die Gestalt an.

II

In seinem Programm zur Rekonstruktion der Physik (L-Programm) geht Ludwig davon aus, daß „die Methode einer physikalischen Theorie in der Anwendung der Mathematik auf die Wirklichkeit besteht". Eine physikalische Theorie erhält demnach drei Teile zugewiesen: eine mathematische Theorie, einen Wirklichkeitsbereich und eine Vorschrift, wie die mathematische Theorie auf den Wirklichkeitsbereich anzuwenden ist.. Im Rahmen eines rekonstruktionistischen Programms verlangt dieser Ansatz ersichtlich zunächst die Entscheidung für eine bestimmte Auffassung vom Wesen der Mathematik. Denn diese ist im übrigen derjenige Teil der

Physik, über den *endgültig* unabängig von den beiden anderen gesprochen werden kann. Für die Anwendungsvorschriften ist dies per definitionem nicht so. Und über die Wirklichkeit muß man zwar *vorläufig* unabhängig von der Mathematik reden können, da sonst eine rein sprachliche Behandlung des Themas gar nicht möglich wäre. Daß aber die wissenschaftliche und insoweit endgültige Rede von der Wirklichkeit nicht ohne Einbeziehung der Mathematik gelingen kann, ist gerade die Kernthese des Programms. Daher lautet unsere erste Frage: Was ist Mathematik?

In dieser Frage nimmt Ludwig einen strikt formalistischen Standpunkt ein: *Mathematik ist formale Mengenlehre.* Die Metatheorie der Physik als einer empirischen Wissenschaft enthält damit wesentlich die logische Syntax eines Formalismus, und insoweit erinnert das L-Programm stark an das im übrigen etwas aus der Mode gekommene Vorgehen der logischen Empiristen, besonders Carnaps.[4] Andererseits belastet sich das L-Programm nicht mit dem Problem der Reduktion von Mathematik auf Logik. Vielmehr wird – gewissermaßen bedenkenlos – eine allgemeine Mengenlehre etwa von der Stärke des Systems von Zermelo und Fränkel (ZF) angenommen. Dies ist gewiß nicht unproblematisch. Denn einerseits werden in der formalen Mengenlehre auf der Basis einer Standardlogik zugunsten der Rekonstruktion des Bestandes der Mathematik sehr starke außerlogische Axiome über Mengen im allgemeinen aufgestellt, z. B. das Axiom, daß mit jeder Menge auch die Menge ihrer Teilmengen existiert und daß es unendliche Mengen gibt. Andererseits ist es eben dieser so belastete Formalismus, in dem die physikalische Wirklichkeit abgebildet werden soll. Die damit angelegte mathematische Überbestimmtheit physikalischer Theorien werden wir im Auge behalten. Sie ist aufzuwiegen gegen die unstreitige Tatsache, daß eine einheitliche Rekonstruktion physikalischer Theorien als Strukturarten auf der Basis der Zermelo-Fränkelschen Mengenlehre derzeit leichter zu haben ist als mit jeder anderen in Sicht befindlichen Alternative.

Im nächsten Schritt nämlich werden wir sehen, wie die Mengenlehre eine Auffassung von der Mathematik aufzunehmen und zu präzisieren gestattet, die – wohl auch unter dem Einfluß Hilberts – zuerst von Emmy Noether und ihrer Göttinger Schule vertreten und später in der mathematischen Enzyklopädie von Bourbaki – eben auf der Grundlage einer Mengenlehre – kodifiziert wurde.[5] Es ist dies die Auffassung der Mathematik als Lehre von abstrakten Strukturen überhaupt und einer *mathematischen Theorie als einer Fixierung der einen oder anderen Art abstrakter Strukuren.*

Dabei werden, wie schon in der Einleitung erläutert, Strukturen als endliche Systeme von Mengen aufgefaßt, und eine mathematische Theorie wird eine Erweiterung der Mengenlehre durch gewisse außermengentheoretische Axiome, die 1) – noch sehr allgemein – den Typ einer Struktur und 2) – in zumeist schon recht speziellen Aussagen – deren Art festlegen:

(3) $s \in \sigma(X, A)$ (Typ)
$\alpha(X, A, s)$ (Art)

Vor einer allgemeinen präzisen Fassung des Begriffs der Strukturart sei daran erinnert, daß ich diesen Begriff durch Beispiele bereits in der Einleitung erläutert hatte. Aus der Mathematik wird als Paradigma gerne die Strukturart der Gruppen genannt. Hier hätten wir eine Basismenge X mit einer 2-stelligen Operation, also erst einmal einer 3-stelligen Relation mit der Typisierung

$$r \in \mathrm{Pow}(X^3)$$

Die Gruppenaxiome α besagen dann, daß r eine Operation auf X ist, daß diese assoziativ ist usw.
Wie aber steht es in der Physik? Ist auch die mathematische Theorie einer physikalischen Theorie allemal eine Strukturart? Sehen wir uns als Beispiel *Newtons Gravitationstheorie* an. Welches wären die Strukturen, deren Art diese Theorie festlegt? Als ihre Basismengen bieten sich an: Newtons absolute Zeit, aufgefaßt als eine Menge T von Zeitpunkten, der absolute Raum als Menge S von Raumpunkten sowie die Menge P der beteiligten Körper. Diese Mengen wären jeweils für sich strukturiert durch die Zeitmetrik, die Raummetrik bzw. die Massenfunktion. Ohne diese jetzt zu explizieren, nenne ich schließlich als wichtigstes Strukturelement die Kinematik als eine Beziehung zwischen Zeitpunkten, Raumpunkten und Körpern mit dem Inhalt, daß zu der und der Zeit der und der Körper den und den Raumpunkt als seinen Ort hat. Die Kinematik hätte mithin die Typisierung

(4 a) $\mathrm{kin} \in \mathrm{Pow}(T \times S \times P)$.

Sehr Charakteristisches passiert nun weiterhin, wenn es an die Frage geht: Was verlangt Newtons Theorie von einer solchen Struktur? Von welcher Art soll die Struktur sein? Jeder Physiker denkt hier als erstes an das dynamische Gesetz der Theorie in Gestalt der Gravitationsgleichungen. Es gibt weitere, mehr oder weniger wichtige Forderungen, die ich jetzt übergehe. Denn das eigentlich Charakteristische ist, daß die Gravitationsgleichungen ein System von Differentialgleichungen für reelle Funktionen bilden und auch die anderen Forderungen gewisse Konstrukte aus reellen Zahlen betreffen. Man fragt sich daher: Woher kommt dies auf einmal, wo wir doch etwas über die Bewegung von Körpern in Raum und Zeit sagen wollten? Es kommt daher, daß man hier, wie auch sonst häufig in der Physik, die Axiome einer Theorie unter Verwendung von Koordinatensystemen ausspricht, also das, was man über eine physikalische Struktur sagen will, dadurch sagt, daß man es über eine zu ihr isomorphe Struktur sagt, die ein reines Konstrukt aus Zahlen ist. Im vorliegenden Fall hätte das Axiom α dann ungefähr die Gestalt

(4 b) $\alpha(T, S, P; \ldots \mathrm{kin} \ldots)$
$\equiv V\varphi . KS(\varphi) \wedge \alpha'(\varphi T, \varphi S, \varphi P; \ldots \varphi\mathrm{kin} \ldots)$

worin $KS(\varphi)$ bedeutet, daß φ ein Koordinatensystem ist $\varphi T, \varphi S, \varphi P$ und etc. die Bilder unserer Strukturelemente in φ sind.

Man kann sich davon überzeugen, daß wir mit Newtons Theorie eine Strukturart vor uns haben, so gut wie die der Gruppen, nur etwas komplizierter. Und zwar gilt dies bezüglich des folgenden *allgemeinen Begriffs der Strukturart,* den ich nun, diesen Abschnitt beschließend, präzisiere.[6] Es geht dabei um zwei Forderungen, die jeweils die erste und die zweite Zeile von (3) betreffen. Wir unterteilen die Strukturelemente einer Struktur in Basismengen und durch sie typisierte Mengen und die Basismengen noch einmal in Hauptbasismengen und Hilfsbasismengen. Diese drei Sorten von Mengen unterscheiden sich hinsichtlich dessen, was man durch die jeweilige Theorie über ihre Elemente weiß. Die Hilfbasismengen sind in der Mengenlehre definierte Mengen, wie etwa die soeben schon herangezogene Menge der reellen Zahlen. Ihre Elemente sind also bekannt. Die Elemente der typisierenden Mengen sind relativ bekannt, nämlich relativ zu den Basismengen X und A gemäß der ersten Zeile von (3). Die Forderung ist hier, daß $\sigma(X, A)$ eine Leitermenge über den X und A ist, d. h. – wie wir nun schon an mehreren Beispielen gesehen haben – eine Menge, die aus den X und A durch Iteration der Operation 'Potenzmenge eines kartesischen Produkts' entsteht.

Was weiß man (durch die Theorie) über die Elemente der Hauptbasismengen? Die Antwort lautet: gar nichts. Es ist dieses Nichtwissen, das den Charakter unserer Theorie als einer Theorie *abstrakter* Strukturen ausmacht. Wie normalerweise unser Wissen, muß hier auch das Nichtwissen durch etwas garantiert werden. Die Garantie liefert die andere angekündigte Forderung, die nunmehr das eigentliche Axiom α der Theorie in der zweiten Zeile von (3) betrifft. Sie besagt, daß – semantisch ausgedrückt – das Axiom α seinen Wahrheitswert nicht ändert, wenn man die Struktur $\langle X; s\rangle$, über die α eine Aussage macht, durch eine beliebige dazu isomorphe Struktur $\langle X'; s'\rangle$ ersetzt: Präziser gesagt, soll also die Formel

$$(5) \qquad \mathrm{iso}\,(X, s; X', s') \rightarrow \alpha(X, s) \leftrightarrow \alpha(X', s')$$

beweisbar sein. Hier bleiben die A als definierte Mengen fest und sind in (5) unterdrückt. Isomorphismen sind Bijektionen der Hauptbasismengen X auf irgendwelche anderen Hauptbasismengen X', so daß dabei die typisierten Mengen s kanonisch auf die entsprechenden s' abgebildet werden, d. h. durch die kanonischerweise auf den Leitermengen über X (und$A$) induzierten Abbildungen. Die Typisierungen bleiben dabei von selbst ungeändert, und es ist offensichtlich, daß die ausdrückliche Forderung, auch das eigentliche Axiom α möge ungeändert bleiben, den Gedanken präzisiert, daß α nichts über die Elemente der Hauptbasismengen aussagt.

III

Wenn irgend etwas, dann ist diese Forderung im übrigen eine Forderung der *Invarianz:* Sie fordert die Invarianz des Wahrheitswertes einer Aussage bei (in bestimmter Weise eingegrenzter) Änderung des Gegenstandes der Aussage. Für die Physik bedeutet dies zunächst einmal, daß ihre Theorieaxiome nie *mehr* über eine Struktur aussagen als was nicht ebenso gut für eine dazu isomorphe Struktur gelten würde. Aber es bedeutet noch mehr, und ich möchte wegen der Wichtigkeit der Sache in einem eigenen Abschnitt darüber sprechen.[7)] Da es um eine Invarianzforderung geht, liegt ja vor allem die Frage nach ihrem Zusammenhang mit den in der Physik üblicherweise auftretenden Invarianz- oder Symmetriepostulaten nahe. Für eine einfache Beispielklasse physikalischer Theorien ergibt sich der Zusammenhang sofort, wenn man sich an Felix Kleins gruppentheoretische Charakterisierung einer Geometrie erinnert. Mit G als einer Transformationsgruppe des $\mathbb{R}^N$ als festem äußeren Parameter definieren wir eine Strukturart von Strukturen mit einer Hauptbasismenge M – dem Raum der betreffenden Geometrie – und einer typisierten Menge F von Koordinatensystemen auf M:

(6) $$F \in \mathrm{Pow}^2(M \times \mathbb{R}^N)$$
$$\alpha_G(M;F)$$

worin α_G formuliert, daß F eine bezüglich G vollständige Menge von globalen Koordinatensystemen von M auf $\mathbb{R}^N$ ist. Die damit definierten *G-Geometrien* (als Theorien sog. *G-Strukturen*) haben viele Beispiele in der Physik, wovon die euklidische, die galileische und die minkowskische Geometrie besonders wichtig sind.

Sie sind wichtig, weil physikalische Theorien oft als Erweiterungen einer der G-Geometrien formuliert werden können. So ist etwa die statische Newtonsche Feldgravitationstheorie eine Erweiterung der euklidischen Geometrie, bei der zum Raum und seinen euklidischen Koordinatensystemen ein skalares Gravitationsfeld und eine Massendichte hinzutreten, die der Poissongleichung genügen. Ähnlich kann man relativistische skalare Feldtheorien, etwa mit der d'Alembertgleichung oder der Klein-Gordon-Gleichung, als Erweiterungen der minkowskischen Geometrie erhalten. Zu den geometrischen Axiomen (6) treten hier mithin physikalische Axiome

(7) $$s \in \sigma(M, \mathbb{R}) \wedge \alpha(M; F, s)$$

hinzu, wobei α in den eben genannten Beispielen und auch sonst oft die Form (4b) erhält, allerdings mit der *entscheidenden* Einschränkung, daß das geforderte Koordinatensystem zu der hier schon ausgezeichneten Klasse F gehört.

Nun führt diese Einschränkung nur dann zu der gewünschten Kopplung von Physik und Geometrie, wenn (7) kanonisch invariant ist. Das neue

Strukturelement, z. B. ein Feld, erhält ja in jedem Koordinatensystem $\varphi \in F$ ein Bild im Darstellungsraum von $\sigma(M, \mathbb{R})$ durch die kanonische Abbildung

$$(8\,a) \qquad \varphi^{\sigma}: \sigma(M, \mathbb{R}) \rightarrow \sigma(\mathbb{R}^N, \mathbb{R}).$$

Genau dann nun erhält die Menge der s mit (7) *ein und dieselbe Kopie* in allen Koordinatensystemen $\varphi \in F$, wenn (7) kanonisch invariant ist. Genau dann also – im Newtonschen Beispiel gesprochen – entspricht die Lösungsmenge der Poissongleichung der Mannifaltigkeit physikalischer Möglichkeiten, die die Theorie behandeln will. Andererseits operiert nun die Gruppe G durch

$$(8\,b) \qquad g^{\sigma}: \sigma(\mathbb{R}^N, \mathbb{R}) \rightarrow \sigma(\mathbb{R}^N, \mathbb{R}) \qquad (g \in G)$$

kanonisch auf dem Darstellungsraum von s. Daraus wird deutlich, daß nur gegenüber allen diesen Operationen invariante Teilmengen des Darstellungsraumes als eindeutige Kopien der s-Mengen (7) in Frage kommen. Im wesentlichen entsprechen also die Möglichkeiten, eine G-Geometrie durch (7) zu einer Stukturart (und damit kanonisch invariant) zu erweitern, eindeutig den gegenüber den Operationen (8 b) G-invarianten Teilmengen. Der Strukturartenansatz führt mithin *automatisch* zu den bekannten Invarianzen der Poissongleichung gegenüber euklidischen Transformationen, der d'Alembertgleichung gegenüber Lorentztransformationen usw.

Die bisher zur Gewinnung dieses Zusammenhangs gemachten Voraussetzungen können in mehrerlei Hinsicht nicht erfüllt sein. In unserem Standardbeispiel der Newtonschen Massenpunktgravitationstheorie sind wir von einer Produktgeometrie ausgegangen und bei der Erweiterung wurde (als Menge der Körper) eine neue Hauptbasismenge eingeführt. In nichtskalaren Feldtheorien haben wir es nicht mehr mit kanonischen, sondern mit Tensordarstellungen (von F und G) zu tun. Schließlich geht man in der allgemeinen Relativitätstheorie gern von globalen zu lokalen Koordinatensystemen über. Trotzdem geht es auch in allen diesen Fällen um Strukturarten, so daß unsere Hauptfrage auch hier gestellt werden kann, und es zeigt sich sogar, wie ich hier nur mitteilen kann, daß die Antwort auch allgemein ungefähr so ausfällt, wie ich es an einem einfachen Fall zu zeigen versucht habe.

IV

Fast ebenso bemerkenswert wie die Forderung der kanonischen Invarianz ist der Umstand, daß sie die *einzige* Forderung ist, die an das Theorieaxiom α *auch* im Rahmen des L-Programms, also im Rahmen physikalischer Anwendung, gestellt wird. Die Freizügigkeit in der Wahl von α, die hiermit gewährt wird, führt zu einem gewissen Dilemma, wenn man sie auf die mit der Typisierung geforderte andere Hälfte unserer Axiomatik

(3) zurückbezieht. Diesem Dilemma möchte ich den nächsten Abschnitt widmen. Es besteht, kurz gesagt, in folgendem: Auf der einen Seite legt die Typisierung nahe, in dem Axiom α keine anderen Begriffe zu verwenden als durch die Elemente der Struktur, über die man reden will, als Umfänge jener Begriffe gegeben sind. An diese Bedingung habe ich mich in den einleitenden Beispielen auch strikt gehalten. Auf der anderen Seite läßt die Mengenlehre es ohne weiteres zu, ja lädt geradezu dazu ein, diesen Rahmen zu sprengen und mit dem, was man über eine Struktur sagen will, weit über diese selbst sozusagen in die Unermeßlichkeit des Mengenuniversums hinauszugreifen. Und schon in unserem physikalischen Standardbeispiel, der Newtonschen Theorie, ist dies geschehen, indem wir dort die Menge der reellen Zahlen als Hilfsbegriff herangezogen haben.[8)]

Zur näheren Kennzeichnung des Problems sei zunächst gesagt, daß man im L-Programm stets nur von gedachten Strukturen spricht, die jedoch jeweils ein Bild liefern sollen, die *Bildstruktur* sein sollen von etwas Wirklichem, und das so, daß *jedem* Strukturelement ein bestimmter Teil der abgebildeten Wirklichkeit entspricht. Hier sollte es keine Löcher geben, und ähnlich wird man von den Axiomen als *Bildaussagen* erwarten, daß sie keine sozusagen bildfremden Elemente einführen. Mit der Frage, wie eine gedachte Struktur und Strukturart zu einer physikalischen Bildstruktur bzw. Bildaussage wird, bekommen wir es erst im folgenden Abschnitt zu tun. Für jetzt genügt die eingeführte Bildidee, um zunächst die folgende Einschränkung des Begriffs der Strukturart nahezulegen. Sehen wir in unserer Typisierung von Hilfsbasismengen ab, so entsprechen die Leitermengen der Typisierung einer mehrwertigen, endlichen Typenlogik, und unsere typisierten Mengen entsprechen gewissen ausgezeichneten Prädikaten. In jedem Lehrbuch der mathematischen Logik lernt man des weiteren, wie eine voll typenlogische Sprache in einer Struktur interpretiert wird. Simuliert man das in der Mengenlehre, so erhält man eine auf natürliche Weise eingeschränkte Klasse von, sagen wir, *typenlogisch reduzierten Strukturarten*. In ihnen würden physikalische Bildaussagen keine Anleihen machen bei etwas, was nicht zu dem Bild gehört, über das sie Aussagen sind.

Vom Standpunkt der Mengenlehre bedeuten typenlogisch reduzierte Strukturarten echte Ausdrucksbeschränkungen, denen sich ein Mengentheoretiker nicht ohne weiteres unterwerfen wird. Und selbst wenn wir zur Physik hinübersehen und fragen, ob sie diese Beschränkung mitmacht, so lautet die Antwort: sie denkt gar nicht daran. Eben dies ist der zumindest pragmatische Grund, warum im L-Programm die Mengenlehre und nicht einfach eine Typenlogik zugrunde gelegt wird. Wir müssen aber zu verstehen suchen, ob hier die physikalische Praxis nur eine Bequemlichkeit ist oder auf ein tieferliegendes Problem hinweist. Die physikalische Praxis kann hinreichend allgemein durch jede der beiden folgenden, im wesentlichen einander gleichwertigen Methoden gekennzeichnet werden. Bezüglich der eigentlich interessierenden physikalischen Bildstruktur $\langle Y, t\rangle$ führt man eine Hintergrundstruktur $\langle X, s\rangle$ und korrespondierende Strukturart Σ ein, die das Geschäft der Axiomatik übernehmen sollen. Um die Beziehung zur Bildstruktur $\langle Y, t\rangle$ herzustellen, hat man zwei (für Σ innere) Terme P und q zur Verfügung, die durch X (und eventuelle Hilfsbasismengen) sowie relativ zueinander typisiert sind:

$$(9\,\mathrm{a}) \qquad \begin{aligned} \Sigma(X,s) \vdash P(X,s) &\in \varrho(X) \\ q(X,s) &\in \tau(X) \\ q(X,s) &\in \vartheta(P(X,s)). \end{aligned}$$

Und dann fordert man von der Bildstruktur, daß sie isomorph sei zu der aus der Hintergrundstruktur mit P und q deduzierten Struktur:

$$(9\,\mathrm{b}) \qquad \Sigma(X,s) \wedge Y \approx P(X,s) \wedge t \approx q(X,s)$$

Dies ist die eine Methode. Und bei der anderen, sozusagen etwas verschämteren, eliminiert man die Hintergrundstruktur durch Existenzbindung:

$$(9\,\mathrm{c}) \qquad \bigvee X, s : \Sigma(X,s) \wedge Y \approx P(X,s) \wedge t \approx q(X,s).$$

Wenn nun bei diesem Vorgang die Hintergrundstruktur $\langle X, s\rangle$ die physikalische Bildstruktur wäre, so würde die Struktur $\langle Y, t\rangle$ durch *Abstraktion* gewonnen. Auch dieser in der Physik laufend auftretende Vorgang hat seine semantischen Probleme. Aber uns interessiert jetzt der umgekehrte Prozeß, bei dem die Struktur $\langle Y, t\rangle$ bedeutungsvoll ist, während über die Hintergrundstruktur $\langle X, s\rangle$ nichts verlautet. Und hiermit bahnt sich nun geradezu ein semantischer, ja ontologischer Schwindel an. Denn auch abgesehen davon, daß wir mit dieser Art von Axiomatik über die Bildstruktur hinausgreifen, ist auf mengentheoretischer Ebene diese Umkehrung ja ein Vorgang der *Konkretion*, der Darstellung der Struktur $\langle Y, t\rangle$ in der Struktur $\langle X, s\rangle$. Man erfährt gewissermaßen, was erstere ist oder woher sie kommt. Auf physikalischer Ebene jedoch soll zwar $\langle Y, t\rangle$, im allgemeinen aber *nicht* $\langle X, s\rangle$ Bildstruktur sein.

Die Übergriffe haben eine versteckte und eine offene Form. Bei der *versteckten* Form geht es nicht unmittelbar um den Fall (9), sondern um die Hilfsbasismengen in der Typisierung oder weitere definierte Mengen, die erst im eigentlichen Axiom der Theorie auftreten. In der Mengenlehre kann keine Menge definiert werden ohne die Heranziehung eines uneingeschränkten Quantors, durch den man sich *auf das volle Mengenuniversum bezieht.* Hinter der Definition versteckt sich also diese Bezugnahme. Ein Fall, der die ganze Physik durchzieht, ist die Menge der reellen Zahlen. In unserem Standardbeispiel der Newtonschen Theorie trat sie im Axiom auf, bei den G-Geometrien des vorigen Abschnitts schon in der Typisierung. So oder so ist der Kontext des Auftretens meist der Begriff des Koordinatensystems im weiten Sinn, der außer den raumzeitlichen Koordinatensystemen auch die Skalen für physikalische Größen einschließt. Mit der Verwendung der Zahl als Koordinate hat es die besondere Bewandtnis, daß sie sich in dieser Funktion schlechterdings nicht durch etwas Reales oder auch nur real Mögliches ersetzen läßt. Die Zahl als Koordinate *soll* ausdrücklich nur *für* etwas Wirkliches stehen wie die Hausnummern für das Haus. Andererseits haben nun gerade hier die Eliminationsversuche angesetzt, und tatsächlich ist ja in der Geometrie die koordinatenfreie, euklidische Methode, die sich ausschließlich geometrischer Begriffe bedient, die viel ältere und ursprüngliche. Dementsprechend haben wir hier auch das klassische Ergebnis, daß die cartesische Version der euklidischen Geometrie äquivalent ist zu einer typenlogisch reduzierten Strukturart, in der alle Axiome direkt die Kongruenz- und Zwischenrelation betreffen.[9] Anschließend an dieses endgültig von Tarski erzielte Ergebnis hat H. Field in seinem provokativen Buch „Science without Numbers" jüngst versucht, einige klassische Feldtheorien in typenlogisch reduzierte Strukturarten zu überführen.[10] Herausragendes Kennzeichen dieser Versuche ist zur Zeit insbesondere ihre enorme Kompliziertheit.

Die versteckte, zugleich aber echte Inanspruchnahme der Mengenlehre in Form definierter Mengen kann auf die *offene* Form (9) reduziert werden. Für die reellen Zahlen etwa, aber auch generell, tut man dies, indem man eine abstrakte Charakterisierung der betreffenden Menge durch eine kategorische Strukturart liefert. Ohne darauf näher einzugehen, schauen wir zum Beschluß dieses Abschnitts den wohl berühmtesten Fall der offenen Inanspruchnahme einer Hintergrundtheorie (9 b) oder der Forderung (9 c) ihrer Existenz an: die *Quantenmechanik.* Eine fraglos physikalische Bedeutung hat dort die sog. Erwartungswertfunktion, durch die einem Zustand und einer Observablen eines quantenmechanischen Systems der Erwartungswert zugeordnet wird, d. h. der (statistische) Wert der Observablen, mit dem in dem betreffenden Zustand zu rechnen ist. Ich will jetzt davon absehen, daß hier durch die Erwartungswerte erneut die reellen Zahlen auftreten. Unser ontologisches Problem kommt auch durch die hier übliche Annahme herein, daß die Zustands- und Observablenmenge isomorph seien der Menge aller statistischen Operationen bzw. aller selbstadjungierten Operatoren eines Hilbertraumes, so daß dabei die Erwartungswertfunktion durch die Funktion

$$Tr(W \cdot A) = a$$

im Hilbertraum dargestellt wird. Nun ist man sich weitgehend einig, daß der Hilbertraum, den man hier in Anspruch nimmt, selbst *nicht* als Bildstruktur auftritt. Es ist eben nur sehr bequem, sich die eigentlich interessierende Bildstruktur von einem Hilbertraum her zu beschaffen. Die Findung einer typenlogisch reduzierten Strukturart, die zu (9b) äquivalent wäre, ist für die Quantenmechanik entscheidend durch die Arbeiten von Ludwig gefördert worden.[11]

V

Aufs Ganze der Physik gesehen kann jedoch die Frage, was hinter der geschilderten Methode steckt, noch nicht endgültig beantwortet werden. Die Schwierigkeiten treten schon bei im übrigen ganz einfachen Fällen auf, in denen wir etwa in einem empirischen Gesetz einige physikalische Größen durch eine algebraische Relation zwischen Zahlen zueinander in Beziehung setzen, z. B. in der Gasgleichung

$$\left(p + \frac{a}{v^2}\right)(v - b) = RT,$$

ohne daß die verwendeten algebraischen Operationen in dem betreffenden Kontext eine physikalische Bedeutung hätten. Diese Lage ist auch der Grund für die folgende Vorsichtsmaßnahme des L-Programms, mit der ich nun wieder an die vorher geschilderte Grundidee der Rekonstruktion einer physikalischen Theorie anknüpfe: Die mathematische Theorie einer physikalischen Theorie handelt im allgemeinen *nicht* direkt von einer physikalischen Bildstruktur, sondern wird als *Hintergrundtheorie* für sie in dem soeben verdeutlichten Sinne angesetzt, also mit (9 c) als eigentlichem Theorieaxiom und mit der aus (9 a) hervorgehenden Typisierung $t \in \vartheta(Y)$. Der Fall, daß Bildstruktur und Hintergrundstruktur identisch sind und die Hintergrundtheorie typenlogisch reduziert ist, wird durch diesen Ansatz natürlich nicht ausgeschlossen. Er ergibt sich als Spezialfall, und das L-Programm sieht es als eine Aufgabe der physikalischen Methodologie an, in möglichst vielen Fällen zu klären, ob Äquivalenz zu diesem Spezialfall vorliegt.

In dem damit ausgesprochenen axiomatischen Ansatz und den Vorbereitungen des vorigen Abschnitts ist nun schon wiederholt von einer physikalischen Bildstruktur und Bildaussagen über sie die Rede gewesen, ohne daß bisher genauer gesagt worden wäre, was damit gemeint ist. Indem dies jetzt geschehen soll, kommen wir zu dem anderen, dem Interpretationsteil unseres Rekonstruktionsunternehmens, in dem Anwendungsvorschriften für eine mathematische Theorie in Bezug auf einen Wirklichkeitsbereich gegeben werden müssen, die nunmehr sozusagen offiziell eine formale oder gedachte Struktur zu einer physikalischen Bildstruktur und die Theorieaxiome in einem gewissen – wie wir gesehen haben – eingeschränkten Sinne zu Bildaussagen machen. Dies geschieht in den sog. *Abbildungsprinzipien.* Auch deren Konzeption erinnert insoweit an das Vorgehen des logischen Empirismus, als das mit ihnen zu lösende Problem der Bedeutungsgebung durch die Inanspruchnahme von Möglichkeiten der Verifikation gelöst werden soll. Sie unterscheidet sich aber von dem empiristischen Konzept dadurch, daß diese Verifikationen keinen elementaren Charakter zu haben brauchen, sondern *andere* physikalische Theorien als die jeweils zu etablierende heranziehen dürfen. Dementsprechend enthalten die Abbildungsprinzipien auch nicht den Charakter *expliziter* Korrespondenzregeln, d. h. es wird nicht explizit zwischen einer theoretischen Sprache und einer Beobachtungssprache unterschieden. Ein Abbildungsprinzip ist – nunmehr positiv – ein Verfahren, in einem Wirklichkeitsbereich gemachte Erfahrungen als elementare Sätze über eine gedachte Struktur $\langle Y, t \rangle$ aufzuschreiben und diese dadurch zu einer Bildstruktur zu machen. Wenn wir die Newtonsche Theorie – unser Standardbeispiel – auf die Planeten anwenden, dann ist die Bahnbestimmung ein (im übrigen schon sehr kompliziertes) Verfahren, das als Meßergebnisse Aussagen der Form liefert, daß ein Planet p zur Zeit t am Ort x steht. Durch solche Aussagen würde mithin das kinematische Strukturelement der Bildstruktur für die Himmelmechanik nach und nach bekannt werden. Und in diesem Sinne ist die Theorie interpretiert, wenn im übrigen auch die anderen Strukturelemente, z. B. der Raum, in entsprechender Weise empirisch beschrieben werden können. Allgemein läuft also ein Abbildungsprinzip darauf hinaus, daß man – etwa im Falle einer Struktur 1. Ordnung – elementare Sachverhalte der Form

(10) $\quad \ldots a \ldots \in Y; \ \langle \ldots a \ldots \rangle \in t$ bzw. $\notin t$

– sog. *Abbildungsaxiome* – als Ergebnisse von Messungen für jedes Strukturelement aufzuschreiben weiß. Durch diese Aussagen nähert man sich offenbar einer Struktur auf ganz anderer Weise als durch das Theorieaxiom. Wird durch dieses gänzlich hypothetisch eine universale und globale Aussage über die Struktur gemacht, so liefern uns die Abbildungsaxiome nur ein jeweiliges Rudiment, das zwar die Dignität erfahrenen Wissens besitzt und auch laufend erweitert werden kann, immer aber hinter und zumeist weit hinter einer vollständigen Kennzeichnung der Bildstruktur zurückbleibt. Aus diesem Grunde hat Ludwig kaum etwas so stark betont wie den Umstand, daß, so angenehm das Denken in gewissen mathematischen Strukturen als theoretischen Ganzheiten ist, diese doch immer nur gedachte Bilder bleiben.

Tatsächlich ist die Lage sogar noch schlimmer als bisher dargestellt. Denn in den Abbildungsaxiomen (10) ist das durchgängige und einschneidende Phänomen der *Meßungenauigkeit* nicht berücksichtigt. Obwohl die Berücksichtigung von Meßungenauigkeiten unsere Erfahrungsaussagen noch einmal abschwächt, besitzt sie doch auch die Tugend, unsere Theorien vor allzu schneller empirischer Falsifikation zu bewahren. Und obwohl der Gedanke mathematischer Strukturen als Bildstrukturen physikalischer Wirklichkeit durch die Meßungenauigkeiten im gewissen Sinne eine weitere Einbuße erfährt, hat eben die Strukturartenanalyse auch hier wieder einen Triumph gefeiert. Denn sie hat gezeigt, wie man eine universale Strukturart, die Strukturart der uniformen Strukturen, heranziehen kann, um die durch die Meßungenauigkeiten entstehende Lage allgemein begrifflich zu erfassen.

Wegen der Abstraktheit der Angelegenheit will ich die nötige Verallgemeinerung der Abbildungsaxiome (10) nur an unserem Standardbeispiel erläutern. Dort werden die Zeit- und Ortsbestimmungen mit Ungenauigkeiten behaftet sein, deren Ausmaß im übrigen davon abhängt, wie weit z. B. der gemessene Ort vom Beobachter entfernt ist. Eine uniforme Struktur für die Zeit oder den Raum stellt nun Ungenauigkeitsmengen zur Verfügung, d. h. Mengen von Paaren von z. B. Raumpunkten, die nicht mehr durch Messung unterscheidbar sind. Wenn wir also eine auf die Zeit t und den Ort x ungefähr bezogene Messung gemacht haben, dann werden wir auch zwei uniforme Umgebungen u_t und u_x kennen und nicht mehr einfach sagen, der Planet steht zur Zeit t am Ort x, sondern er stehe daselbst mit der Ungenauigkeit u_t bzw. u_x.

VI

Obwohl die Meßungenauigkeiten berücksichtigenden Abbildungsprinzipien und Abbildungsaxiome die Rekonstruktion eines Wesenszuges der Physik sind, bereiten sie einem bei der Entwicklung einer Theorie und bei Untersuchungen ihres Zusammenhangs mit anderen Theorien oft große Pein. Daher ist es heuristisch fast unerläßlich, diese Themen, zu denen ich am Schluß noch etwas sagen will, immer auch unter den idealen Verhältnissen exakter Messungen zu behandeln und erst mit der dadurch gewonnenen Orientierung die durch Meßungenauigkeiten entstehenden Komplikationen zu studieren. Tatsächlich werde ich mich hier ganz auf den idealen Fall beschränken, allerdings von dem angedeuteten Thema abschließend gerade denjenigen Ausschnitt betrachten, den man für gewöhnlich den *Zusammenhang von Theorie und Erfahrung nennt.*

Das Verhältnis von Theorie und Erfahrung ist immer zuerst bestimmt durch die Frage, in welchem Sinne die Erfahrung als eine *Kontrollinstanz* für die Geltung der Theorie angesehen werden soll. Ludwig hat in dieser Frage etwas versteckt einen falsifikationistischen Standpunkt eingenommen. Durch versuchte Erfahrung erweitert man die Abbildungsaxiome einer Theorie und achtet in erster Linie darauf, daß keine Widersprüche in dem System

(11) Theorie + Abbildungsaxiome

auftreten und in diesem Sinne unsere Erfahrungen die Theorie bewähren. Natürlich tun sie das nur dann, wenn die Abbildungsaxiome den Annahmen der Theorie widersprechen *können*. Für zu allgemein angesetzte Theorien wie etwa die Newtonsche oder die Hamiltonsche Mechanik oder auch die allgemeine Quantenmechanik ist diese Bedingung sicher nicht erfüllt. Sie ist aber erfüllt für hinreichend starke Spezialisierungen dieser Theorien.

Mehr noch als die Frage nach einem angemessenen Bewährungsbegriff interessiert in dem durch eine Strukturartenanalyse bestimmten L-Programm die andere Hauptfrage an das Verhältnis von Theorie und Erfahrung, die Frage nämlich nach der *theoretischen Leistung* einer empirisch bewährten Theorie: Wie erweitert die Theorie unser Wissen über die Wirklichkeit über das in den Abbildungsaxiomen enthaltene empirische Wissen hinaus? Was *folgt* aus der Kombination (11)? Diese Frage betrifft erst einmal den angenommenen *deduktiven Apparat.* Und wie schon für die Frage der expressiven Leistung der Theorie wird auch diese Frage wesentlich davon bestimmt sein, daß wir nicht nur eine Logik im engeren Sinne, sondern eine Mengenlehre vorausgesetzt haben. Ein Vergleich der beiden hinsichtlich ihrer deduktiven Leistung ist vorgezeichnet durch die früher erwogene Möglichkeit einer typenlogischen Reduktion der Theorieaxiome. Wenn diese Reduktion auf eine Theorie 1. Ordnung führt, dann zeigt eine beweistheoretische Version des Gödelschen Vollständigkeitstheorems, daß die deduktive Kraft der Mengenlehre mit jener einer reinen Logik (1. Ordnung) äquivalent ist. Es ist jedoch derzeit höchst unwahrscheinlich, daß die z. B. von Field angestrebte Reduktion auf 1. Ordnung in physikalisch nicht-trivialen Fällen überhaupt möglich ist.[12] In den Fällen höherer Ordnung dürfte dann die mengentheoretische Deduktion in der Regel stärker sein als eine typenlogische. Aber es ist unbekannt, ob das irgendwelche physikalisch interessante Konsequenzen hat.

So oder so setzt nun das Geschäft der theoretischen Erweiterung gegebenen empirischen Wissens durch Deduktion noch einmal den Strukturbegriff ins rechte Licht. Denn es geht hier ja darum, daß wir aus Bruchstükken, die uns die Messungen liefern, und mithin aus Teilstrukturen das Ganze einer jeweiligen Bildstruktur dadurch konstruieren sollen, daß wir durch die Theorieaxiome ein paar hypothetische Aussagen über dieses Ganze besitzen. Der theoretisch durchsichtigste Fall dieses 'Auffüllens' der Bildstruktur besteht im Schließen auf elementare Aussagen, die auch Abbildungsaxiome hätten sein können. Offenbar ist dies der Vorgang, der grundsätzlich auch zur Prüfung der Theorie dienen soll, aus praktischen Gründen aber nicht immer dienen kann. Ein für sich eindrucksvoller, aber auch für weitere Anwendungen grundlegender Fall ist wieder die Geometrie. So ist im durch eine Abstandsfunktion definierten euklidischen Raum diese Abstandsfunktion und damit die gesamte Metrik durch ein cartesisches 3-Bein festgelegt, das seinerseits durch sehr elementare Aussagen bestimmt ist. Jede wahre der unendlich vielen Aussagen der Form, daß dieser Punkt von jenem Punkt den und den Abstand hat, kann hieraus erschlossen werden. Diese Möglichkeiten bilden die Grundlage für die dem Physiker geläufigsten Beispiele des in Rede stehenden Falltyps theoretischer Erweiterungen: Viele physikalische Gesetze im engeren Sinne werden durch Differentialgleichungen ausgedrückt, für die Existenz- und Eindeutigkeitstheoreme hinsichtlich gegebener Anfangs- und Randbedingungen gelten. So können etwa vollständige Bahnen von Massenpunkten aus einzelnen, endlich vielen Bahndaten eindeutig bestimmt werden, wenn man die Gesetze kennt. Gerade in diesem Zusammenhang darf allerdings nicht unerwähnt bleiben, daß die Meßungenauigkeiten, und zwar häufig schon die allerkleinsten, die eben erwähnten Triumphe in vielen Anwendungen illusorisch machen. Der Ausweg aus solchen Schwierigkeiten durch die Heranziehung probabilistischer Strukturen bleibt dennoch ganz im Rahmen des Strukturartenansatzes.

Ein zweiter Falltyp von Theorieerweiterung im Zusammenhang mit schon gewonnenen Erfahrungsdaten ist durch die scheinbar nichtssagenden und doch so wichtigen *Definitionen* gegeben. Durch Definitionen wird zu einer Struktur ein neues Element hinzugefügt, das durch die ursprünglichen Strukturelemente *und* die Theorie eindeutig bestimmt ist. Die Geschwindigkeit eines Massenpunktes in der Mechanik, der Streuoperator in der Quantenmechanik, der lineare Zusammenhang einer lorentzschen Mannigfaltigkeit – das sind typische durch Definition gewonnene Strukturelemente. Die in unserem Kontext interessierende Frage ist dann: Was weiß man über diese definierten Strukturelemente auf Grund von Theorie und Abbildungsaxiomen? Die Untersuchung dieser Frage beleuchtet erneut die Diskrepanz zwischen den starken expressiven und konstativen Voraussetzungen, die wir mit der Mengenlehre gemacht haben, und den bescheidenen empirischen Daten, die zur Verfügung stehen. So gibt es immer definierte Elemente, über die man überhaupt nichts weiß, und für andere wird die sonst von außen kommende Meßungenauigkeit nun auch innerhalb der Theorie eingeführt: Selbst bei absolut genauen Ortsmessungen können endlich viele derselben in der Regel keine Geschwindigkeit genau festlegen, da deren Definition einen Grenzprozeß einschließt. Wo aber Bestimmungen möglich sind, können sie auch bei Definitionen von den Theorieaxiomen abhängen. Denn dies kann schon für die Definitionen selbst der Fall sein.

Die Theorieabhängigkeit empirischer Bestimmungen ('die indirekte Messung') wird vielleicht am deutlichsten im dritten Falltyp der Bestimmung von *Elementen der Hintergrundstruktur*. Diese sind per definitionem nicht in die Abbildungsaxiomatik einbezogen. Aber in gewissen Fällen ist ihre empirische Bestimmung auf dem Wege über die Theorie zumindest partiell möglich. Ein bekannter Fall sind die Massen in Newtons Gravitationstheorie. Geeignet gewählte Bahndaten zusammen mit den Gravitationsgleichungen gestatten deren Bestimmung bis auf einen Faktor. Und tatsächlich hatte man in der Himmelsmechanik auch gar keine andere als diese theoretische Möglichkeit. Wenn sie besteht, hält man das so Bestimmte in der Regel auch dann für wirklich, wenn überhaupt keine andere Bestimmungsmöglichkeit besteht. In anderen Fällen kann die Unmöglichkeit auch der in Rede stehenden Bestimmung dazu führen, an die Existenz der betreffenden Struktur nicht zu glauben. Eine typische Hintergrundstruktur dieser Art ist das elektromagnetische Vektorpotential.

Ganz am Schluß möchte ich noch ein Wort zu dem Umstand sagen, daß der vorgetragene Rekonstruktionsansatz einen vielleicht ungewöhnlichen abstrakten Charakter hat und daher gewiß nicht jedermanns Sache ist. In zweierlei Hinsicht ist die Abstraktheit – glaube ich – heute ganz unvermeidbar. Zum einen muß eine auf das *Ganze* der Physik angesetzte Rekonstruktion – und darum geht es hier – abstrakt sein, weil sie sonst der Vielfalt heutiger Erscheinungsformen der Physik nicht gerecht werden könnte. Wenn man da nicht mit entsprechend allgemeinen Begriffen antwortet, würde immer irgendein Physiker aus seiner Ecke hervortreten und sagen: Bei mir ist das aber alles ganz anders. Neben der unermeßlichen Breite, die physikalisches Denken und Experimentieren mit der Zeit angenommen hat, gibt es aber auch einen Effekt, der in die Tiefe geht. Diejenigen physikalischen Theorien, die sich mit sehr entlegenen Objekten befassen, z. B. Atomen und Elementarteilchen, sind abstrakt in dem Sinne, daß sie kein anschauliches Bild mehr von ihren Objekten und dem Geschehen an ihnen zu liefern vermögen. Es ist geradezu eine tragische Ironie, daß der am weitesten gediehene Versuch einer operationalistischen Rekonstruktion der Quantenmechanik – eben der von Ludwig – für seinen Autor zugleich der Anlaß war, über Möglichkeiten einer Beschreibung der Physik mit dem hier vorgetragenen Ergebnis nachzudenken. Wenn in diesem Vorgang auch keine Notwendigkeit zu liegen braucht, so ist doch sein Faktum interessant genug und beläßt die Rekonstruktion im übrigen im Bereich des Kritisierbaren. Daß dieses eine Tugend ist, sei wie am Anfang nun auch am Schluß noch einmal betont.

Anmerkungen

[1] Siehe vor allem Ludwig 1978 und 1981; daneben Scheibe 1983a und 1983b. Das zuerst genannte Werk ist grundlegend für alle folgenden. Es erfolgen daher keine weiteren Einzelverweise.
[2] Scheibe 1984
[3] Ludwig 1983, S. 13
[4] Für eine Übersicht siehe Suppe 1974, Teil II
[5] Bourbaki 1968
[6] Vgl. Bourbaki 1968, Ch. IV
[7] Siehe für diesen Abschnitt Scheibe 1982
[8] Für diesen Abschnitt siehe Scheibe 1986
[9] Tarski 1959
[10] Field 1980
[11] Ludwig 1985
[12] Siehe hierzu Field 1980 und Scheibe 1986

Literatur

Bourbaki, N.: Elements of Mathematics. Theory of Sets. Paris 1968
Field, H.: Science Without Numbers. A Defence of Nominalism. Princeton 1980
Ludwig, G.: Die Grundstrukturen einer physikalischen Theorie. Berlin 1978
Ludwig, G.: Axiomatische Basis einer physikalischen Theorie und theoretische Begriffe. Zeitschr. für allgemeine Wissenschaftstheorie 12 (1981) 55–74
Ludwig, G.: Foundations of Quantum Mechanics. Bd. 1. Berlin 1983
Ludwig, G.: An Axiomatic Basis for Quantum Mechanics, vol. 1: Derivation of Hilbert Space Structure. Berlin 1985
Scheibe, E.: Invariance and Covariance. In: Scientific Philosophy Today. Essays in Honor of Mario Bunge. Hrsg. J. Agassi und R. S. Cohen. Dordrecht 1982. 311–31 (auch in: Space, Time, and Mechanics – Basic Structures of a Physical Theory. Hrsg. D. Mayr und G. Süßmann. Dordrecht 1983. 125–47)
Scheibe, E.: Über die Struktur physikalischer Theorien. In: Zur Logik empirischer Theorien. Hrsg. W. Balzer und W. Heidelberger. Berlin 1983. 169–88
Scheibe, E.: Ein Vergleich der Theoriebegriffe von Sneed und Ludwig. In: Erkenntnis- und Wissenschaftstheorie. 7. Intern. Wittgenstein Symposion in Kirchberg/Wechsel 1982. Hrsg. P. Weingartner und H. Czermak. Wien 1983. 371–83
Scheibe, E.: Zur Rehabilitierung des Rekonstruktionismus. In: Rationalität. Hrsg. H. Schnädelbach. Frankfurt 1984. 94–116
Scheibe, E.: Mathematics and Physical Axiomatization. In: Mérites et limites des méthodes logiques en philosophie. Hrsg. Fondation Singer-Polignac. Paris 1986. 251–77
Suppe, F.: The Search for Philosophic Understanding of Scientific Theories. In: The Structure of Scientific Theories. Hrsg. F. Suppe. London 1974. 3–241
Tarski, A.: What is Elementary Geometry? In: The Axiomatic Method. Hrsg. L. Henkin et al. Amsterdam 1959. 16–29

Joachim Schröter

Zur Axiomatik der Raum-Zeit-Theorie

Das Thema meines Vortrages ist ein Kürzel für einen bestimmten Problemkreis aus der Physik. Da in einem Vortrag zum Studium Generale die Kenntnis dieser Art von Stenographie nicht vorausgesetzt werden sollte, will ich mit einigen

1. Vorbemerkungen

zunächst die angeschnittenen Probleme erläutern.

1.1. Vergessen wir fürs erste die Termini „Axiomatik“ und „Theorie“, so könnte das Restthema etwa lauten: Auf der Suche nach den physikalischen Begriffen Raum und Zeit. Diese Kennzeichnung führt in natürlicher Weise, fast zwangsläufig auf folgende vier Fragen:

1.) Warum suchen wir nach den physikalischen Begriffen Raum und Zeit?
2.) Wo suchen wir ...?
3.) Von wo aus suchen wir ...?
4.) Wie suchen wir ...?

1.2. Beginnen wir mit der ersten Frage. Sie könnte – leicht verfremdet – auch so gestellt werden: Warum eigentlich suchen wir ..., um dann fortzufahren: wo wir doch von unserer Anschauung her wissen, was Raum und Zeit ist? Eine gründliche Beantwortung dieser abgewandelten Frage würde uns weit von unserem Thema entfernen. Ich will daher ohne weitere Diskussion mit zwei einfachen Behauptungen antworten:
Erstens, ein intuitives Verständnis von Raum und Zeit genügt nicht, um damit Physik zu machen. Dazu ist ein Verständnis der Begriffe expressis verbis notwendig.
Zweitens, Newton hat zwar das intuitive Verständnis von Raum und Zeit auf eine wissenschaftliche Ebene gehoben, aber seine Begriffe absoluter Raum und absolute Zeit und damit zugleich ihr intuitiver Hintergrund haben einer kritischen Prüfung nicht standgehalten. Ich meine damit die Auseinandersetzung in der kritischen Phase der Physik um die Jahrhundertwende.
Stellt man sich auf den Standpunkt der heutigen Physik, so könnte unsere Frage lauten: Warum suchen wir ..., wo wir doch durch die Relativitätstheorie die Begriffe Raum und Zeit zu verstehen gelernt haben. Die in dieser Frage enthaltene Behauptung ist nur zum Teil richtig, denn die Suche

nach den Begriffen Raum und Zeit hat mit dem Entstehen der Relativitätstheorie nicht nur nicht aufgehört, sie hat damit eigentlich erst begonnen, weil jede Formulierung dieser Begriffe neue Fragen aufwarf. Das zu demonstrieren, will ich ebenfalls hier nicht versuchen.
Wir sind also auf unsere ursprüngliche Frage zurückgekommen, die ich jetzt andersherum so stellen will: Brauchen wir überhaupt einen explizit definierten Begriff von Raum und Zeit, wenn wir Physik betreiben wollen? Darauf ist ohne Einschränkung mit „ja" zu antworten. In allen bis heute ausformulierten physikalischen Theorien kommen diese Begriffe vor. Mehr noch, sie werden üblicherweise vorausgesetzt. Hält man also an der Vorstellung fest, daß die gesamte Physik als logisch konsistentes System darstellbar sei, so ist unter diesem (theoretischen!) Gesichtspunkt das Raum-Zeit-Problem unabweisbar! Allerdings – da befindet sich die Physik hier wie auch in anderen ähnlichen Zusammenhängen in einer glücklichen Lage – es gibt eine Fülle von konkreten Aufgaben, die von den grundsätzlichen Überlegungen zum Raum-Zeit-Problem nicht oder nur wenig berührt werden.
Nach diesen Überlegungen können wir jetzt unsere erste Frage „Warum suchen wir ...? so beantworten: Wir suchen nach den physikalischen Begriffen Raum und Zeit aus Gründen der Klarheit und logischen Geschlossenheit des Gesamtgebäudes Physik; wir suchen darüber hinaus deshalb danach, weil das Raum-Zeit-Problem als selbständige Frage der Physik von Interesse ist, deren Beantwortung (möglicherweise) weit über die Physik hinausweist, z. B. in die Philosophie. Dabei bleibt offen, ob wir eine Lösung des Problems innerhalb oder außerhalb der Physik erwarten.

1.3. Das führt uns unmittelbar zu unserer zweiten Frage: Wo suchen wir ...? Diese Frage zielt auf den offensichtlichen Unterschied zwischen der klassischen und der relativistischen Physik. Während von Newton Raum und Zeit als vorphysikalische Begriffe eingeführt wurden, geht man in der relativistischen Physik davon aus, daß das physikalische Raum-Zeit-Problem auch mit „physikalischen Mitteln" (was immer das heißen mag) zu lösen sei. An dieser Stelle muß eine Entscheidung darüber getroffen werden, wo wir suchen wollen. Ich treffe diese Entscheidung (natürlich) als Physiker und werde im folgenden beschreiben, wie man das Raum-Zeit-Problem innerhalb der Physik behandeln kann.
Damit ist die Frage allerdings noch nicht vollständig beantwortet. Ich hatte oben bereits darauf hingewiesen, daß der Raum- und der Zeit-Begriff in allen physikalischen Teildisziplinen vorkommt und in der Regel sogar vorausgesetzt wird. Will man also die Raum-Zeit-Frage innerhalb der Physik klären, so hat man zwei Möglichkeiten: Erstens, man findet eine (eventuell neue) physikalische Theorie, aus der neben anderen auch die Begriffe Raum und Zeit deduzierbar sind. Dieses Vorgehen entspricht dem von Weizsäckerschen Programm der Ur-Theorie.[1)]
Zweitens, man stellt eine eigene physikalische Disziplin auf, deren einzi-

ges Ziel die Klärung der Begriffe Raum und Zeit ist und die keine Teile der bereits etablierten Physik enthält.
Auch in dieser Stelle ist eine Entscheidung notwendig: Ich werde den zweiten Weg wählen.

1.4. Zwangsläufig stellt sich dabei die dritte Frage: Von wo aus wollen wir diesen Weg beginnen? Bei der Beantwortung dieser Frage stoßen wir auf eine für die Physik ungewöhnliche Situation. Logisch dürfen wir nicht von bekannten physikalischen Erkenntnissen Gebrauch machen; etwa wie man von der Mechanik Gebrauch macht bei der Definition von Begriffen der Elektrodynamik, z. B. der Ladung oder dem elektrischen Feld. Also hätte man die Begriffe Raum und Zeit entweder aus dem „Nichts" zu schaffen oder man hätte auf nicht-physikalische Begriffe zurückzugreifen. Es gibt keinen Hinweis darauf, daß die erste Möglichkeit überhaupt realisierbar ist, und ich bezweifle, daß es ihn geben kann. Wenn wir also diese Möglichkeit verwerfen, müssen wir einen vorphysikalischen Ausgangspunkt suchen. Das schließt auch ein, daß wir zur Darstellung des Ausgangspunktes keine eigene Wissenschaftssprache benutzen, sondern alltagsprachliche Formulierungen. Faßt man die Überlegungen zur zweiten und dritten Frage zusammen, so sieht man, daß die Begriffe Raum und Zeit bei dem von mir gewählten Zugang an der Nahtstelle von Physik und Nicht-Physik liegen. Ich meine hier mit Nicht-Physik ganz unspezifisch „Alltagsvorstellungen".

1.5. Damit sind wir bei unserer letzten Frage angelangt: Wie suchen wir ...? Es ist an dieser Stelle nützlich, – wie schon vorher auch – sich die prinzipiellen Möglichkeiten vor Augen zu führen. Denkbar wäre einerseits, daß wir uns methodisch völlig im Rahmen der Physik halten, – wobei noch zu sagen ist, was das heißt – andererseits könnte es bei so fundamentalen Begriffen wie Raum und Zeit auch notwendig sein, sich von der herkömmlichen Methodik zu lösen.
Ich will ausdrücklich nicht die zweite Möglichkeit ergreifen, sondern den Versuch wagen, mit den herkömmlichen Mitteln der Physik das Raum-Zeit-Problem in Angriff zu nehmen.
Mit dieser Entscheidung handeln wir uns sogleich wieder ein Problem ein: Was sind die herkömmlichen Mittel der Physik oder – etwas allgemeiner gefragt – was ist *die Physik?* Es wird Sie möglicherweise überraschen, wenn ich behaupte, daß es keine kanonische Form der Physik gibt, besonders dann nicht, wenn Grundlagenfragen im Spiele sind, also nichts, was man als die Physik bezeichnen könnte! Die Unterschiede in den Formen der Physik zeigen sich nicht etwa nur in Darstellungsweisen – das wäre kein Grund, überhaupt von verschiedenen Formen der Physik zu sprechen – sondern an viel tiefer liegender Stelle, bei den zugrundegelegten Wissenschaftskonzepten. Diese Aussage wird verständlich, wenn man sich vergegenwärtigt, daß in verschiedenen Konzepten verschiedene Begriffe als Basis genommen werden und so das eine

Mal dieser, das andere Mal jener Begriff als abgeleitet erscheint. Man könnte an dieser Stelle vermuten, daß es zur Formulierung einer physikalischen Theorie gar nicht notwendig ist, auch noch über deren Struktur zu reflektieren, daß es vielmehr genügt, die Theorie einfach aufzuschreiben. Diese Einstellung ist in vielen Fällen durchaus legitim, sie führt jedoch gerade beim Raum-Zeit-Problem leicht zu Schwierigkeiten, die sich andererseits durch eine Besinnung auf die wissenschaftstheoretischen Grundlagen vermeiden lassen. Aus diesem Grunde sehe ich mich gezwungen, eines dieser Konzepte auszuwählen – aus Zeitgründen nur eines – und meine weiteren Überlegungen in seinem Rahmen durchzuführen.
Meine Auswahlkriterien sind mehr praktischer Natur: Erstens, ich wähle das Konzept, welches die klarsten Anweisungen gibt, eine Theorie aufzubauen. Zweitens, das Konzept soll gestatten, daß die zu entwerfende Theorie – entsprechend der Antwort auf die dritte Frage – sich möglichst eng an die Alltagsvorstellungen, an das unmittelbar Gegebene anschließt. Diese Forderungen werden erfüllt durch das von dem Marburger Theoretischen Physiker Günther Ludwig[2)] entwickelte und nach ihm benannte L-Konzept, dessen Grundgedanken ich Ihnen im nächsten Abschnitt kurz, d. h. so weit nötig und ohne alle Formalien vorstellen werde.
Es ist (praktisch) äquivalent zu dem von Sneed entwickelten Theoriekonzept, unterscheidet sich aber von dem von Weizsäckerschen fundamental. Auf einen möglichen Zusammenhang zwischen der Protophysik und dem L-Konzept werde ich im letzten Abschnitt meines Vortrags eingehen.

1.6. Das Fazit unserer Vorüberlegungen läßt sich nun folgendermaßen ziehen: Wir suchen die physikalischen Begriffe Raum und Zeit im Rahmen einer eigenen Raum-Zeit-Theorie, die nach den Regeln des L-Konzeptes konstruiert ist. Da so aufgebaute Theorien axiomatisch formuliert sind, lassen sich die weiteren Überlegungen meines Vortrags charakterisieren als Bemerkungen zur Axiomatik der Raum-Zeit-Theorie, womit ich zu meinem ursprünglichen Thema zurückgekehrt bin.

1.7. Die Gedanken, die ich Ihnen verstellen werde, stehen – selbstverständlich – in der Tradition, sie sind die Fortsetzung einer ganzen Kette von Bemühungen um das Raum-Zeit-Problem. Ich will Ihnen stellvertretend für viele andere ein paar Namen nennen, die diese Tradition verkörpern: Hier ist neben den Klassikern Einstein[3)] und Minkowski[4)] vor allem Reichenbach[5)] zu nennen, während in neuerer Zeit hauptsächlich Ehlers, Pirani und Schild,[6)] sowie an diese anknüpfend Woodhouse[7)] die Raum-Zeit-Theorie vorangebracht haben.

Um auf unserem Weg zu einer Raum-Zeit-Theorie einen sicheren Leitfaden zu haben, unterbrechen wir diesen Weg hier und klären zunächst wie angekündigt

2. Das Ludwigsche Konzept physikalischer Theorien

2.1 Der heuristische Leitgedanke dieses Konzeptes lautet: Eine physikalische Theorie ist ein System von Sätzen, die sich auf die Natur beziehen. Demnach enthält eine physikalische Theorie drei konstitutive Elemente:
1.) Einen Teilbereich der Natur,
2.) eine Sprache und
3.) eine Vorschrift, wie die Sprache und der Teilbereich der Natur aufeinander zu beziehen sind.

Schematisch lassen sich diese Elemente wie in Figur 1 darstellen.

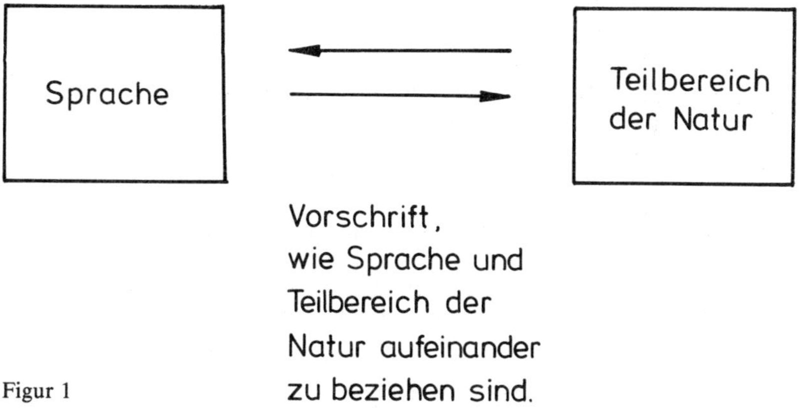

Figur 1

2.2. Diese Kennzeichnung reicht für die Analyse der physikalischen Begriffe Raum und Zeit allerdings nicht aus, wir müssen etwas mehr in die Details gehen. Um den notwendigerweise abstrakten und dadurch etwas trockenen Überlegungen Profil zu geben, will ich die Theoriebildung an einem klassischen Beispiel erläutern. Hierzu ist die Astronomie unseres Sonnensystems mit seinen Planeten und Monden gut geeignet.

2.2.1. Im vorwissenschaftlichen Stadium der Himmelsbeobachtung liegen folgende Beobachtungsdaten vor: Bei hinreichend dünner Bewölkung sieht man am Tage die Sonne und nachts eventuell den Mond sowie Lichtpunkte, genannt Sterne, von denen sich einige relativ zu den anderen bewegen, die sogenannten Planeten. In den Weltbildern des Altertums wurden diese Fakten theoretisch gedeutet. Man machte sich ein Bild, d. h. hier eine noch nicht mathematisch ausgeformte Theorie. Der nächste Schritt bestand darin, Zeit- und Winkelmessungen an Sonne, Mond und Sternen vorzunehmen, wie es etwa Tycho Brahe, Kepler, Galilei und ihre Vorläufer getan haben. Diese neuen Beobachtungsdaten konnten wiederum in einem nun allerdings geometrisierten Weltbild des Altertums, etwa dem Ptolemäischen gedeutet werden. Die große Kompliziertheit dieses Bildes mit all seinen Künstlichkeiten ließ ernsthafte Zweifel an seiner „Richtigkeit“ aufkommen. Im Kopernikanischen System konnten dieselben Daten auf einfachere Weise gedeutet werden. Durch die Möglichkeit, Entfernungen von Planeten und Monden zu bestimmen, entstanden als neue Fakten die Daten der Ellipsenbahnen der Planeten und vieles andere mehr. Wir könnten die Kette der sukzessiven Datensammlung und Deutung bis in die Neuzeit hinein verfolgen. Statt dieses zu tun – was uns nur von unserem eigentlichen Ziel abbrächte – will ich hier das Fazit aus diesen Überlegungen ziehen:

2.2.2. Am Beispiel der Himmelsbeobachtung hatten wir drei Stufen der Theoriebildung kennengelernt.
- Erstens, die rein qualitative Beschreibung in Alltagssprache von unmittelbaren Sinneseindrücken.
- Zweitens, die Benutzung von Zeit- und Winkelmessungen angewandt auf gewisse Objekte der qualitativen Beschreibungsstufe.
- Drittens, die Deutung dieser Messungen im Rahmen des Ptolemäischen Weltbildes, bzw. nach dessen Aufgabe im Rahmen des Kopernikanischen.

Die in letzterem auftretenden Bahnkurven der Planeten waren schließlich jener Teilbereich der Natur, auf den die Newtonsche Mechanik gegründet wurde. Die Newtonsche Mechanik erweiterte ihrerseits den Bereich der Fakten, indem sie neue Meßmöglichkeiten wie die von Massen und Kräften schuf.

2.3. Sieht man sich andere Teildisziplinen der Physik an, so findet man ähnliche Verhältnisse. Statt diese Dinge weiter in Einzelheiten zu verfolgen, will ich sofort das Fazit aus unserem kurzen historischen Exkurs bezüglich der drei Theoriekomponenten ziehen.

2.3.1. Ein *Teilbereich der Natur,* der zu einer Theorie gehört, besteht aus zwei Teilen, dem vor der Theorie bereits bekannten Bereich von Fakten, den man den *Grundbereich* nennt und dem durch die Theorie selber erst *erschlossenen Wirklichkeitsbereich.* Der Bereich der erschlossenen Wirklichkeit kann seinerseits wieder (teilweise) zum Grundbereich einer nachfolgenden Theorie werden. Man nennt dann die erste Theorie eine *Vortheorie* der zweiten. In jedem Fall hat man sich den Grundbereich vorzustellen als eine Menge von Fakten, die in einer Sprache beschreibbar und dadurch mitteilbar oder überlieferbar sind. Ein typisches Beispiel eines Elementes der erschlossenen Wirklichkeit ist der elektrische Strom in einem Draht: Es hat ihn noch niemand gesehen – insofern ist er nur erschlossen – aber „alle“ reden davon und benutzen ihn – insofern gehört er zu unserer Wirklichkeit.

2.3.2. Wenden wir uns jetzt der zweiten Komponente einer physikalischen Theorie zu, der *Sprache.* Die historische Entwicklung der Physik hat zur Auswahl der strengst möglichen Sprache geführt, die es gibt, der

Mathematik. Wie die Beispiele aus der Astronomie zeigen, ist diese Auswahl zwangsläufig erfolgt, wobei die Entwicklung der Sprache der Physik zugleich mit der Eingrenzung ihres Gegenstandes erfolgte. Der praktische Umgang mit Physik zeigt, daß nicht die ganze Mathematik jeweils für die Formulierung *einer* bestimmten physikalischen Theorie gebraucht wird, sondern immer nur *eine* mathematische Theorie. Dieser Begriff muß geklärt werden, wenn man sich eine Vorstellung machen will von der Sprache oder besser den Sprachen, die man in der Physik verwendet.

Das Selbstverständnis innerhalb der Mathematik hat sich im Laufe der Jahrhunderte stark gewandelt. Die ursprüngliche Prädominanz von Arithmetik und Euklidischer Geometrie existiert nicht mehr. Sie hat lediglich als Relikt in den populären Vorstellungen von Mathematik überlebt. Andere Disziplinen sind entstanden, die z.T. weit außerhalb des Rahmens der Allgemeinbildung liegen und daher den Nicht-Fachleuten praktisch unbekannt sind. In ihnen werden abstraktere Gegenstände als Zahlen und geometrische Objekte, sowie allgemeinere Strukturen als z. B. Addition und Multiplikation untersucht. Mit dieser Bemerkung ist schon das Stichwort gefallen, wie man mathematische Theorien im heute fast allgemein akzeptierten Verständnis kennzeichnen kann. Sie sind bis auf wenige Ausnahmen nach folgendem Schema gebaut:

Auf einer Menge oder auf mehreren werden axiomatisch gewisse Relationen festgelegt. Die Theorie besteht dann aus allen logischen Konsequenzen dieser Relationen. Dieser Sachverhalt läßt sich auch so formulieren: In einer mathematischen Theorie werden Strukturen (oder Strukturarten) auf Mengen untersucht. Die Arithmetik und die Eulidische Geometrie folgen offenbar diesem Schema [8), 9), 10)].

2.3.3. Durch die Angabe eines Bereichs von Fakten und durch die Angabe einer mathematischen Theorie *allein* ist es noch nicht möglich, in der Sprache der Mathematik über diese Fakten zu reden. Beide Bereiche stehen unverbunden nebeneinander. Um aus Fakten und Mathematik eine physikalische Theorie zu machen, bedarf es der schon erwähnten dritten Komponente. Man kann sie sich als Übersetzungsvorschrift vorstellen, wie die in einer bestimmten Sprache formulierten Fakten in die Sprache einer bestimmten mathematischen Theorie übertragen werden können. Für diese Übertragungsvorschrift hat sich, da sie aus mehreren Teilen besteht, die Bezeichnung *Abbildungsprinzipien* eingebürgert.

An den oben erwähnten Beispielen aus der Himmelsmechanik kann man sich leicht die Wirkungsweise der dort auftretenden Abbildungsprinzipien klarmachen: Auf der Erde durchgeführte Winkelmessungen müssen übersetzt werden in Elemente der dreidimensionalen Euklidischen Geometrie.

Das Beispiel zeigt aber noch mehr. Die als Fakten angesehenen Winkelmessungen sind mit Meßungenauigkeiten behaftet. Aber die Euklidische Geometrie beschreibt keine nur ungenau festgelegten Objekte. Generell ist also von den Abbildungsprinzipien zu verlangen, daß sie es gestatten, mit Meßungenauigkeiten behaftete Daten in exakte Begriffe der Mathematik zu übersetzen.

2.4. Ich hatte am Anfang dieses Abschnittes eine erste rohe Kennzeichnung des physikalischen Theoriebegriffs gegeben. Nach den vorangegangenen Überlegungen können wir diese nun wie folgt verschärfen:
Eine physikalische Theorie ist ein Tripel bestehend aus einer mathematischen Theorie, einem Grundbereich und den Abbildungsprinzipien.
Es ist üblich, die einzelnen Bestandteile durch Symbole zu kennzeichnen; der vorangehende Satz lautet dann $\Phi = (\Theta, G, \mathscr{A})$, wobei die Reihenfolge der Symbole die gleiche ist wie die der Begriffe. Das in Figur 1 dargestellte Schema läßt sich damit präzisieren, wie in Figur 2 angegeben.[11)]

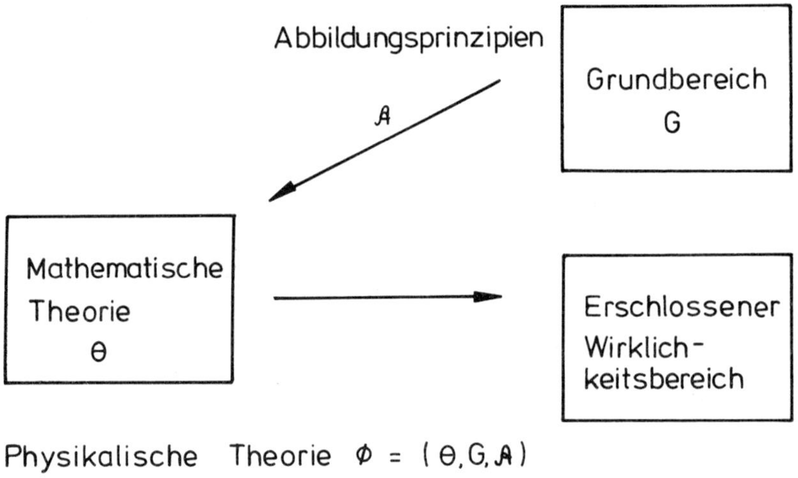

Figur 2

2.5. Von einer Theorie verlangt man üblicherweise, daß man sagen kann, ob sie (in einem gewissen Sinne) „richtig“ oder, wenn schon nicht das, ob sie „falsch“ ist. Beides sind unangemessene Forderungen. Um das zu sehen, braucht man den Begriff des Tests einer Theorie. Man hat darunter eine Reihe von Fakten aus dem Grundbereich der Theorie zu verstehen, die auf Grund der Abbildungsprinzipien mit der mathematischen Theorie (die selber als widerspruchsfrei angenommen wird!) im Widerspruch stehen oder nicht. Wenn der Test positiv ausgefallen ist, d.h. wenn kein Widerspruch besteht, sagt man, daß die Faktenreihe zum Anwendungsbereich der Theorie gehört. Eine physikalische Theorie ist also nicht richtig oder falsch, sie hat einen Anwendungsbereich. Diese Aussage steht im

Widerspruch zu den bekannten Popperschen[12] Thesen! Der Anwendungsbereich einer Theorie kann natürlich leer sein. Sie ist dann eine überflüssiges Konstrukt, da sie unbrauchbar ist. Falsifizierbarkeit kann im Zusammenhang mit dem hier beschriebenen Theoriekonzept nur dann auftreten, wenn man zu einer Theorie eine Behauptung über ihre Anwendbarkeit hinzunimmt. Das kann z. B. dadurch geschehen, daß Handlungsanweisungen für das Sammeln von Fakten mit der Aussage verbunden werden, daß die so gewonnen Fakten zum Anwendungsbereich der betrachteten Theorie gehören. Den so erweiterten Anwendungsbereich der Theorie bezeichne ich als deren Gültigkeitsbereich.

2.6. Diese Überlegungen könnten zu der Vermutung führen, daß man eine mathematische Theorie, genauer die in ihr betrachteten und mit Struktur versehenen Mengen nur aus den Abbildern von Fakten bestehen lassen sollte, um in Gedanken die Natur möglichst genau zu modellieren. Keine der existierenden physikalischen Theorien mit ihren enormen Anwendungsbereichen (z. B. in der Technik) ist von dieser Art. Vielmehr enthalten sie immer Elemente nicht nur für Fakten, sondern auch für mögliche „Fakten". Man spricht in diesem Zusammenhang von idealen und hypothetischen Elementen. Da wir den mathematischen Bereich einer physikalischen Theorie dem menschlichen Denken, die Fakten aber der Natur zurechnen können. läßt sich der dargestellte Sachverhalt so in eine knappe Formel bringen:
Das Denken über die Natur ist allemal reichhaltiger als das, was diese uns von sich zeigt.

2.7. Wir hatten in unserem knappen Exkurs über physikalische Theorien bisher nichts darüber gesagt, wie man dazu kommt, eine Theorie aufzustellen. Es ist eine weitverbreitete Meinung, man könne eine physikalische Theorie „beweisen" oder wenigstens direkt „aus der Natur ablesen". Diese Meinung ist falsch! Theoriebildung ist ein historischer Prozeß und ein induktiver dazu. Da es keine induktive Logik gibt, ist das Auffinden eines brauchbaren Tripels, das eine Theorie konstituiert, eine Angelegenheit der Intuition derjenigen, die danach suchen. Natürlich können gewisse physikalische Theorien aus stärkeren abgeleitet werden. Aber gerade die stärksten Theorien sind in keinem Sinne beweisbar. Sie werden – um es auf einen prägnanten Begriff zu bringen – zielstrebig erraten!

Nach diesem Ausflug in die Wissenschaftstheorie kehren wir in die Physik zurück! Unsere Aufgabe besteht jetzt darin, nach dem angegebenen Schema eine

3. Raum-Zeit-Theorie

3.1. wenigstens in Umrissen entstehen zu lassen[13]. Konkret heißt das, wir haben die drei Theoriekomponenten Grundbereich, mathematische Theorie und Abbildungsprinzipien explizit anzugeben.

3.2. Der erste Teil der zu bewältigenden Aufgabe lautet: Finde einen Bereich von Fakten, der einen *Grundbereich* für das Raum-Zeit-Problem darstellt, und eine Sprache, in der diese Fakten mitgeteilt werden können. In den Vorbemerkungen waren wir bei der Behandlung der Frage „Von wo aus suchen wir ...? darauf gestoßen, daß der Ausgangspunkt der intendierten Raum-Zeit-Theorie außerhalb der Physik gefunden werden muß. Demnach ist der Grundbereich gerade jener Ausgangspunkt, denn die zu ihm gehörenden Fakten können nicht erst durch die Raum-Zeit-Theorie selber erschlossen werden; sie sind außerhalb, d.h. vor der Physik zu suchen. Das hat zur Konsequenz, – worauf wir ebenfalls schon in den Vorbemerkungen gestoßen sind – daß wir mit einer Faktenbeschreibung in *Alltagssprache* unsere Bemühungen beginnen *müssen*. In der Terminologie des L-Konzeptes heißt das, die Vortheorie zur Raum-Zeit-Theorie wird in Alltagssprache formuliert. Im weiteren Verlauf unserer Überlegungen werden wir also Alltagssprache *direkt* in Mathematik zu übersetzen haben.[14)]

Der zweite Teil unserer Aufgabe, die Abgrenzung eines Bereichs von Fakten, erfordert intensivere heuristische Überlegungen. Wenn – wie bereits betont – in allen Teildisziplinen der Physik die Begriffe Raum und Zeit verwendet werden, so liegt die Vermutung nahe, daß umgekehrt alle physikalischen Gegebenheiten ihrerseits zur Konstituierung dieser Begriffe beitragen *können*. Das bedeutet Raum und Zeit sind Strukturmerkmale der ganzen Welt. Was aber heißt Welt? Der erste Satz des Wittgensteinschen[15)] Tractatus liefert hierzu einen entscheidenden heuristischen Hinweis: „Die Welt ist alles, was der Fall ist". Dieser Satz ist in unserem Kontext so zu interpretieren: Der Bereich des Faktischen, den wir suchen, enthält alles, was passierte und passiert, also jedes Ereignis, sofern es registriert wurde. Damit stehen wir vor der Frage, was ist ein Ereignis. Lassen Sie mich statt einer abstrakten Kennzeichnung dieses Begriffs ein paar typische Beispiele nennen:

Ein Sonnenaufgang;
ein Schritt eines Menschen auf einer Wanderung;
die Stellung eines Uhrzeigers;
die Explosion eines Sternes;
etc. etc.!

Die Wahrnehmung von Ereignissen z.B. durch Beobachter ist wesentlich dafür, daß sie überhaupt zum Grundbereich einer Theorie gehören können. Isolierte Ereignisse, die niemand registriert hat, sind irrelevant für jede beliebige Theorie, da sie niemals in einem Test verwendet werden können. Wahrnehmbarkeit bedeutet aber, daß von Ereignissen Signale ausgehen, die Aufschluß darüber geben, daß sich etwas ereignet hat.

Aufgrund dieser heuristischen Überlegung nehmen wir für die gesuchte Raum-Zeit-Theorie einen *Grundbereich* an, der *aus Ereignissen* besteht *und aus Signalen,* die zwischen Ereignissen vermitteln.

Wieder will ich statt durch eine Definition den Begriff Signal durch einige Beispiele erläutern:
Ein Lichtblitz einer Morselampe;
ein Stück eines Lichtstrahls von einem Stern;
ein Brief;
ein geworfener Stein;
eine Raumsonde von der Erde zu einem Planeten;
etc. etc.!
Der erste Schritt in Richtung Raum-Zeit-Theorie ist damit getan.

3.3. Im zweiten Schritt haben wir eine *mathematische Theorie* anzugeben, in der wir über Ereignisse und Signale sprechen können. Über welche Ereignisse und welche Signale? Eine Theorie, in der wir nur über die Vergangenheit reden könnten, also über gewesene Ereignisse und gewesene Signale, wäre ein armseliges Gebilde. Sie würde nichts enthalten, was man nicht im Grundbereich selber beschreiben könnte. Da wir in der gesuchten mathematischen Theorie über Ereignisse und Signale sprechen wollen, erwarten wir, daß diese (mindestens) zwei Basismengen M und S enthält, eine (M), in die gewesene Ereignisse, und eine (S), in die gewesene Signale ausgebildet werden. Beide Mengen müssen mehr als das Faktische umfassen, sie müssen auch Symbole für mögliche Ereignisse und mögliche Signale enthalten. Aber welche Ereignisse und welche Signale sind möglich? Wir stehen vor einem scheinbar unlösbaren Problem: Noch bevor wir überhaupt eine theoretische Grundlage für die Suche nach den Begriffen Raum und Zeit haben, müssen wir (offenbar?) wissen, was in der Welt passieren kann!
Das Problem läßt sich auf folgende Weise lösen: Die Mengen M und S darf man sich nicht als explizit gegeben vorstellen, sie sind vielmehr nur

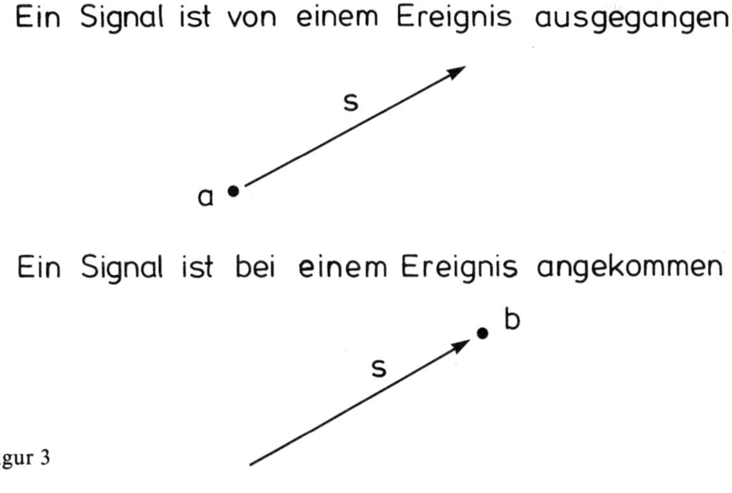

Figur 3

implizit festgelegt durch gewisse Eigenschaften, die von ihnen durch Axiome gefordert werden.
Diese Eigenschaften sollen Strukturmerkmale des Faktischen wiederspiegeln. Es soll z. B. abstrakt darstellbar sein, daß ein bestimmtes Signal von einem bestimmten Ereignis abgegangen ist und bei einem anderen bestimmten Ereignis angekommen ist. Ich will hier die abstrakten Formulierungen vermeiden und die Verhältnisse statt dessen an einfachen Diagrammen erläutern. Diese Diagramme sind allerdings nur mit einiger Vorsicht zu gebrauchen, sie geben die Verhältnisse in *M* und *S* nur sehr unvollkommen wieder.
Elemente *a, b* aus *M* werden im Diagramm als Punkte dargestellt, Elemente *s, s'* aus *S* als Pfeile. Der oben angegebene Satz über Ereignisse und Signale lautet dann wie in Figur 3 dargestellt.

Man fordert nun axiomatisch für *M* und *S*:
Von jedem *a* geht ein *s* aus;
bei jedem *b* kommt ein *s'* an;
jedes *s* beginnt mit einem *a*;
jedes *s'* endet bei einem *b*;
etc. etc.!
Wir machen im folgenden den Versuch, mit einer mathematischen Theorie auszukommen, welche die Mengen *M* und *S* als Basismengen enthält, sowie die obigen Axiome und mehrere andere.

3.4. Um die hier dargestellte Raum-Zeit-Theorie vollständig zu machen, müssen wir die *Abbildungsprinzipien* angeben. Für die Signale ergeben sich keine Probleme: Jedem (realen) Signal wird ein Symbol *s* aus *S* zugeordnet, das dieses Signal damit ein für allemal kennzeichnet. Bei den (realen) Ereignissen geht man etwas anders vor. Ein Element *a* aus *M* soll nichts von der Individualität eines Ereignisses enthalten. Ein Ereignis soll reduziert auf sein „Hier-und-Jetzt" auf ein Element *a* aus *M* abgebildet werden. Man kann das auf verschiedene Weisen erreichen. Für unsere Zwecke ist folgende Konstruktion geeignet: Im Bereich des Faktischen kann man zwei Ereignisse bezüglich ihres „Hier-und-Jetzt" als äquivalent ansehen, wenn dasselbe Signal von beiden Ereignissen abgeht (oder bei ihm ankommt). Das bedeutet in Alltagssprache, beide Ereignisse sind gleichzeitig am gleichen Ort. Die Abbildung auf die Elemente aus *M* soll so erfolgen, daß äquivalente Ereignisse auf dasselbe Element *a* aus *M* abgebildet werden. *M* ist also ein Symbol für alle Ereignisse, sofern man sie nicht individuell betrachtet, sondern nur nach ihrem „Hier-und-Jetzt" unterscheidet.

3.5. *M* ist die Menge der Zeichen für faktisches und mögliches Geschehen, wobei das Geschehen alle Charakteristika bis auf eines, nämlich sein Hier-und-Jetzt verloren hat. *M* ist das Substrat für die gedankliche Rekonstruktion der Welt. *M* wird die *Raum-Zeit* genannt. Wir werden noch Gründe finden, die diese Namensgebung rechtfertigen.

3.6. Bevor wir uns auf die Suche nach den Begriffen Raum und Zeit in der hier vorgestellten Theorie begeben, muß diese selbst noch weiter ausgebaut werden. Dazu vereinfachen wir zunächst die Nomenklatur. Da ein Element a aus M ein Bild für ein mögliches Ereignis ist, nennt man a einfach ein Ereignis. Man spricht auch vom „Ereignis a". Ganz entsprechend hat sich statt „Element s aus S" die Sprechweise „Signal s" eingebürgert. Wir untersuchen jetzt, was einem Beobachter A, sei er real oder nur gedacht, in unserem Bild der Welt, d. h. in M widerfahren kann. Die Menge aller (Symbole für) Ereignisse am Beobachter A wird die Weltlinie von A genannt und mit dem Symbol W_A bezeichnet. Lassen wir unserer Anschauung freien Lauf, so erwarten wir, daß in einem Diagramm, wie wir es bereits benutzt haben, W_A durch eine Linie dargestellt wird, wie in Figur 4.

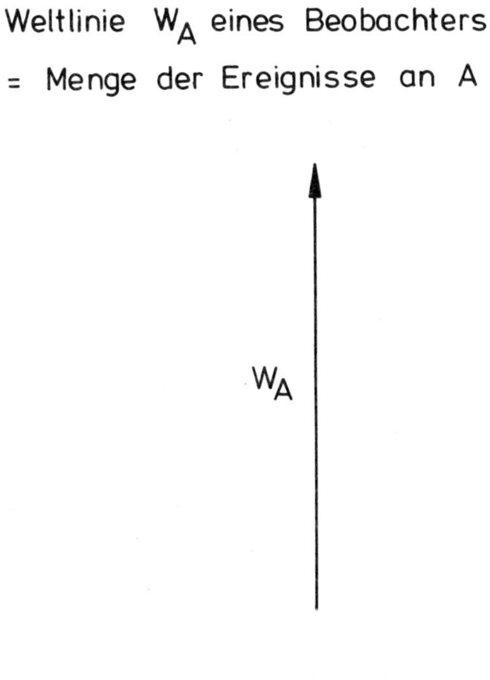

Figur 4

Der Beobachter A kann an dieser Linie einen Richtungspfeil anbringen entsprechend seinem Zeitbewußtsein. Er kann aber auch durch wiederkehrende Signale – etwa einen in die Höhe geworfenen Stein – einen Richtungspfeil auf seiner Weltlinie festlegen. Durch diesen Richtungspfeil ist ein Beobachter immer ein Signal für sich selbst! Die Frage, um die es hier geht, lautet: Was kann man über die Form einer Weltlinie W_A im Diagramm aussagen?

lich der Fall. Man findet zunächst, daß reale Uhren die Kausalordnung parametrisieren. Das kann man sich für Pendeluhren anhand von Figur 9 klarmachen.

Diagramm einer Pendeluhr

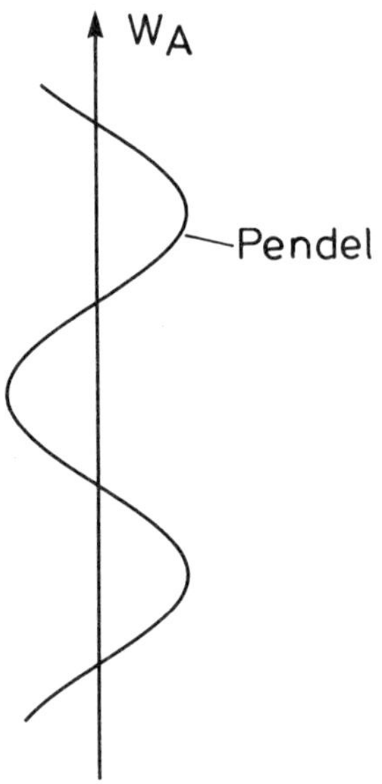

Figur 9

Das Pendel ist aufzufassen als ausgesandtes und zurückkehrendes Signal, das auf der Weltlinie eines Beobachters einen Zeittakt markiert. Da andere Uhren mit Pendeluhren gleichsinnig laufen, parametrisieren auch diese die Kausalordnung. Betrachtet man jetzt die Verhältnisse umgekehrt, so kann man jede dieser Parametrisierungen von W_A als das theoretische Korrelat einer Uhr des Beobachters A ansehen. Es liegt daher nahe, als physikalischen Zeitbegriff eines Beobachters die Kausalstruktur seiner Weltlinie bzw. deren Parametrisierung anzusehen.

Dabei ist keine Uhr (im theoretischen wie im praktischen Sinne) apriori vor einer anderen ausgezeichnet. Aber es gibt Gründe, einen bestimmten Uhrentyp allen anderen vorzuziehen. Ein praktischer Grund wäre z. B. eine hohe Ganggenauigkeit.[18)] Ein zweiter Grund könnte darin bestehen, daß der Gang einer Uhr an mikroskopische Eigenschaften der Materie gekoppelt und dadurch äußeren Einflüssen wie Erwärmung, Druckunterschieden etc. entzogen ist. Beide Gründe sprechen für die Benutzung von sogenannten Atomuhren.[18)] Die mit ihnen gemessene Zeit wird auch

Eigenzeit des Beobachters genannt. Es gibt Gründe für die Annahme, daß die Eigenzeit direkt mit den physiologischen Entwicklungsprozessen gekoppelt ist. Daher liegt es nahe, die Eigenzeit und die „empfundene" Zeit eines Individuums zu identifizieren.[19)]

3.9. Unser nächster Schritt soll uns auf eine etwas höhere Stufe bringen, und dazu benötigen wir Anlauf. Ich hatte oben bereits erwähnt, daß es kein Signal gibt, das – anschaulich gesprochen – unendliche Ausbreitungsgeschwindigkeit hat. Es ist sogar nicht einmal ein Signal gefunden worden, das schneller ist als Licht im Vakuum. Begnügt sich also ein Beobachter nicht mit sich selbst, sondern will er seine Umgebung explorieren, so ist er auf Signale angewiesen. Er tut gut daran, dafür Licht zu verwenden. Statt diese Aussage näher zu begründen, will ich pragmatisch vorgehen und zeigen, wie ein Beobachter seine Umgebung mit Hilfe von Licht beschreiben kann. Dazu betrachten wir die Figur 10.

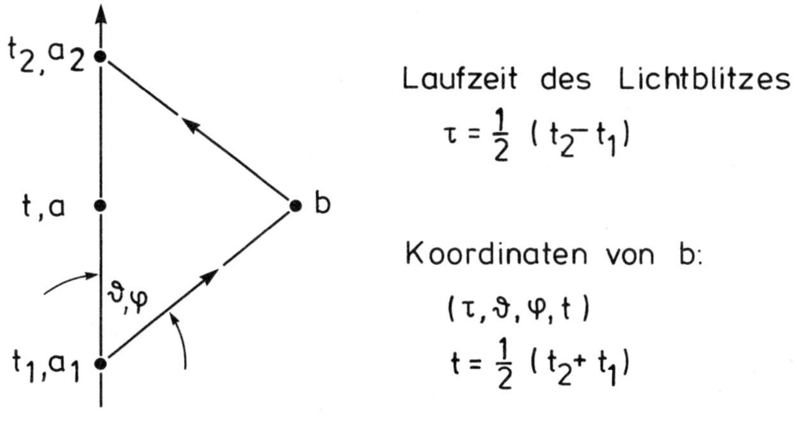

Figur 10

Sie beschreibt folgende Situation: Beobachter A sendet zur Zeit t_1 vom Ereignis a_1 einen Lichtblitz nach b und empfängt zur Zeit t_2 dessen Echo in a_2. Dabei sind die Zeiten t_1 und t_2 gemessen mit der (einen!) Uhr von A. Ferner kann A noch – was im Bild nicht darstellbar ist – die Richtung des ausgehenden Lichtlitzes durch zwei Winkel ϑ und φ angeben. A ordnet jetzt dem Ereignis b vier Zahlen zu wie folgt:
Die Winkel ϑ und φ,
die Radarentfernung, d. h. die Laufzeit des Lichtblitzes $\tau = \frac{1}{2}(t_2 - t_1)$ und die Zeit $t = \frac{1}{2}(t_2 + t_1)$. (Vgl. Anmerkung[20)])
Wenn A diese Zuordnung für alle Ereignisse einer gewissen Umgebung U durchgeführt hat, sagt man, er hat U koordinatisiert. Da man zur Koordinatisierung vier Zahlenparameter braucht, spricht man von vierdimensio-

nalen Koordinaten. Eine davon ist die Zeit t, die ein Beobachter seiner Umgebung U aufprägt. Die Abbildung einer Umgebung U auf Zahlenparameter entspricht – abgesehen von der Dimension – genau dem, was man in der Kartographie tut: Teile der gekrümmten Erdoberfläche werden auf ebene Blätter, die Karten abgebildet. Die Koordinatisierung einer Umgebung U aus M nennt man in Analogie dazu ebenfalls eine Karte. Da jeder Beobachter (im Prinzip) eine Karte einer Umgebung herstellen kann, ergibt die Arbeit aller Beobachter ein Kartenwerk der Raum-Zeit M, also einen Atlas.
Die Raum-Zeit M hat damit eine besondere Struktur gewonnen. Man sagt, M ist durch den Atlas eine *Mannigfaltigkeit* geworden, die sogenannte Raum-Zeit-Mannigfaltigkeit. Sie ist von zentraler Bedeutung für die gesamte Physik. Denn, sie ist die Grundlage der Relativitätstheorie und damit aller Theorien, die auf dieser aufgebaut sind.

3.10. Allerdings reicht die bloße Mannigfaltigkeitsstruktur nicht aus, um die (gewöhnliche) Relativitätstheorie, d. h. z. B. die Einstein-Maxwell-Theorie zu formulieren. Dazu braucht man ein weiteres Strukturelement der Raum-Zeit M, den sogenannten metrischen Tensor g. Das Problem ist dabei, wie g zu definieren ist. Hierzu gibt es verschiedene Möglichkeiten. Bei dem von mir gewählten Weg läßt sich g einführen mit Hilfe von Axiomen, die Aussagen über die verwendeten Uhren enthalten. Ehlers, Pirani und Schild[6)] haben das Problem gelöst durch Einführung des Begriffs „frei fallender Teilchen“ zusammen mit einigen Axiomen für sie. Welchen Zugang zum metrischen Tensor man bevorzugen sollte, ist zur Zeit noch offen und wohl auch eine Sache des Geschmacks.

3.11. Fassen wir zusammen, was wir durch die Konstruktion der Raum-Zeit-Mannigfaltigkeit gewonnen haben.

1.) Zeit erscheint als individuelle Zeit eines Beobachters A. Die Ordnung des Zeitparameters entspricht der Kausalordnung der Ereignisse von W_A.
2) Ein Beobachter A kann einer Umgebung U seine Zeit durch Koordinatisierung aufprägen. Die Kausalordnung der Umgebung U spiegelt sich ebenfalls wieder in der Ordnung des Zeitparameters.
3) Der Begriff „Raum“ hat in unseren bisherigen Überlegungen eine etwas untergeordnete Rolle gespielt. Ich will es dabei belassen und lediglich mit einer kurzen Bemerkung und ohne Begründung auf das Problem des Raumes in unserem Kontext eingehen. Es erweist sich als sinnvoll, wenn ein Beobachter A als Raumstücke in seiner Umgebung U die Mengen mit jeweils konstanter Zeit t definiert. Die so definierten Raumstücke stimmen mit den auf der Erde im Alltag erfahrenen Raumstücken näherungsweise überein.
4) Der Name Raum-Zeit für die Mannigfaltigkeit M rechtfertigt sich also insofern, daß man in M Zeit lokal und Raum stückweise rekonstruieren kann.

5) Ebenfalls ohne Beweis erwähne ich, daß in der Raum-Zeit *M* das Problem der Synchronisation von Uhren verschiedener Beobachter behandelt werden kann. Aus den theoretischen Überlegungen lassen sich experimentell realisierbare Synchronisationsverfahren gewinnen. Verschiedene Beobachter mit synchronisierten Uhren haben damit einen gemeinsamen Zeitbegriff, der seinerseits wieder zur Definition von Raumstücken benutzt werden kann.
6) Es ist i. a. nicht möglich, in der bisher entwickelten Theorie von Zeit und Raum global zu sprechen. Beide Begriffe haben nur die bisher angegebene lokale Bedeutung in der Umgebung jeweils eines Beobachters oder für mehrere Beobachter mit synchronierten Uhren.

3.12. Die Suche nach den physikalischen Begriffen Raum und Zeit hat damit ihr (vorläufiges) Ende gefunden. Wir haben diese Begriffe gefunden als Strukturmerkmale der Raum-Zeit. Trotz dieses Erfolges kann das Ergebnis nicht voll befriedigen. Denn, wir haben eine Theorie konstruiert und darin den Raum- und den Zeitbegriff gefunden, aber wir wissen nur, daß die Theorie „nicht ganz falsch" ist. Im beschränkten Bereich unseres Sonnensystems stehen nur wenige Testmöglichkeiten zur Verfügung. Der Anwendungsbereich ist also gering! Eine ungeheure Kraftanstrengung ist notwendig, um über diese Hürde hinwegzukommen.
Ich wage folgende Behauptung:
Der Gültigkeitsbereich der hier vorgestellten Theorie ist universell, d. h. es gibt keinen Test, wo auch immer in der Welt, der mit ihr einen Widerspruch erzeugt.
Die Theorie ergänzt um diese Behauptung ist damit im Prinzip falsifizierbar geworden: Ein negativer Test genügt, um sie in dieser Form zu widerlegen. Etwas weniger dramatisch läßt sich obige Behauptung aber als Arbeitshypothese verstehen, die man benutzt bis man vielleicht eines Besseren belehrt wird. Allerdings: Ich *glaube,* daß diese Behauptung richtig ist! Diese Meinung wird von vielen, aber nicht von allen Physikern geteilt.

3.13. Die Raum-Zeit ist damit zum Universum, zum Kosmos, zum Weltall geworden. Erinnern wir uns, daß die Kausalrelation der Hintergrund des physikalischen Zeitbegriffs ist. Wenn also die Raum-Zeit als Bild des Kosmos verstanden wird, dann erscheint der physikalische Zeitbegriff als Bild der Kausalstruktur des Kosmos. Auf eine knappe Formel gebracht: Kausalität manifestiert sich direkt als Zeit und indirekt durch Gleichzeitigkeit als Raum.

Mit diesen Bemerkungen könnte man die durch mein Thema gestellte Aufgabe als im Kern erledigt ansehen. Ich meine aber, diese Erledigung wäre unvollständig, würde ich Ihnen nicht wenigstens durch einige

4. Ausblicke

zeigen, welches Feld mit unseren Überlegungen erschlossen worden ist.

4.1. Erinnern wir uns an den von mir hier benutzten Grundbereich. Er besteht aus (realen) Ereignissen und Signalen. Ich hatte – wohlweislich – für diese Begriffe keine Definitionen angegeben. In anderem Zusammenhang habe ich versucht, diesem Mangel durch Umschreibungen abzuhelfen. Ganz befriedigend ist dieses Verfahren nicht. Ich meine, daß hier eine genuine Aufgabe für die Protophysik darin bestünde, durch operative Vorschriften festzulegen, welche realen Gegebenheiten als Ereignisse und Signale anzusehen sind oder wie man Ereignisse und Signale künftig „herstellt". Bei dieser Aufgabe ginge es also nicht um eine Begründung einer physikalischen oder mathematischen Theorie, sondern um die operative Festlegung der endlich vielen Gegenstände des Grundbereichs der Raum-Zeit-Theorie. Protophysik und L-Konzept könnten sich in diesem Punkt ergänzen. Der (hypothetische) Gültigkeitsbereich der Raum-Zeit-Theorie wäre damit operativ erschlossen.

4.2. Ich hatte am Ende des letzten Abschnittes über den Gültigkeitsbereich die Behauptung aufgestellt, daß er universell sei, daß es also keine Ereignisse und Signale gibt und geben wird, die in einem Test zu einem Widerspruch mit der Theorie führen. Dabei drängt sich sofort die Frage auf, ob es nicht eine stärkere Begründung für meine Überzeugung gibt. Wo kann eine solche Begründung gesucht werden? Die Analyse des physikalischen Theoriebegriffes hat gezeigt, daß lediglich der Anwendungsbereich einer Theorie durch Experimente zu gewinnen ist. Damit ist eine Physik-immanente Lösung unseres Problem ausgeschlossen! Die hier aufgeworfene Frage führt zwangsläufig in die Philosophie. Das trifft nicht nur auf die Raum-Zeit-Theorie und ihren Gültigkeitsbereich zu, sondern gleichermaßen auf alle physikalischen Theorien. Der philosophischen Frage nach einer Begründung der Physik steht der alltägliche Umgang der Menschen mit Natur und Technik gegenüber. Hätten wir nicht die Überzeugung, daß die gewonnenen Vorstellungen über die Natur auch in den Bereichen gelten werden, für die sie noch nicht getestet wurden, wir dürften ohne Angst kein Flugzeug und kein Auto besteigen, ja nicht einmal in diesem Raum zusammensitzen. Durch unsere Handlungen drücken wir unausgesprochen Überzeugungen aus, nämlich die, daß hinter den Naturgesetzen mehr steckt als reine Empirie. Ein denkbarer Hintergrund könnte z.B. dadurch gegeben sein, daß physikalische Gesetze als ontologische Aussagen zu deuten sind. Unsere Handlungen wären dadurch verständlich. In jedem Fall ist die Frage nach dem philosophischen Hintergrund der Physik unabweisbar. Das trifft in besonderem Maße, nicht nur traditionell, auf die Raum-Zeit-Theorie zu. Sie liegt an der Nahtstelle zwischen Physik und Philosophie.

4.3. Sie erlaubt aber auch eine früher rein philosophische Fragestellung in die Physik hineinzunehmen, die Frage nach dem Gesamtkosmos und seiner Struktur. Die Raum-Zeit-Mannigfaltigkeit M war in unseren bisherigen Überlegungen nicht konkret bestimmt, sondern nur durch die ihr axiomatisch aufgeprägte Struktur eingeschränkt. Die Frage lautet also: Lassen sich solche (weiteren) Axiome finden und aufgrund von Experimenten plausibel machen, daß die Raum-Zeit-Mannigfaltigkeit auf *eine* Form oder auf *wenige* eingeschränkt wird. Das ist tatsächlich der Fall. Beobachtungen von Galaxien und Galaxienhaufen ergeben, daß deren Verteilung im Weltall in allen Richtungen gleich ist. Nimmt man nun an, daß die Erde, bzw. unsere Sonne im Weltall keine ausgezeichnete Stellung einnimmt, so liegt die Annahme nahe, daß andere Beobachter im Weltall (wenn sie wie unsere Astronomen beobachten) die gleiche Verteilung der Galaxien und Galaxienhaufen sehen. Fügt man diese Annahme als Axiom, als sogenanntes *kosmologisches Prinzip* zur bisherigen Raum-Zeit-Theorie hinzu, so gibt es nur drei mögliche Typen der Raum-Zeit-Mannigfaltigkeit M. Es ist nicht möglich, den Beweis dafür hier auch nur anzudeuten.

Die Grobstruktur des Kosmos ist damit auf drei Möglichkeiten eingeschränkt. Für das Zeitproblem ergibt sich in diesen Raum-Zeiten eine überraschende Perspektive, die ich ebenfalls ohne Beweis vorstelle: Es gibt eine ausgezeichnete Zeit, die nicht nur lokal durch einen Beobachter definiert ist, sondern global, die sogenannte kosmische Zeit.[21)] Durch sie wird es ebenfalls möglich, global von Raum zu sprechen und nicht nur von Raumstücken. Auf diese Weise hat man einen Ersatz für die absolute Zeit und den absoluten Raum gefunden.

4.4. Ich hatte Zeit und Raum als Ausdruck der Kausalstruktur der Welt charakterisiert. Diese Kennzeichnung mag richtig sein oder nicht, sie verdeckt in jedem Falle die Tatsache, daß vom Menschen Zeit und Raum primär nicht verstanden, sondern erlebt werden. Damit sind wir bei der emotionalen Seite der Raum-Zeit-Frage angelangt, die in ihrer ganzen Vielfalt einer eigenen, genaueren Betrachtung wert wäre. Ein paar abschließende Gedanken mögen als Illustration dienen. Wer sich je mit Fragen der Raum-Zeit oder allgemeiner der Relativitätstheorie befaßt hat, wird immer wieder den hohen ästhetischen Reiz spüren, der von diesen Überlegungen ausgeht. Ich wäre sehr froh, wenn es mir gelungen sein sollte, hier in Andeutung etwas davon zu vermitteln. Mehr noch als von den wissenschaftlichen Bemühungen geht ein starker emotionaler Reiz von den Gegenständen des Kosmos selber aus und von dem Gedanken, daß wir beim Anschauen ihrer Bilder einen Blick in Zeiten zurückwerfen, die alle unsere Vorstellungen übertreffen. Diese Bilder können uns mit Stolz erfüllen, daß wir es so herrlich weit gebracht haben, den Kosmos in unserem Denken gleichsam einzufangen. Und dieser Gedanke wieder könnte als Stütze für jene Ideen und Ideologien dienen, bei denen der

Mensch im Mittelpunkt aller Vorstellungen steht. Diese Bilder signalisieren aber auch die andere mögliche Konsequenz: Es gibt keinen Grund, anthropozentrisch zu denken und zu handeln. Ich selber neige dazu, diesen letzten Schluß zu ziehen.

Anmerkungen und Literaturhinweise

1) C. F. von Weizsäcker, Aufbau der Physik, C. Hanser Verlag, 1985.

2) G. Ludwig, Die Grundstrukturen einer physikalischen Theorie, Springer Verlag, 1978.

3) A. Einstein, Über die spezielle und allgemeine Relativitätstheorie, Vieweg Braunschweig 1917.

4) M. Minkowski, Raum und Zeit, Vortrag Köln, 1908 in: Das Relativitätsprinzip, Fortschritte der mathematischen Wissenschaften Heft 2, Leipzig/Berlin 1913.

5) H. Reichenbach, Axiomatik der relativistischen Raum-Zeit-Lehre, in: Gesammelte Werke, Band 3, Vieweg 1979.

6) J. Ehlers, F. A. E. Pirani, A. Schild, The Geometry of Free Fall and Light Propagation, in General Relativity, ed. L. O'Raifeartaigh, Clarendon Press Oxford 1972.

7) N. M. J. Woodhouse, The differentiable and causal structures of space-time, J. Math. Phys. 14 (1973) 495.

8) Die ganzen Zahlen bilden die der Arithmetik zugrunde liegende Menge. Die Verknüpfungen Addition und Multiplikation sind die auf dieser Menge definierten Strukturen.

9) Auffällig für Nicht-Mathematiker ist die sehr abstrakte Kennzeichnung mathematischer Theorien. Sie sind primär unanschaulich! Bei der Untersuchung des physikalischen Zeitproblems sieht man sich gezwungen, auf nicht (oder nur zum Teil) anschauliche mathematische Theorien als Sprache zurückzugreifen. Die dem Alltagsverständnis oft seltsam unverständlich bis paradox anmutenden Aussagen der Physik, speziell der Relativitätstheorie, sind z. T. bereits durch die Unanschaulichkeit der Sprache bedingt. Man hat diesen Umstand früher, bis zum Ende des vorigen Jahrhunderts i.a. als Mangel empfunden. Heute hat man gelernt, daß Anschaulichkeit kein wesentlicher Bestandteil von physikalischen oder mathematischen Theorien ist. Ist Anschaulichkeit gegeben, so ist sie eine schöne, aber entbehrliche Zutat!

10) Wie in jeder anderen Wissenschaft gibt es auch in der Mathematik nicht nur ein mögliches Wissenschaftsverständnis. Für die Darstellung des physikalischen Theoriekonzeptes ist dasjenige ausgewählt worden, welches in der Gemeinde der Mathematiker am meisten verwendet wird, das sogenannte Bourbaki-Konzept (N. Bourbaki, Elements of Mathematics, Vol. 1, Addison Wesley 1968). Will man nicht im Vorfeld der im physikalischen Sinne eigentlichen Probleme stekken bleiben, d. h. zielt man nicht nur auf mathematische Grundlagenfragen, so sieht man sich zu einer Auswahl aus vorgegebenen Mathematikkonzepten gezwungen.

11) Dieser Theoriebegriff ist für die Analyse grundsätzlicher Probleme der Physik sehr geeignet. Er wird auch einen Zugang zum Zeitproblem ermöglichen. Für die meisten praktischen Probleme benötigt man jedoch nicht so strenge Formulie-

rungen. Insbesondere lassen sich die drei Theoriekomponenten auf vielfache Weise miteinander verweben. Das führt zu einer einfacheren, allerdings auch unpräziseren Sprechweise.

[12] K. R. Popper, Logik der Forschung. Vierte, verbesserte Auflage, J. C. B. Mohr (Paul Siebeck) Tübingen 1971.

[13] Eine genaue Darstellung der in den folgenden Abschnitten 3.2 bis 3.9 dargestellen Theorie findet sich in: J. Schröter, An Axiomatic Basis of Space-Time Theory, erscheint 1988 in: Reports on Mathematical Physics.

[14] Die Tatsache, daß der Grundbereich der Raum-Zeit-Theorie in Alltagssprache zugänglich ist, zu seiner Charakterisierung also keine Kenntnisse in Physik notwendig sind, führt mit zu der hohen populären Attraktivität der relativistischen Raum-Zeit-Lehre. Andererseits ist der Schritt in die „eigentliche" Theorie populär nur schwer nachvollziehbar. Aus dieser Diskrepanz resultieren zum größten Teil die Schwierigkeiten – sowohl für Leser wie für Autoren – in den allgemein verständlichen (oder allgemeinverständlich gemeinten) Darstellungen der Relativitätstheorie.

[15] L. Wittgenstein, Tractatus logico-philosophicus, ed. Suhrkamp, SV 1963.

[16] Gäbe es (reale) Signale, wie sie in 3.6.3 beschrieben und in Figur 7 dargestellt sind, so würde die hier vorgestellte Theorie keinen Test bestehen, in dem eines dieser Signale vorkommt. Es wäre dann unter bestimmten Bedingungen möglich, mit ihrer Hilfe eine Newtonsche Raum-Zeit-Theorie als physikalische Theorie zu etablieren.

[17] Wählt man einen Zugang zur allgemeinen Relativitätstheorie, bei dem die Raum-Zeit M mit anderen als den hier verwendeten Eigenschaften an die Spitze aller Überlegungen gestellt wird, so gibt es Modelle von M ohne Kausalität. Sie sind jedoch „lokal-kausal". Um diese Modelle nicht aus der hier vorgestellten Theorie von vornherein auszuschließen, hätte man die in 3.6.4 aufgestellte Forderung zu „lokalisieren". Eine Theorie mit entsprechend abgeschwächten Axiomen ist im Ansatz vorhanden, aber bisher nicht ausgeführt worden.

[18] Die Ganggenauigkeit für einen Uhrentyp ist definiert als die relative Streuung der angezeigten „Zeiten" in einem (hinreichend) großen Ensemble von gegeneinander ruhenden Uhren (dieses Typs!) bei gleicher „Startzeit". Für Atomuhren ergibt sich, daß die Ganggenauigkeit besser ist als 6×10^{-6} s pro Jahr. Das bedeutet, daß sich die Anzeigen von Atomuhren (bei relativer Ruhe) in einer Million Jahren um weniger als sechs Sekunden (im Mittel) unterscheiden.

[19] Für diese Identifizierung spricht z. B. die Vorstellung, daß Alterung ein Prozeß auf subzellularer bis makromolelularer Ebene ist. Er ist damit wie die Eigenzeit an die Mikrostruktur der Materie gekoppelt. Allerdings ist in diesem ganzen Problemkreis bisher nichts bewiesen! Aus der Relativitätstheorie folgt, daß gegeneinander bewegte (Eigenzeit-)Uhren i. a. Gangunterschiede aufweisen, wenn sie vom selben Ort mit gleicher Zeit starten und sich „später" wieder treffen. Dieser sogenannte *erste Uhreneffekt* ist experimentell für Elementarteilchen und Atomuhren (J. Haefele, R. Keating, Science 177 (1972) 166) nachgewiesen. Daß er auch für Lebewesen gilt, folgt nur, wenn man die obige Identifizierung vornehmen darf. Der Uhreneffekt für Lebewesen wird üblicherweise „Zwillingsparadoxon" genannt (vgl. z. B. R. Sexl, H. K. Schmidt, Raum-Zeit-Relativität, Friedr. Vieweg und Sohn 1984).

[20] Daß man gerade t und τ wie angegeben benutzt, ist zwar bequem, aber ohne tiefere Bedeutung. Man könnte auch jede andere auflösbare Funktion von t_1 und t_2 zur Parametrisierung verwenden.

[21] Aus dem kosmologischen Prinzip allein folgt nicht, daß die Zeit einen (endlichen!) Anfang hat. Erst mit Hilfe weiterer Axiome, z. B. aus den Einsteinschen Feldgleichungen für ein bestimmtes Materiemodell (zusammen mit dem kosmologischen Prinzip) läßt sich das Phänomen des Urknalls und damit der Beginn der Zeit ableiten (vgl. z. B. R. und H. Sexl, Weiße Zwerge – Schwarze Löcher, Friedr. Vieweg und Sohn 1984).

Jürgen Ehlers

Einführung der Raum-Zeit-Struktur mittels Lichtstrahlen und Teilchen

1. Einleitung

Ziel der Physik ist, diejenigen allgemein zugänglichen und überprüfbaren Regelmäßigkeiten in den Naturerscheinungen, die die unbelebte Materie (im weitesten Sinne) betreffen, in möglichst umfassenden Theorien „abzubilden“ und zu „erklären“. Dabei wird unter einer physikalischen Theorie ein logisch geordnetes, unter Zuhilfenahme mathematischer Begriffe formuliertes System von Sätzen verstanden, das mit Regeln versehen ist, die einige Begriffe des Systems mit Erfahrungsdaten verknüpfen. Aufgrund dieser Verknüpfungen, der sogenannten Interpretation der Theorie, werden ihre Aussagen durch Wahrnehmungen, Beobachtungen und Experimente überprüfbar. Eine Theorie ist also so etwas wie ein mit mathematischen Begriffen gestaltetes Bild eines Ausschnitts der vorfindlichen äußeren Welt. Gelingt die Abbildung, d.h. stellen sich die aufgrund der Theorie gebildeten Erwartungen (Vorhersagen, aber auch „Zurücksagen“) überwiegend als zutreffend heraus, so gelten die betreffenden Erscheinungen als durch die Theorie „erklärt“ [1].

Zu den Grundlagen aller bisher bewährten physikalischen Theorien gehören Annahmen über die Struktur von Raum und Zeit, die es ermöglichen, quantitative und objektive Aussagen zu machen über die möglichen Gestalten und relativen Lagen von Körpern, die Zeitdauern von Vorgängen, den Ablauf von Bewegungen, den Verlauf von Lichtstahlen zwischen den Körpern und Ähnliches. Dies gilt für Teilchen- und Feldtheorien, für klassische und Quantentheorien gleichermaßen. Die Annahmen über Raum und Zeit stellen sozusagen einen Rahmen dar, innerhalb dessen Naturgesetze formuliert werden, und in dem Maße, wie sich diese Gesetze bewähren, können jene zugrundegelegten Raumzeitannahmen als der Wirklichkeit angemessen gelten.

Heute besteht wohl unter Physikern kaum Zweifel daran, daß die der Einsteinschen Gravitationstheorie, der Allgemeinen Relativitätstheorie, zugrundeliegende Raumzeitstruktur unter allen bisher verwendeten Raumzeit-Theorien die umfassendste und genaueste, der Wirklichkeit am besten angepaßte ist. Danach ist die Raumzeit, die Menge der Ereignisse, eine vierdimensionale, gekrümmte, pseudoriemansche (man sagt dafür auch „Lorentzsche“) Mannigfaltigkeit. Diese Theorie enthält die früheren Vorstellungen als Näherungen [2].

Bei dieser Sachlage ist es wünschenswert, die Einsteinsche Raumzeitgeometrie direkt, in möglichst engem Anschluß an beobachtbare Phänomene, schrittweise aufzubauen und zu begründen, ohne den komplizierten historischen Umweg nachzugehen, der mit der Newtonschen Theorie des aboluten Raumes und der absoluten Zeit beginnt und über die (Galilei-) relativistische Raum-Zeit-Theorie der klassischen Mechanik, die Leibniz-Machschen Ideen und die Lorentz-Poincaré-Einstein-Minkowskische spezielle Relativitätstheorie schließlich zur Allgemeinen Relativitätstheorie führt.

Natürlich kann weder die Einsteinsche noch irgendeine andere Theorie in strengem logischen Sinne aus Erfahrungen abgeleitet werden. Es kann sich nur darum handeln, einige möglichst einfache und experimentell oft überprüfte Tatsachen zu mathematischen Aussagen zu „idealisieren" und aus ihnen dann die Raumzeitstruktur zu folgern. Die Auswahl der hierbei herangezogenen Tatsachen und die Art ihrer mathematischen Idealisierung lassen sich nicht begründen; ihre Rechtfertigung liegt im Erfolg der aus ihnen resultierenden Theorien.

Um allgemein verständlich zu sein, werde ich die mathematische Symbolsprache meiden und Diagramme verwenden. Dies ist nicht nur ein Darstellungsmittel. Die folgenden Ausführungen enthalten die Grundzüge einer formelfreien, synthetischen, mit Figuren und Konstruktionen arbeitenden Raumzeitgeometrie. Sie stützen sich hauptsächlich auf die in Anmerkung[3)] zitierten Arbeiten.

2. Probekörper und Lichtstrahlen als Indikatoren der Raumzeitstruktur

Weder der Raum noch die Zeit sind Gegenstände; man kann z. B. nicht auf etwas hinweisen und sagen „das da ist der Raum". Deshalb ist zunächst nicht klar, was überhaupt mit der Struktur des Raumes und der Zeit gemeint ist.

In Wahrnehmungen gegeben sind *Körper* und *Vorgänge,* an denen wir unveränderliche und veränderliche Merkmale unterscheiden können. Unter den Körpern gibt es feste, und auf solchen können wir *Stellen* unterscheiden und markieren.

Alle direkt wahrnehmbaren Körper sind ausgedehnt. Für manche Zwecke, z. B. beim Studium der Fall- und Wurfbewegungen „kleiner" Körper, ist die Unterscheidung von Stellen auf einem Körper irrelevant; dann spricht man von *Punktkörpern.* (Mit Körpern sind hier immer direkt wahrnehmbare makroskopische Gegenstände gemeint, nicht Atome, Elektronen und dergleichen. Über die letzteren kann man erst sinnvoll reden unter Bezugnahme auf Theorien, die bereits eine Raumzeitstruktur voraussetzen. Zu einer inhaltlich verständlichen, von methodischen Zirkeln freien Einführung der Raumzeitstrukturen eignen sich daher die Elementarteilchen nicht. Das schließt natürlich nicht aus, daß man – metho-

disch später – in einer Theorie der Elementarteilchen eine submikroskopische, etwa quantenhaft fluktuierende, Raumzeitstruktur einführt, die erst in einem geeigneten Grenzfall in die klassischen Struktur übergeht.)
In ähnlicher Weise sind alle Vorgänge – intuitiv gesprochen – raumzeitlich ausgedehnt, aber für manche Zwecke sieht man von dieser Ausdehnung, d. h. der Unterscheidung von Teilvorgängen, ab. Dann spricht man von einem *Ereignis* oder *Raumzeitpunkt*. Beispiele für Ereignisse sind das Aufblitzen einer kleinen Lampe und der Zusammenstoß zweier Punktkörper.
Diese Beschreibungen der Bedeutungen von „Punktkörper" und „Ereignis" sind unvermeidlicherweise ebenso vage wie Euklids „Definition": ein Punkt ist, was keine Teile hat. Solche vagen Hinweise gehen der mathematischen Idealisierung voraus und dienen nach Einführung eines exakten, aber für sich genommen mit wirklichen Sachverhalten unverknüpften, rein formalen mathematischen Modells zu dessen Interpretation.
„Gegenstand unserer Wahrnehmngen sind immer nur Orte und Zeiten verbunden. Es hat niemand einen Ort anders bemerkt als zu einer Zeit, eine Zeit anders als an einem Ort". Aus dieser Bemerkung H. Minkowskis ergibt sich, daß der Begriff des Ereignisses (als Element eines Vorgangs) primitiver ist als die Begriffe Ort und Zeit. Dementsprechend wollen wir hier von der Gesamtheit der Ereignisse als dem in der Wahrnehmung Gegebenen ausgehen und „Raum" und „Zeit" als abgeleitete, erst sekundär einzuführende Begriffe betrachten. Es ist üblich geworden, die Ereignismenge als die *Raumzeit* zu bezeichnen. Dieser Name sollte aber nicht dazu verführen, die Gesamtheit der Ereignisse als irgendwie aus „dem Raum" und „der Zeit" zusammengesetzt zu denken.
Was meint man mit *Struktur* der Raumzeit, woran erkennt man sie? Eine Analogie ist vielleicht hilfreich. Wie kommt man zu der Vorstellung eines Magnetfeldes? Man stellt fest, daß sich Eisenfeilspäne in der Nähe gewisser Eisenstäbe zu einem bestimmten linienhaften Muster anordnen, das sich immer wieder einstellt, auch wenn die Späne zunächst entfernt worden waren. Man betrachtet deshalb die Eisenteilchen als Anzeiger für etwas, das auch ohne ihr Vorhandensein da ist und durch ein mit dem Eisenstab verbundenes Liniensystem oder entsprechende Formeln mathematisch dargestellt werden kann. In ähnlicher Weise wollen wir die Bewegungen von Punktkörpern und den Verlauf von zwischen ihnen hin- und hergehenden *Lichtstrahlen* (Signalen) als Anzeichen für eine Struktur der Raumzeit ansehen.

Sowohl Punktkörper als auch Lichtstrahlen können als aus Ereignissen bestehend aufgefaßt werden. Eine Bewegung z. B. eines geworfenen Kreidestücks ist ja ein Vorgang, den wir gedanklich als aus Teilvorgängen (Bewegungsabschnitten) bestehend auffassen können, also (idealisierend) aus (Punkt-)Ereignissen. (Die alte Zenosche Frage, ob ein kontinuum aus Punkten „besteht", lassen wir beiseite und nehmen den pragmatischen Standpunkt ein, der jetzt in der Mathematik und ihren Anwendungen herrscht). In ähnlicher Weise „besteht“ ein kurzes, räumlich kleines Radarsignal aus einer Folge von Ereignissen. Wir können also z. B. den Vorgang, daß von einem Punktkörper *A* im Ereignis *a* ein Lichtstrahl *L* ausgesandt wird, der zu einem Punktkörper *B* läuft, dort in *r* reflektiert wird und als Strahl *L′* wieder zurück nach *A* läuft, wo er im Ereignis *b* ankommt, durch folgendes Raumzeitdiagramm darstellen.

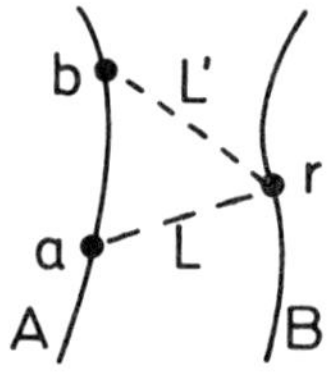

Fig. 1

Man beachte, daß Fig. 1 ebenso wie spätere Figuren einen *Vorgang* darstellen soll, nicht eine räumliche Figur. Wegen der Möglichkeit, Vorgänge durch Raumzeitdiagramme (oder durch entsprechende Formeln) darzustellen, spricht man von einer *Raumzeitgeometrie.* Wie wir in den folgenden Abschnitten sehen werden, kann man gewisse sehr allgemeine Tatsachen über Bewegungen und Lichtstrahlen als Anzeichen einer Struktur der Raumzeit betrachten, ähnlich wie man Anordnungen von Eisenspänen als Anzeichen für die Existenz und die Beschaffenheit von Magnetfeldern nimmt. Diese Auffassung, die im Wesentlichen auf A. Einstein und H. Minkowski zurückgeht, hat sich als sehr fruchtbar erwiesen. Ihre Durchführbarkeit und ihr Erfolg sind auch von erkenntnistheoretischem Interesse insofern als dadurch gezeigt wurde, daß die Euklidisch-Newtonsche Raumzeitstruktur keine unabänderliche Voraussetzung für die Physik ist.

3. Die Raumzeit als vierdimensionale Mannigfaltigkeit – Radarkoordinaten

Um ein Ereignis festzulegen, benötigt man vier Zahlen. Eine kleinere Anzahl reicht nicht aus, und mehr als vier Zahlen braucht man nicht. Dies ist eine wohlbekannt Erfahrung: Will ich mich mit jemand treffen, so muß ich den Ort und die Zeit des Treff-Ereignisses vereinbaren. Der Ort kann prinzipiell durch geographische Breite. Länge und Höhe über dem Meeresspiegel, also drei Koordinaten, die Zeit durch eine vierte Zahl – wir wollen sie eine Zeitkoordinate nennen – festgelegt werden. Dabei ist es nicht erforderlich, daß die vier *Koordinaten* Längen oder Winkel bzw. mit einer „richtig gehenden“ Uhr gemessene Zeiten sind. Wichtig ist prinzipiell nur, daß es überhaupt Verfahren gibt, die Ereignisse eines Raumzeitgebietes mittels Zahlenquadrupeln zu kennzeichnen.

Um ein (theoretisch) besonders einfaches, allgemeines und von metrischen Voraussetzungen unabhängiges Verfahren anzugeben, nehmen wir an, daß die Ereignisse auf einem Probekörper *P* zeitlich linear geordnet und so mit Zeitwerten *t* (reellen Zahlen) versehen werden können, daß $t(a) < t(b)$ ist, wenn das Ereignis *a* früher als *b* ist, und daß „benachbarte“ Ereignisse auch zu benachbarten *t*-Werten gehören[4]. Wir wollen uns etwa vorstellen, daß *P* mit einer Uhr versehen ist, auf der die *t*-Werte abgelesen werden können. Die Uhr braucht nicht „gleichförmig“ zu gehen – dafür haben wir auch zunächst gar kein Kriterium –, sie darf nur weder „stehen bleiben“ noch „springen“. (Durch Verwendung solcher Uhren ist *t* also nur bis auf streng monoton wachsende, stetige Funktionen $t' = f(t)$ festgelegt: t' ist so gut wie *t*. Dieser Sachverhalt entspricht der Einführung „phänomenologischer Temperaturen“ in der Wärmelehre.)

Ein Beobachter *B* kann ein Ereignis *a* nur wahrnehmen, wenn von *a* Wirkungen oder Signale ausgehen, die *B* erreichen. Erfahrungsgemäß sind die schnellsten, d.h. *B* zuerst erreichenden Signale Lichtsignale (allgemeiner elektromagnetische Signale). Umgekehrt ist unter allen Signalen, die *B* aussenden kann so, daß sie *a* erreichen, das letzte ein Lichtsignal. Stellen wir *B* durch einen mit einer Uhr versehenen Punktkörper *P* dar, so können wir jedem Ereignis *a* – oder jedenfalls jedem *a*, das nicht zu weit von *P* entfernt stattfindet – die Zeiten t_1 und t_2 derjenigen Ereignisse auf *P* zuordnen, die im eben geschilderten Sinne durch Lichtsignale mit *a* verbindbar sind (vgl. Fig. 2)

Seien nun zwei Teilchen (= Punktkörper) *P, P'* mit Uhren gegeben. Dann können wir jedem Ereignis *a,* das in der Nähe von *P* und *P'* stattfindet, die entsprechenden Abgangs- und Ankunftszeigen t_1, t_2, t_1', t_2' zuordnen; siehe Fig. 2. Erfahrungsgemäß ist das Ereignis *a* im allgemeinen, d.h. außer für spezielle Relativbewegungen von *P* und *P'*,

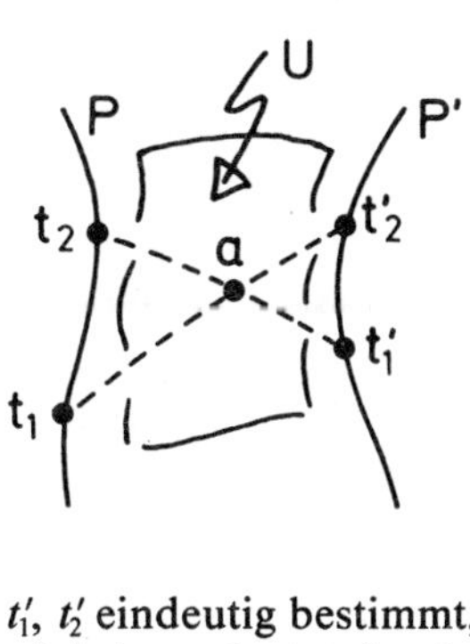

Fig. 2

durch die Zahlen t_1, t_2, t_1', t_2' eindeutig bestimmt, und man kann in einem geeigneten Raumzeitbereich (angedeutet durch *U* in Fig. 2) die Zahlenquadrupel (t_1, t_2, t_1', t_2') als Koordinaten für Ereignisse in *U* nehmen. Man kann stattdessen auch vier Teilchen P_1, P_2, P_3, P_4 mit Uhren nehmen und nur die Ankunftszeiten $t_1, \ldots t_4$ von Signalen „aus *a*" als Koordinaten nehmen. Dies Verfahren ist nicht so fiktiv wie es vielleicht erscheint. Das genaueste, in Vorbereitung befindliche Verfahren zur Lokalisierung von Ereignissen auf der Erde und im erdnahen Weltraum, das „Global Positioning System (GPS)", verfährt nach dem geschilderten Prinzip, wobei die „Teilchen" mit Atomnuhren und Radarsendern und -empfängern ausgestattete Satelliten sind. Wir sprechen deshalb von *Radarkoordinaten*.

Unter einem *Koordinatensystem* wird allgemein irgendein Verfahren verstanden, das den Ereignissen eines Raumzeitgebietes eindeutig Zahlenquadrupel zuordnet in der Weise, daß verschiedenen Ereignissen verschiedene Koordinatenquadrupel zukommen und benachbarte Ereignisse auch benachbarte Koordinaten erhalten. Für verschiedene Bereiche benötigt man i.a. auch verschiedene Koordinatensysteme (bei GPS z. B. jeweils verschiedene 4 Satelliten). Um die gesamte Raumzeit zu erfassen, muß jedes Ereignis in mindestens einem Koordinatenbereich stattfinden. Im Überlappungsbereich (Durchschnitt) zweier solcher Bereiche sind die Koordinaten des einen Systems Funktionen derjenigen des anderen Systems; sie werden in mathematischer Idealisierung als mehrmals differenzierbar angenommen.

Der Sachverhalt, daß die Ereignismenge in der hier geschilderten Art mit Koordinatensystemen aus je *vier* Koordinaten versehen werden kann, ist gemeint, wenn man sagt, die Raumzeit sei eine *vierdimensionale* (differenzierbare) *Mannigfaltigkeit*[5]. Auf die darin formulierte Grunderfahrung hat sich die quantitative Naturbeschreibung (ebenso wie die Technik und das Verkehrswesen) immer schon gestützt, sie ist nicht erst mit der Relativitätstheorie klar geworden. Was allerdings wohl erst durch die Relativitätstheorie klar wurde, ist, daß diese Grunderfahrung *ohne* Einordnung der Ereignisse in einen dreidimensionalen Raum und eine eindimensionale Zeit und ohne Annahmen über deren Maßstruktur ausgedrückt und verstanden werden kann. (Das hängt damit zusammen, daß die Topologie als neues Teilgebiet der Mathematik auch erst etwa gleichzeitig mit der Relativitätstheorie etabliert und bekannt wurde.) Erst dadurch ergab sich die Möglichkeit, sinnvoll zu fragen, ob die Raumzeit als Medium der Vorgänge aus „Raum" und „Zeit" besteht bzw. welche Struktur ihr zukommt. Diesen Fragen wollen wir uns nun zuwenden.

4. Lichtstrahlen, Lichtkegel und Einsteinkausalität

Schon im vorigen Abschnitt haben wir uns auf folgende Tatsachen gestützt:

Für alle Ereignisse *a*, die sich in einer (nicht zu großen[6]) Umgebung eines Teilchens *P* abspielen, gibt es auf *P* ein letztes Ereignis *b*, von dem aus *a* beeinflußt werden kann, und ein erstes Ereignis *c*, in dem *P* etwas von *a* erfahren kann (vgl. Fig. 3).

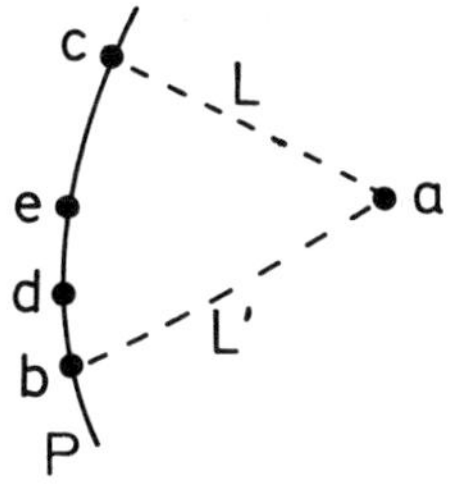

Fig. 3

Die „schnellsten Verbindungen“ von *b* nach *a* und von *a* nach *c* können nicht durch die Weltlinien von Teilchen, wohl aber durch Lichtstrahlen realisiert werden. Es gibt genau einen[6] Lichtstrahl *L*, der von *a* ausgeht und *P* trifft, und genau einen, *L'*, der von *P* ausgeht und nach *a* gelangt.

Demnach sind die zwischen *a* und *c* auf *P* stattfindenden Ereignisse mit *a* durch keine direkten Wirkungen verknüpft. In *d* z. B. kann ein Physiker keine Vorgänge auslösen, die *a* beeinflussen, und er kann keine in *a* abgesandten Signale empfangen. So ist es jedenfalls nach unseren jetzigen, durch Experimente gestützten Theorien.

Vor Einsteins bahnbrechender Arbeit im Jahre 1905 hatte man – ganz im Sinne der naiven Zeitvorstellung und auch der klassischen Physik Newtons – stets angenommen, daß es zwischen *b* und *c* genau ein Ereignis, etwa *e*, auf *P* gibt, das „in Wirklichkeit“ mit *a* gleichzeitig ist und das dadurch charakterisiert ist, daß von *a* aus alle und nur diejenigen Ereignisse auf *P* beeinflußt werden können, die später als *e* stattfinden. Nach jetziger Kenntnis ist es jedoch unmöglich, aus Beobachtungen mit Hilfe der Naturgesetze ohne willkürliche Festsetzungen unter den Ereignissen zwischen *b* und *c* eines als mit *a* gleichzeitig objektiv auszuzeichnen.

Damit ist der Vorstellung, die Welt entwickle sich – unabhängig davon, ob und wie wir sie beobachten und beschreiben – in „der Zeit“ – sie sei „jetzt“ in einem bestimmten Zustand, „morgen“ aber in einem anderen, der Boden entzogen. Die Frage: Was spielt sich jetzt, während ich dies schreibe oder Sie es lesen, gerade auf der Sonne ab, hat nach heutiger Auffassung keinen objektiven Sinn; man kann ihr nur durch Übereinkunft einen Sinn geben. Bedeutet *a* in Fig. 3 ein Ereignis auf der Sonne und *P* einen Beobachter auf der Erde, so dauert die „kausale Gegenwart“ von *a* auf *P*, d. h. der Zeitabschnitt von *b* bis *c*, etwa eine Viertelstunde.

Jedes Ereignis aus diesem Intervall kann als mit *a* gleichzeitig definiert werden, ohne daß sich Widersprüche dazu ergeben, daß Ursachen früher sind als ihre Wirkungen. Man kann zwar auch in der Relativitätstheorie einen Vorgang als Aufeinanderfolge räumlich ausgedehnter, momentaner Zustände beschreiben (und tut es auch), aber dies kann für ein und denselben Vorgang auf viele verschiedene Weisen geschehen, von denen keine aufgrund der Naturgesetze ausgezeichnet ist. Dies ist ein wichtiger

Aspekt der von Einstein entdeckten „allgemeinen Relativität" der Naturbeschreibung.
Betrachten wir noch einmal die in Fig. 3 dargestellte Situation. Stellen wir uns jetzt vor, daß in der Nähe von *a* mehrere, ja sogar viele Teilchen vorhanden sind, zu denen jeweils Lichtstrahlen *L, L'* führen. Dann legt die Anschauung die Erwartung nahe, daß alle diese Lichtstrahlen auf einer doppelkegelartigen Fläche (genauer: Hyperfläche, da die Raumzeit vierdimensional ist) liegen, die in *a* ihre Spitze hat, vgl. Fig. 4. Diese Annahme, daß „alle möglichen" Lichtstrahlen durch *a* einen *Lichtkegel* bilden, läßt sich tatsächlich aus mathematischen Verschärfungen der oben beschriebenen Annahmen über Teilchen und Lichtstrahlen ableiten (für Einzelheiten dazu siehe [3]) und [7])).

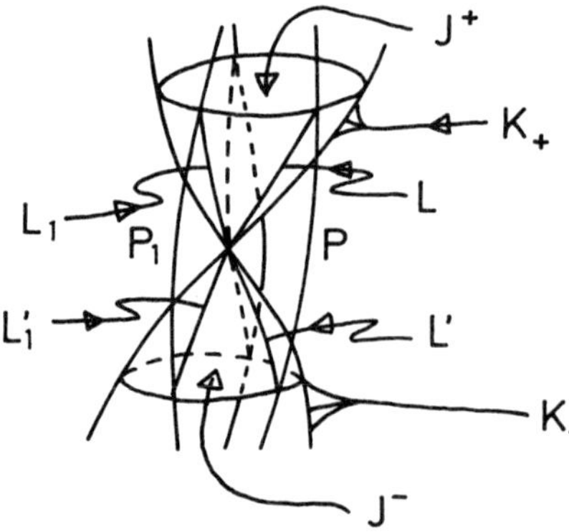

Fig. 4

Die Rede von „allen möglichen" Lichtstrahlen verlangt eine Erläuterung. In jeder Beschreibung eines konkreten Vorgangs kommen nur endlich viele beobachtete Teilchen und Lichtstrahlen *L, L'* vor. Andererseits wird in der mathematischen Theorie jedem Ereignis *a* ein Lichtkegel zugeordnet, der von unendlich vielen Kurven der Art *L, L'* erzeugt wird. Die Beziehung zwischen der mathematischen Theorie und ihren Anwendungen besteht in diesem Fall darin, daß die in einer Anwendung auftretenden „wirklichen" Lichtstrahlen darstellbar sein müssen durch einige dieser „mathematisch möglichen" Lichtstrahlen. In ähnlicher Weise werden auch sonst die wirklichen, beobachteten Gebilde dargestellt als Mitglieder unendlicher Scharen theoretisch möglicher Gebilde (Genaueres dazu findet man z. B. bei Ludwig[1]).)

Nach den vorangehenden Überlegungen berandet der zukünftige Teil K_+ des Lichtkegels K_a den von *a* aus kausal beeinflußbaren Teil J^+ der Raumzeit, während der Vergangenheitsteil K_- die kausale Vergangenheit J^- von *a* begrenzt. Außerhalb des Doppelkegels liegen die mit *a* nicht direkt kausal verbundenen Ereignisse (siehe Fig. 4).

Die Lichtstrahlen durch *a* verlaufen nach Konstruktion des Lichtkegels von *a* auf diesem Kegel; sie füllen ihn aus. Aber wodurch kann man sie von anderen Kurven, die auf K_a liegen, unterscheiden? Um diese Frage zu beantworten, betrachten wir den Lichtkegel K_b eines Ereignisses *b* auf K_a Fig. 5). Er hat mindestens einen Lichtstrahl mit K_a gemeinsam, nämlich die Verlängerung des Strahls von *a* nach *b* über *b* hinaus. Hätte K_b einen zweiten Lichtstrahl mit K_a gemein, so würde ein Teil des Lichtkegels von *b* über denjenigen von *a* hinausragen, was der gerade beschriebenen kausalen Bedeutung des Lichtkegels von *a* widerspräche. K_b hat also *genau einen* Lichtstrahl mit K_a gemeinsam, mit anderen Worten: K_b berührt K_a von innen längs des Lichtstrahl durch *a* und *b*. Noch anders gesagt ist ein Lichtstrahl auf K_a eine Kurve, die in jedem ihrer Punkte diejenige Richtung hat, in der der Lichtkegel des betrachteten Punktes K_a berührt. Diese Kurven nennt man in der Geometrie *geodätische Nullinien*. Sie sind bestimmt durch die Menge (das „Feld") der Lichtkegel in allen Raumzeitpunkten.

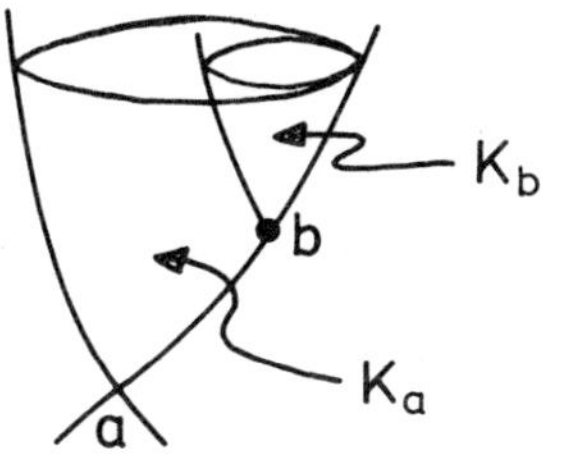

Fig. 5

Nach den Betrachtungen dieses Abschnitts kommt jedem Ereignis der vierdimensionalen Raumzeit eine kegelartige Hyperfläche zu, sein Lichtkegel. Die Lichtkegel bestimmen, welche Ereignisse einander kausal beeinflussen können, und Lichtstrahlen werden durch geodätische Linien auf diesen Kegeln dargestellt. Die *Kausalstruktur,* die somit der Raumzeit zugeschrieben wird, und die sich grundlegend von der in der Newtonschen Physik vorausgesetzten Kausalstruktzur (s.o.) unterscheidet, wird *Einsteinkausalität* genannt.

Eine mit einem Lichtkegelfeld ausgestattete Mannigfaltigkeit heißt in der Mathematik ein konformer Raum. In ihm können, wie hier nicht erläutert werden soll, Winkel zwischen sich schneidenden Kurven definiert werden, aber Längen kommen darin nicht vor.

5. Trägheitsbewegungen als geradeste Linien in der Raumzeit

Bisher haben wir von Teilchen nur benutzt bzw. angenommen, daß sie mit beliebigen Uhren versehen werden können und daß sie Lichtsignale aussenden und empfangen können. Wie sich die Teilchen bewegen, d. h. in welcher Weise die sie darstellenden Weltlinien in der Raumzeit verlaufen, spielte bisher keine Rolle, außer daß diese Linien jeweils in das Innere der zu ihren Ereignissen gehörenden Lichtkegel weisen müssen, da Teilchen langsamer sind als Licht. Man nennt solche Weltlinien *zeitartig*. (Langsam hat hier eine qualitative Bedeutung, die keinen Geschwindigkeitsbegriff voraussetzt.)

Nun gibt es in der Natur besondere Bewegungstypen, die in der Mechanik durch Kraftgesetze voneinander unterschieden werden. Die bisher besprochene Raumzeitstruktur – ein Lichtkegelfeld – reicht aber für die Einführung des Kraftbegriffs nicht aus. Der Geschichte der Mechanik folgend liegt es nahe, einen universell zugänglichen Bewegungstyp durch empirisch motivierte Gesetze zu kennzeichnen, die zu ihm gehörenden Bewegungen als *kräftefrei* zu bezeichnen und dann Kräfte zu definieren mit Hilfe der Abweichungen andersartiger Bewegungen von den zuvor ausgezeichneten kräftefreien.

In Newtons Mechanik werden die kräftefreien Bewegungen durch das Trägheitsgesetz charakterisiert. Dies Gesetz setzt aber die von Newton angenommene Raumzeitstruktur mit einer absoluten Zeit und einem absoluten Raum oder mindestens die in der modernen Form der klassischen Mechanik zugrundegelegte Raumzeitstruktur mit ihren globalen Inertialsystemen voraus bzw. sie ist ein wesentlicher Teil dieser Struktur[2]. Ein überzeugender Einwand gegen dieses Vorgehen wurde von Einstein formuliert: Bei diesem Vorgehen wird unterstellt, man könne durch Experimente kräftefreie Bewegungen, die dem Trägheitsgesetz folgen, unterscheiden von solchen Bewegungen, die unter dem gemeinsamen Einfluß von Trägheit und Schwerkraft erfolgen. Das scheint aber, jedenfalls durch lokale Experimente, unmöglich zu sein. Schon Stevin und Galilei bemerkten, daß die Bewegungen geworfener Körper, wenn der Einfluß der Luftreibung unwesentlich ist, nicht von der Art der Körper abhängen und daher keinerlei Anhaltspunkte bieten für eine gesetzmäßige Trennung von Trägheit und Schwere der beteiligten Körper, und spätere Experimente haben dies immer genauer bestätigt. Nach Einstein ist es daher realistischer, als kräftefrei die Fall- und Wurfbewegungen kleiner, unelektrischer, unmagnetischer und von Reibungen unbeeinflußter Körper zu definieren. Dagegen ist eingewandt worden, daß vor der Einführung experimentell anwendbarer Kriterien für das Vorhandensein von Kräften gar nicht sinnvoll von unelektrischen und unmagnetischen Körpern gesprochen werden könne und daß deshalb die vorgeschlagene Methode zirkulär sei. Dabei wird aber übersehen, daß die überwiegende Mehrheit kleiner, makroskopischer, fester Körper dem Galileischen Fallgesetz folgt und nur wenige Teilchen von der „Mehrheitsbewegung" abweichen. Man kann daher zunächst – in vorläufiger, aber durchaus der Praxis und der Geschichte der Mechanik entsprechender Weise – die freien Fallbewegungen mit den Mehrheitsbewegungen identifizieren und diese „Definition" im Laufe der Entwicklung der Theorie und der Meß-

praxis verschärfen, worauf ich am Schluß dieses Abschnitts zurückkommen werde.
Definieren wir also nach Einstein, abweichend von Newton, als kräftefrei die freien Fallbewegungen. Wie kann man sie aufgrund der bisher eingeführten Raumzeitstruktur kennzeichnen? Eine zu fordernde Eigenschaft ist, daß jede eine solche Bewegung in der Raumzeit darstellende Weltlinie zeitartig ist und daß sie eindeutig bestimmt ist durch jedes auf ihr liegende Ereignis und ihre Richtung in diesem Ereignis (Fig. 6).

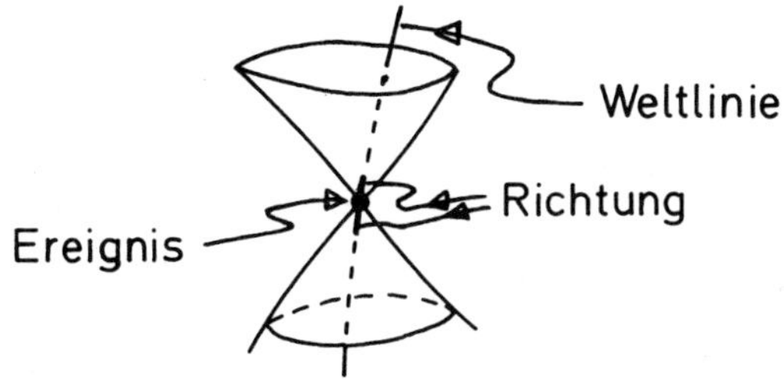

Fig. 6

Dies ist ja nichts anderes als die in die Sprache der Raumzeitgeometrie übersetzte Aussage, daß eine Fallbewegung durch einen Ort, eine Zeit und eine Geschwindigkeit bestimmt ist, die kleiner als die Lichtgeschwindigkeit ist. Dabei ist zu beachten, daß Ort, Zeit und Geschwindigkeit hier Begriffe bezeichnen, die nur die Mannigfaltigkeitsstruktur (Abschnitt 3) voraussetzen[8], und daß die Zeitartigkeit allein mittels der Konformstruktur (Abschnitt 4) definiert wurde. Nun erlaubt die Konformstruktur nicht, unter den zeitartigen Richtungen irgendeine Teilmenge auszusondern, und es deutet auch keine physikalische Erfahrung darauf hin, daß es bevorzugte Unterlichtgeschwindigkeiten gibt (Relativitätsprinzip). Wir ergänzen deshalb die oben formulierte Eindeutigkeitsaussage durch die Annahme, daß es zu jedem Ereignis und jeder zeitartigen Richtung darin auch eine Weltlinie *gibt,* die eine mögliche freie Fallbewegung darstellt. Die genannte Eindeutigkeits- und Existenzaussge reicht aber zur Kennzeichnung der Fallbewegungen nicht aus. Es gibt im Wesentlichen so viele Weltliniensysteme, deren Mitglieder durch die genannten Anfangsdaten bestimmt sind, wie es Kraftgesetze (für einzelne Teilchen in äußeren Feldern) gibt. Unter all diesen Bewegungstypen kann man aber diejenigen mathematisch aussondern, die im Kleinen (mathematisch: in einer infinitesimalen Umgebung zweiter Ordnung eines Ereignisses, siehe dazu [9])) maximale Symmetrie aufweisen, die insbesondere in der Raumzeit keine Richtungen auszeichnen (im Gegensatz etwa zu den Bewegungen elektrisch geladener Teilchen, aus deren Verlauf man die Richtungen des elektrischen und des magnetischen Feldes bestimmen kann). Diese Eigenschaft maximaler Mikrosymmetrie kann man als mathematische

Idealisierung der experimentell bekannten Eigenschaften freier Fallbewegungen ansehen; denn aus letzteren kann man auch keine bevorzugten Richtungen in der Raumzeit ableiten. (Für die mathematische Fassung dieser Aussagen siehe [9]. – Die eben ausgesprochene Behauptung steht nicht im Widerspruch dazu, daß Fallbewegungen auf der Erde die Vertikale auszeichnen. Analysiert man die Gesamtheit der Fallbewegungen nahe einem Ereignis als eine „raumzeitliche Figur" ohne Bezug auf die Erde, so *hat* sie die genannte Symmetrie.) Ein so gekennzeichnetes Weltliniensystem, das also zur Beschreibung der untrennbaren Kombination von Trägheit und Schwere von Probekörpern dient, bezeichnet man in der Differentialgeometrie als eine *projektive Struktur,* seine Weltlinien als geradeste oder selbstparallele Kurven oder kürzer als (projektive) *Geodätische.*

Damit werden wir dazu geführt, der Raumzeitmannigfaltigkeit außer der Kausalstruktur, dem Lichtkegelfeld, noch eine *Trägheitsstruktur,* ein System zeitartiger projektiver Geodätischer zur Darstellung aller möglichen freien Fallbewegungen, zuzuschreiben.

Dem oben angesprochenen Zirkularitätseinwand gegen die soeben besprochene Einführung der Trägheitsstruktur kann nun auch so begegnet werden[9]. Entweder man kann experimentell Bewegungen ausfindig machen, die sich innerhalb der Fehlergrenzen durch die Geodätischen einer projektiven Struktur darstellen lassen, und die davon abweichenden Bewegungen lassen sich relativ zu dieser projektiven Struktur durch Kraftgesetze beschreiben, oder dies gelingt nicht. Im ersten Fall ist es gerechtfertigt, die projektive Struktur als mathematisches Bild einer realen Struktur der Raumzeit aufzufassen, sonst nicht. Die bisherigen Erfahrungen sprechen für die erste Alternative. Wegen der Unabhängigkeit der projektiven Struktur von speziellen Probekörpereigenschaften (Masse, Form, chemische Zusammensetzung) ist es zweckmäßig, sie als eine Struktur der Raumzeit, und nicht spezieller Körper, auszufassen.

6. Verträglichkeit von Kausalstruktur und Trägheitsstruktur – Parallelverschiebung und Weylgeometrie

In den beiden vorangehenden Abschnitten wurden die Kausalstruktur und die Trägheitsstruktur der Raumzeit eingeführt. Sie sind aufgrund der bisherigen Annahmen dadurch miteinander verknüpft, daß diejenigen projektiven Geodätischen, die die Bewegungen frei fallender Teilchen darstellen, überall zeitartig sind, daß sie ganz im Inneren der Lichtkegel der sich auf ihnen abspielenden Ereignisse verlaufen, und daß es zu jeder zeitartigen Richtung in einem Ereignis auch eine solche („mögliche") Weltlinie gibt.

Nach den bisher gemachten Annahmen sind folgende zwei Möglichkeiten denkbar: Entweder füllen die Weltlinien frei fallender Teilchen, die durch ein Ereignis a gehen, das gesamte Innere des Zukunftslichtkegels K_+ von a (mindestens in einer Umgebung von a) aus – siehe Fig. 7 – oder sie bilden einen kleineren Kegel K_+, dessen Rand K_+ in a berührt – Fig. 8.

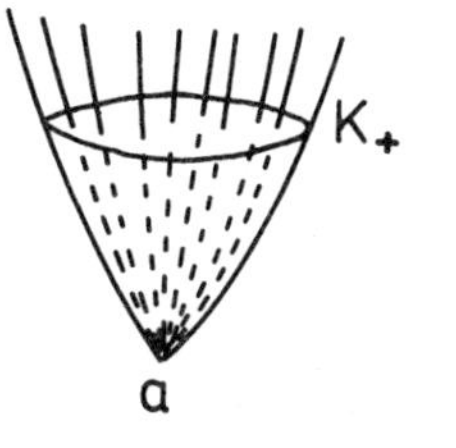

Fig. 7

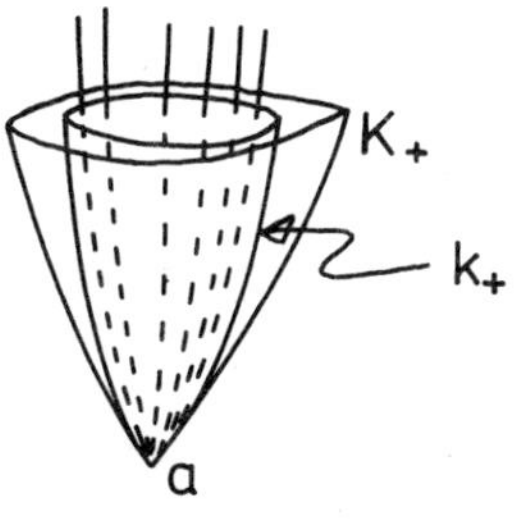

Fig. 8

Der erste Fall würde bedeuten, daß frei fallende Teilchen beliebig nahe hinter Lichtstrahlen herlaufen können, im zweiten Fall blieben sie, wie schnell auch immer sie in a gestartet wären, um bestimmte Mindestbeträge hinter den Lichtstrahlen zurück. Für die erste, einfachere Möglichkeit sprechen indirekt die Erfahrungen der Teilchenphysik, wonach massive Elementarteilchen beliebig schnell hinter Photonen herlaufen können. Diese Erfahrungen beziehen sich aber nicht auf makroskopische Probekörper. Ebenfalls für die erste Alternative spricht die lokale Geltung des speziellen Relativitätprinzips (Lorentzinvarianz). Da wir aber – siehe Einleitung – die spezielle Relativitätstheorie hier aus methodischen Gründen nicht voraussetzen dürfen, bleibt uns nichts anderes übrig als im Sinne einer Einfachheitsannahme die erste Möglichkeit zu postulieren. Wir sagen dann, Kausalitäts- und Trägheitsstruktur seien miteinander *verträglich.*

Aus der Verträglichkeitsannahme läßt sich ableiten[3)], was hier nicht gezeigt werden kann, daß es zu der Kausal- und Trägheitsstruktur genau einen Prozeß der *Parallelverschiebung* von Raumzeitvektoren längs beliebiger Weltlinien (mathematisch: einen symmetrischen linearen Zusammenhang) gibt, der folgende Eigenschaft hat (siehe Fig. 9):

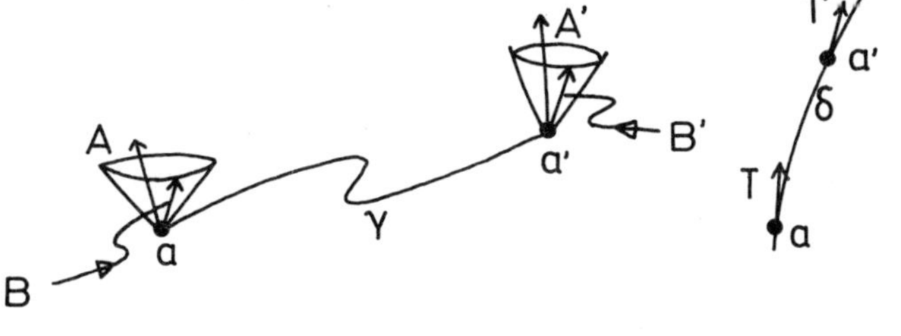

Fig. 9

Er führt zeitartige Vektoren stets in ebensolche Vektoren über, und er führt lichtartige Vektoren, d.s. solche, die tangential zu Lichtstrahlen sind, stets in ebensolche Vektoren über. Ferner sind diejenigen Kurven, deren Tangenten parallel längs eben dieser Kurven und in einem Ereignis zeitartig sind, identisch mit den zeitartigen projektiven Geodätischen.

Schließlich sind die entsprechenden selbstparallelen Kurven, die in einem Ereignis einen Lichtstrahl tangieren, selbst Lichtstrahlen. Man kann deshalb die projektive Struktur durch die Parallelverschiebungs-Struktur ersetzen und durch sie zusammen mit der Konformstruktur die Geometrie der Raumzeit beschreiben. Das ist deswegen sehr wichtig, weil die Operation der Parallelverschiebung es ermöglicht, die zeitlichen und räumlichen Änderungsraten von Vektorfeldern und allgemeineren Feldern in allen Richtungen quantitaiv zu beurteilen. Erst damit ist es möglich, lokale Naturgesetze für Teilchen und Felder zu formulieren.

Die erhaltene Raumzeitstruktur – eine Kausal (≡ Konform-)Struktur und eine damit verträgliche Trägheits (≡ projektive) Struktur, wurde von Hermann Weyl bereits 1918 als eine natürliche Verallgemeinerung der Riemannschen Geometrie eingeführt. Diese *Weylgeometrie* liegt der ersten, von Weyl stammenden einheitlichen Feldtheorie der Gravitation und des Elektromagnetismus zugrunde. Diese Geometrie ist also, wie wir hier im Anschluß an [3)] gesehen haben, als mathematisches Modell der Raumzeitgeometrie geeignet, soweit letztere allein aus der Lichtausbreitung bzw. der Kausalrelation „*a* beeinflußt oder verursacht *b*" und dem Trägheitsverhalten von Probekörpern „abgelesen" werden kann, ohne daß Uhren oder Maßstäbe herangezogen werden.

7. Zeit- und Längenmessungen – Raumzeitmetrik

Mit Hilfe der bisher angenommenen Gesetze über Teilchen und Lichtstrahlen ist es möglich, im Prinzip – in einem Gedankenversuch – in der Nähe eines frei fallenden Teilchens ein zweites solches Teilchen zu konstruieren, dessen Weltlinie ein Stück weit mit beliebig guter Näherung zu der des ersten Teilchens parallel ist. Dazu genügt es, im Kleinen Sätze von Pappos oder Desargues aus der projektiven Geometrie anzuwenden.

Zwei solche Teilchen kann man als Ersatz für die Endpunkte eines frei fallenden Maßstabs, der mit den bisherigen Mitteln nicht beschreibbar ist, verwenden. Läßt man zwischen solchen mit Spiegeln versehenen Teilchen ein Lichtsignal hin- und herlaufen, so erhält man eine *geodätische Lichtuhr*[10)], deren Periode durch einen Hin- und Hergang des Lichtpulses gegeben ist (Fig. 10). Da man mit einfachen Konstruktionen der projektiven Geometrie auch den Mittelpunkt einer Strecke auf einer Geraden, z. B. die Mitte zwischen *o* und *e* auf *P* in Fig. 10

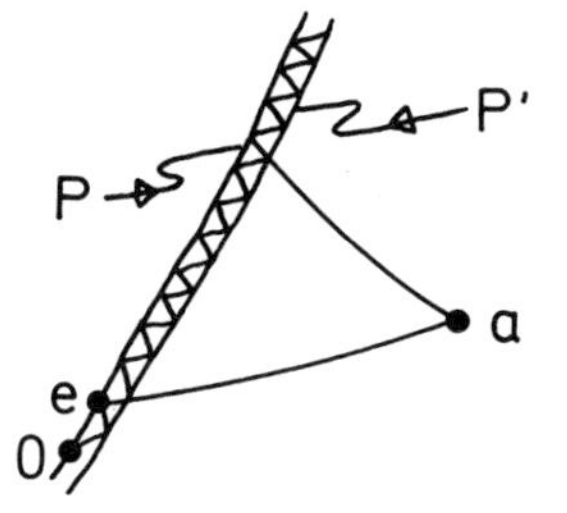

Fig. 10

konstruieren oder besser gesagt konstruktiv definieren kann, kann man auf dem Teilchen *P* auch Bruchteile der Periode definieren. Damit ergibt sich die Möglichkeit, die in Abschnitt 2 besprochene große Willkür in der Zeitkoordinate loszuwerden und auf jedem frei fallenden Teilchen eine *metrische Zeit* bis auf affine Transformationen ($t \rightarrow at + b$) festzulegen. Außerdem kann man mit den zur Verfügung stehenden Mitteln eine Zeiteinheit von einem frei fallenden Teilchen *P* auf ein relativ dazu sich bewegendes anderes Teilchen *P'* übertragen, falls die Teilchen sich in einem Ereignis (nahezu) treffen, wie aus Fig. 10 hervorgeht. Schließlich ist es unter Verwendung der erwähnten Konstruktionen auch möglich, die im vorigen Abschnitt eingeführte Parallelverschiebung von Vektoren längs der Weltlinien beliebiger („beschleunigter") Teilchen zu bewerkstelligen und damit dann auch längs solcher Teilchen eine metrische Zeit einzuführen (siehe [3] und [11]).

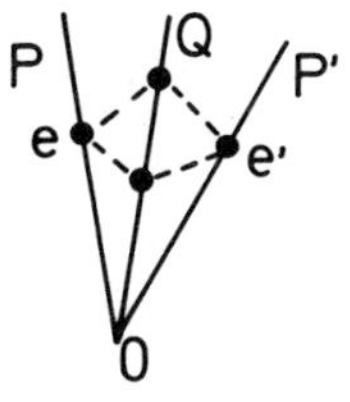

Fig. 11

Aufgrund der besprochenen, insbesondere der in den Figuren 10 und 11 dargestellten Konstruktionen, könnte man, ausgehend von einem Ereignispaar, das die Zeiteinheit repräsentiert, mit geeigneten Teilchen die Zeiteinheit an beliebige Raumzeitstellen transportieren und damit *Dauern* und – mittels Radar – Echolot – *Abstände* in dieser Einheit messen. Beispielsweise hat *a* in Fig. 10 von dem Teilchen *P* den Abstand von 4 Lichtzeiteinheiten. Man *könnte* es, *wenn* der angedeutete Transport der Zeiteinheit von den zur Übertragung benutzten Teilchen unabhängig wäre. Das aber folgt *nicht* aus den bisher gemachten Annahmen, in einer Weylgeometrie hängt nämlich das Ergebnis eines solchen Transports von dem Weg – den Weltlinien der transportierenden Lichtuhren – ab. Mit anderen Worten: Wenn zwei in der Nähe eines Ereignisses *a* vorhandene Lichtuhren dort gleiche Perioden haben und man diese längs verschiedener Wege in die Nähe eines Raumzeitpunktes *b* überträgt, dann würden sich die Perioden dort im allgemeinen als verschieden herausstellen. Man könnte danach also die Zeiteinheit nicht eindeutig von einem Ereignis zu einem anderen übertragen. Tatsächlich definieren in der Natur aber Atome und Elementarteilchen, z. B. durch die Perioden der von ihnen emittierten Spektrallinien bzw. ihre Lebensdauern, eine übertragbare universelle Zeiteinheit. Bei dieser Sachlage kann man die *Zusatzannahme* einführen, daß diese gerade geschilderte Schwierigkeit nicht auftritt; dann erhält man die pseudoriemannsche Raumzeitgeometrie der allgemeinen Relativitätstheorie. Damit verzichtet man darauf, die globale Übertragbarkeit der durch Lichtuhren definierten Zeiteinheit aus lokalen Gesetzen über das Verhalten einfacher Gebilde wie Teilchen und Lichtstrahlen abzuleiten. Wie schon in der zweiten in [3] zitierten Arbeit vermutet wurde, ist eine solche Ableitung wohl nur unter Berücksichtigung mindestens einiger Quanteneigenschaften der Materie möglich. Eine solche Ableitung bedeutet nicht notwendig einen methodischen Zirkel. Wenn nur solche Eigenschaften herangezogen werden, die sich mit den Mitteln der bereits begründeten Weylgeometrie formulieren lassen und die überdies prinzipiell durch Experimente prüfbar sind, ist ein solches Vorgehen einwandfrei. Tatsächlich ist ein solcher Weg beschritten worden[11]. Gleichungen für Materiewellen massiver Teilchen lassen sich mit den Mitteln der Weylgeometrie formulieren. Darin kommt eine die Teilchen kennzeichnende Länge, die Comptonwellenlänge, vor, die prinzipiell lokal aus dem Dispersionsverhalten der betreffenden Materiewellen bestimmt werden kann. Der Wert dieser Länge in einem Ereignis ist natürlich nur relativ zu einer dort gewählten Zeiteinheit bestimmt. Man kann nun aber diese Länge bzw. die dazu gleichwertige Zeit – siehe Fig. 10 – selbst als Einheit nehmen. Sie ist an jeder Raumzeitstelle verfügbar und also wegunabhängig. Eicht man die bisher aufgrund der Konformstruktur nur bis auf einen vom Ereignis abhängigen Faktor festgelegte Metrik mit dieser Einheit, so erhält man eine *Lorentzsche Raumzeitmetrik,* die an den bereits bestimmten Lichtkegeln nichts ändert. Wenn man aus der Teilchenphysik die Tatsache übernimmt, daß die Comptonwellenlängen verschiedener Teilchen konstante Verhältnisse aufweisen, so folgt, daß diese Metrik bis auf einen konstanten Faktor, eine universelle Zeiteinheit, bestimmt ist. Es stellt sich nun heraus, daß räumlich eng begrenzte Wellenbündel mit beliebiger Genauigkeit zeitartige Geodätische dieser Lorentzmetrik annähern, d. h. wenn sich die betreffenden Teilchen nahezu wie makroskopische Punktkörper auf Bahnen bewegen, also Weltlinien bestimmen, dann sind diese Linien zeitartige Geodätische dieser Lorentzmetrik[11]. Weiter folgt, daß diese Linien genau dann mit den Weltlinien frei fallender Probekörper, die wir in den Abschnitten 5 und 6 betrachtet haben, übereinstimmen, wenn die früher in diesem Abschnitt besprochene Übertragung der Zeiteinheit mittels geodätischer Lichtuhren wegunabhängig ist. Wenn man also die Übereinstimmung der Trägheitsweltlinien *aller* Probekörper, auch derjenigen von Elementarteilchen, annimmt, so ergibt sich die *volle Raumzeitstrukur der allgemeinen Relativitätstheorie*. Diese Annahme ist sehr naheliegend; denn die Unterscheidung makroskopisch/mikroskopisch ist zwar methodisch unvermeidlich, im Hinblick auf die Naturobjekte aber künstlich. Die gegenteilige Annahme würde auch der Grenzwertbeziehung zwischen klassischer und Quantenmechanik, die sich vielseitig bewährt hat, widersprechen.

8. Schlußbemerkung

Wie wir gesehen haben, ist es möglich, die Raumzeitgeometrie der allgemeinen Relativitätstheorie schrittweise mit Hilfe mathematischer Idealisierungen einfacher Tatsachen aufzubauen, ohne dabei Begriffe oder Sätze aus Theorien heranzuziehen, die bereits eine solche Geometrie voraussetzen. Es erscheint vielleicht merkwürdig, daß wir bei diesem Aufbau nirgends von „dem Raum" und „der Zeit" gesprochen haben. Wir haben stattdessen Begriffe eingeführt, mit denen man Beziehungen zwischen Ereignissen, Teilchen und Lichtstrahlen beschreiben kann. Das entspricht wohl der Leibnizschen Auffassung, wonach Raum und Zeit keine Gegenstände sind, sondern räumliche und zeitliche Termini besonders allgemeine *Beziehungen* zwischen Dingen erfassen sollen.
Es ist zuzugeben, daß die bei diesem Aufbau angestellten Gedankenexperimente von wirklichen Experimente recht verschieden sind. Die mathematische Durchführung z. B. bezüglich der Differenzierbarkeitsannahmen u.ä. verlangt auch noch Verbesserungen. Es wäre vielleicht von einigem Interesse, aber auch mühevoll, die hier bestehenden Lücken beider Art zu verringern bzw. zu beseitigen. Andererseits wird durch diesen Aufbau vielleicht besser als in traditionellen Darstellungen klar, was alles sich hinter der anscheinend einfachen Aussage verbirgt: *Die Raumzeit ist eine mit einer Lorentzmetrik versehene, vierdimensionale Mannigfaltigkeit.*

Anmerkungen und Literaturhinweise:

[1] Die Literatur über den Begriff der physikalischen Theorie und Erklärungen ist kaum übersehbar. Mein Verständnis wurde u. a. geprägt durch:
Ludwig, G., Die Grundstrukturen einer physikalischen Theorie. Springer, Berlin 1978;
Weyl, H., Philosophie der Mathematik und Naturwissenschaften, 5. Aufl. Oldenbourg, München 1982.

[2] Zusammenfassende Darstellungen der verschiedenen Raumzeittheorien findet man z. B. in folgenden Arbeiten:

Penrose, R., An Analysis of the Structure of Space-time, Adams Prize Essay, Cambridge University 1966, esp. ch. I;
Ehlers, J., The Nature and Structure of Space-time, S. 71–91, in: The Physicist's Conception of Nature, J. Mehra (Hrsg.), Reidel, Dordrecht 1973.

[3] Ehlers, J., Pirani, F. A. E: und Schild, A., The Geometry of Free Fall and Light Propagation. S. 63–84, in: General Relativity, Papers in Honour of J. L. Synge, L. O'Raiffeartaigh (Hrsg.), Clarendon, Oxford 1972;
Ehlers, J., Survey of General Relativity Theory, S. 1–125, in: Relativity, Astrophysics and Cosmology. W. Israel (Hrsg.), Reidel, Dordrecht 1973, esp. ch. 2. Siehe auch
Ehlers, J., Hermann Weyl's Contributions to the General Theory of Relativity, erscheint in den Verhandlungen des Internationalen Hermann-Weyl-Kongresses, gehalten in Kiel 1985, herausgegeben von W. Deppert.

[4] Die Relation „a ist früher als b" für Ereignisse auf einem Probekörper sowie die Möglichkeit, diese Ereignisse mittels einer Zeitkoordinate so wie im Text beschrieben zu numerieren, nehme ich hier als unmittelbar gegeben an. Wie Prof. Schröter im Anschluß an Reichenbach gezeigt hat, kann man diese Zeitkoordinatisierung auf Kausalitäts- und Signal-Annahmen zurückführen.

[5] Für die Überlegungen dieses Abschnittes sei auf den Beitrag von Prof. Schröter hingewiesen, der ein vollständiges Axiomensystem für die Raumzeit als stetige Mannigfaltigkeit ausgearbeitet hat, dessen Grundgedanken dem hier geschilderten ähnlich sind.

[6] Diese Beschränkung auf eine „nicht zu große" Umgebung von P ist notwendig: Wenn a sehr weit von P entfernt ist, erreichen in a ausgesandte eletromagnetische Wellen P unter Umständen niemals – z. B. in einigen Modellen eines expandierenden Universums – und andererseits kann es vorkommen, daß mehrere Lichtstrahlen aus a das Teilchen P nacheinander erreichen. Die zuletzt beschriebene Situation liegt beim (mehrfach beobachteten) Gravitationslinseneffekt vor.

[7] Woodhouse, N. M. J., Y. Math. Phys. *14,* S. 495, 1973.

[8] Wenn nämlich irgendwelche Koordinaten x^a, etwa Radarkoordinaten, eingeführt worden sind, so wird eine Weltlinie P durch Funktionen $x^a = f^a(u)$ mit einem beliebigen Paramter u beschrieben, und unter Geschwindigkeit ist hier nur die durch die Verhältnisse der vier Ableitungen $(df^a)/(du)$ bestimmte „Weltrichtung" der Kurve P zu verstehen. Später, wenn eine „metrische" Zeit (Eigenzeit) τ eingeführt wird, kann man diese als Parameter statt u nehmen; der Vektor $(df^a)/(d\tau)$ heißt dann die 4-Geschwindigkeit der Bewegung. Sie kann unter Benutzung lokaler Inertialkoordinaten zu der normalen räumlichen Geschwindigkeit in Beziehung gesetzt werden. Dies wird hier aber nicht benötigt.

[9] Ehlers, J., und Köhler, E., J. Math. Phys. *18,* 2014, 1977;
Coleman, A., and Korte, H., J. Math. Phys. *21, 1340, 1980, Erratum ibid. 23,* 345, 1982.

[10] Marzke, R. F. und Wheeler, J. A., S. 40–64, in: Gravitation und Relativity. Chiu, H. Y. (Hrsg.), Benjamin, New York 1964; siehe auch die ersten beiden Referenzen unter Note 3 sowie
Castagnino, M. A., J. Math. Phys. *12,* 2203, 1971;
Köhler, E., G. R. G. *9,* 953–959, 1978.

[11] Audretsch, J., Phys. Rev. *D 27,* 2872, 1983;
siehe auch
Audretsch, J., Gähler, F. und Straumann, N., Commun. Math. Phys. *95,* 41, 1984.

Peter Janich

Geschwindigkeit und Zeit

Aristoteles und Augustinus als Lehrmeister der modernen Physik?

Die Erörterungen des Zeit-Themas, die Aristoteles in der „Physik" und Augustinus in den „Bekenntnissen" geführt haben, können wertvolle Anregungen für die Lösung eines modernen Problems in der begrifflichen Grundlegung der Physik geben. Hierbei wird naturgemäß nicht die philologisch-historische Bemühung im Vordergrund stehen, den Autor möglichst authentisch zu Wort kommen zu lassen, als vielmehr die Fruchtbarkeit von Vorschlägen, die sich bei der Lektüre von Texten im Hinblick auf ein bereits gestelltes, an den Text herangetragenes Problem ergibt. Inwieweit sich also die hier investierten Interpretationen einzelner Passagen der Aristotelischen Physik bzw. der Augustinischen Bekenntnisse im Blick auf das Gesamtwerk der genannten Autoren halten lassen, mag ausdrücklich offen bleiben.

Der erste Teil der folgenden Abhandlung wird eine moderne Fassung des Problems enthalten, wie im strikten Sinne operativ die Geschwindigkeit und die Zeit als Maßgrößen der Physik bestimmt werden können. Der zweite und der dritte Teil wird dann jeweils eine Anleihe bei Aristoteles bzw. bei Augustinus formulieren. Im vierten Teil wird schließlich der Ertrag dieser Anleihen in einen Lösungsvorschlag des eingangs gestellten Problems eingebracht.

1. Die operative Definition der Geschwindigkeit als Problem

Während es zum Thema Zeit, auch zum Thema der gemessenen Zeit der Physik, eine kaum übersehbare Fülle von Abhandlungen gibt, in denen auch Definitionsprobleme von den unterschiedlichsten Positionen her aufgeworfen und bearbeitet werden, gilt der Begriff der Geschwindigkeit gemeinhin als unproblematisch. Orientiert an den historischen und methodischen Anfängen der Physik gilt üblicherweise die Ortsveränderung von Körpern als der geeignetste Typus einer Bewegung, für die Geschwindigkeit festgelegt wird. Der Quotient aus Weg und Zeit, entweder über endliche Distanzen als Durchschnittsgeschwindigkeit oder in differentieller Form, wird als unproblematische Definition angesehen, sofern nur die Größen der Länge und der Zeit durch entsprechende Meßverfahren festgelegt sind.

Von vergleichbarer logischer Trivialität sind die Alternativen, daß entweder Länge oder Zeit durch ein Meßverfahren operativ definiert werden und die jeweils undefinierte, andere Größe anhand der Geschwindigkeit einer ausgezeichneten Standardbewegung definiert wird. Manche Lehrbuchdarstellungen der speziellen Relativitätstheorie gehen unter Bezug auf die Vakuumlichtgeschwindigkeit diesen Weg.

Die syntaktische Trivialität, daß im Tripel Länge, Zeit und Geschwindigkeit die operative Definition jeweils zweier eine explizite, „abgleitete" Definition der jeweils dritten erlaubt, verdeckt aber eine *methodische* Schwierigkeit: sind die darin enthaltenen drei Wahlmöglichkeiten – außer ihrer logisch-syntaktischen Äquivalenz – auch *operativ* gleich gut zugänglich? Ja, gibt es überhaupt einen von den drei möglichen Zugängen, dessen Probleme gelöst sind, wenn als Ziel eine vollständige, operative und zirkelfreie Definition verlangt wird?

Bevor diese Frage beantwortet werden kann, sei ein Blick auf den vermeintlich so unproblematischen Geschwindigkeitsbegriff geworfen: dabei gehe es im folgenden um die Frage, wie die Maßzahl der Geschwindigkeit eines Körpers über eine „größere" Strecke tatsächlich ermittelt werden kann, sofern Längen- und Zeitmessung operativ etabliert sind, also Meßstäbe und Uhren zur Verfügung stehen. (Unter „größerer" Entfernung ist eine Distanz z. B. von einigen Kilometern zu verstehen, für die andere technische Aufgaben entstehen als bei Messungen in einem Labor.)

Die bekannte Diskussion über den Wechsel vom klassischen zum relativistischen Zeitbegriff kann auf das Problem aufmerksam machen, die Dauer der Bewegung eines Körpers zu bestimmen, die sich über eine „größere", d.h. jedenfalls die Ausdehnung der Uhr selbst wesentlich überschreitende Distanz erstreckt.

Drei Geschwindigkeitsbegriffe lassen sich unterscheiden: der *mittelalterliche,* der *der klassischen Physik* und der *der relativistischen Physik.*

Der mittelalterliche Begriff macht eine Anleihe bei der Auffassung von der Allgegenwart Gottes. Ein gleichzeitig überall präsenter Gott kennt kein Synchronisierungsproblem für Uhren, die weit voneinander entfernt sind. Benötigte er zur Zeitbestimmung eine Uhr, so wäre eine einzige für alle Orte des Universums ausreichend. Für diesen mittelalterlichen Zeitbegriff wird es nicht zum Problem, für eine Körperbewegung zwischen zwei Orten A und B den räumlichen und den zeitlichen Abstand zu messen und dann die Geschwindigkeit zu errechnen. *Newtons* Begriff der absoluten Zeit ist das prominenteste Beispiel eines Ansatzes, der diesen *mittelalterlichen* Geschwindigkeitsbegriff enthält.

Dieser Geschwindigkeitsbegriff hat auch heute noch im Alltagsleben und in der Technik große Plausibilität und praktische Verwertbarkeit, ohne daß der Bezug auf theologische Vorstellungen erforderlich wäre. Dies liegt vor allem daran, daß praktisch alle Bewegungen von alltäglichem oder technischem Interesse im kinematischen Bezugssystem Erde stattfinden, wo die Rotation der Erde gegen den Fixsternhimmel ein auf der ganzen Erdkugel verfügbares Zeitmaß abgibt. Stellt man zusätzlich in Rechnung, wie vertraut einem normalen Abendländer der Blick auf einen Globus oder eine Weltkarte ist, so wird dieser durch vertraute Zivilisationsprodukte gleichsam selbst in die Lage eines göttlichen Beobachters allen irdischen Geschehens versetzt. Die Durchschnittsgeschwindigkeit z. B. einer Flugreise zwischen zwei Kontinenten wird geradezu anschaulich sichtbar bei Betrachtung eines Globus, an dem beides, Distanz und die gemeinsame Zeit am Abflug- und am Zielort, demonstrierbar sind.

Ein Problem wirft dieser Geschwindigkeitsbegriff erst dann auf, wenn die Erdrotation gegen den Fixsternhimmel als gemeinsames Zeitmaß an verschiedenen Orten der Erdoberfläche aufgegeben wird, weil für die Physik „gleichförmigere" Standardbewegungen angestrebt werden. (Dies kann selbstverständlich auch in der Form geschehen, daß die Bedingung wegfällt, die betrachtete Bewegung erfolge zwischen zwei auf der Erdkugel fixierten Orten.) Die Aufgabe der Erde als räumliches und zeitliches Bezugssystem erzeugt das aus der speziellen Relativitätstheorie und ihrer Kritik am Newtonschen Zeitbegriff bekannte *Problem der Synchronisierung von Uhren* durch gleichzeitige, räumlich getrennte Ereignisse. Für dieses Problem sind bisher zwei Lösungsvorschläge als eine Art Großalternative angegeben worden:

Der Geschwindigkeitsbegriff der klassischen Physik wird Galilei verdankt. Wenn auch Galilei darin irrte, daß die Schwingungsdauer von Pendeln unabhängig von der Amplitude sei, so hat er dennoch im Isochronismus von Pendelschwingungen konstanter Amplitude ein *Zeitmaß* angegeben, das er durch Konstruktion einer federgetriebenen Pendeluhr als *technisch realisierbare, operative Definition* auszeichnen konnte. Daß diese Definition unter modernen methodologischen Gesichtspunkten unzureichend ist, wird man ihm kaum vorwerfen können.

Für den Geschwindigkeitsbegriff entscheidend ist dann der Vorschlag Galileis, zu Navigationszwecken auf Schiffen *Uhren mitzuführen,* um durch die Differenz der mitgeführten Uhr zu der durch Peilungen festgestellten Ortszeit eine Entfernung vom Heimathafen nach geographischer Länge zu bestimmen. Wenn dies auch nicht Galileis Intention war, so kommt darin doch ein eigener, hier klassisch genannter Geschwindigkeitsbgriff zum Ausdruck: unterstellt, die Länge der zurückgelegten Strecke sei bekannt, wird die Zeit durch eine mit dem bewegten Körper mitgeführte Uhr ermittelt und daraus dann die Geschwindigkeit errechnet.

Nun hatte freilich Galilei schon in dem Brief, mit dem er 1636 der Generalität der Vereinigten Provinzen der Niederlande diesen Vorschlag unterbreitete, über die Möglichkeit des Transportes ungestörter Uhren die Unwahrheit geschrieben. Es kann keine Rede davon sein, daß, wie Galilei behauptete, mehrere solcher Schiffsuhren über Monate hinweg auch nicht eine Sekunde voneinander abweichen würden. Frühestens im

18. Jahrhundert erreichten Schiffsuhren eine Genauigkeit, die ihren Einsatz zu Navigationszwecken im galileischen Sinne erlaubte.[1)]
Erheblicher für die hier zu behandelnden Fragen ist jedoch, daß *methodologisch das Problem des ungestörten Uhrentransports* bis heute *ungelöst* ist. Hier besteht eine Wissenslücke, die weit größer ist, als Vertreter der relativistischen Physik oder auch der Wissenschaftstheorie zu sehen bereit sind. Inwieweit die hier angebotenen Lösungsvorschläge aus der speziellen Relativitätstheorie unzureichend sind, wird beim modernen Geschwindigkeitsbegriff zu erörtern sein. Hier ist zu zeigen, daß auch die wissenschaftstheoretischen Vorschläge bisher unzureichend geblieben sind. Alle Erläuterungen der sogenannten analytischen Wissenschaftstheorie sind per se unzureichend, weil sie methodisch zirkulär sind, d. h. sie können nur einen Zeitbegriff und damit eine Uhrendefinition anbieten, die die Geltung empirischer Theorien bereits zur Voraussetzung haben. Diese aber beruht allemal auf Zeitmessung und Uhrengebrauch. Ein Ausweg wäre allenfalls durch eine methodische, d. h. *explizit operative und zirkelfreie Uhrendefinition* gegeben. Eine solche liegt in der *Protophysik der Zeit* vor. Aus ihr ergibt sich jedoch nicht – hier mußten frühere Hoffnungen zurückgenommen werden – eine Definition der Ungestörtheit beim Transport von Uhren in dem Sinne, daß zwei protophysikalisch definierte Uhren nach einer „getrennten Geschichte", also nach einer „Reise" der einen Uhr relativ zur anderen, *Standgleichheit*[2)] zeigten. Das Kriterium der Ungestörtheit ist nämlich nur für Paare von Uhren gegeben, deren Gang uhrenfrei, d. h. mit geometrischen Mitteln allein, „unmittelbar" verglichen werden kann; und dies ist nur für nebeneinander laufende, am selben Ort befindliche Uhren möglich.

Die naheliegende Idee, diesem Definitionsdefizit dadurch abzuhelfen, daß einfach eine Zusatznorm aufgestellt wird, ungestörte Uhren mögen auch nach einer getrennten Geschichte wieder Standgleichheit zeigen, wenn sie diese vor Beginn dieser getrennten Geschichte hatten, verbietet sich. Durch die Ungestörtheit am Ort ist nämlich der Uhrengang vollständig festgelegt, woraus folgt, daß es kein Verfahren der Realisierung einer Norm geben kann, die Standgleichheit von Uhren nach getrennten Geschichten herbeizuführen. D.h. das Problem des Uhrentransports kann in einem methodischen Ansatz nicht in der Weise gelöst werden, daß im Rahmen einer Protophysik der Zeit entweder die Ungestörtheit bewegter Uhren aus der Ungestörtheit ruhender Uhren logisch abgeleitet oder aber für die bewegten Uhren eine zusätzliche Norm aufgestellt wird.

Auch aus moderner Sicht ist deshalb der galileische Vorschlag, Geschwindigkeiten durch mitbewegte Uhren meßbar zu machen, bis heute erfolglos geblieben. (Diese Situation ist das Hauptmotiv, den vorliegenden Aufsatz zu schreiben und das offene Problem einer Lösung zuzuführen.)
Der moderne, *realtivistische Geschwindigkeitsbegriff* setzt bei der Lösung der Frage an, welchen *operativen Sinn* die *Gleichzeitigkeit räumlich ent-*

fernter Ereignisse hat. Der Anspruch des relativistischen Lösungsvorschlags ist es, eine operative und damit für die Physik tatsächlich praktikable Lösung vorzuschlagen. Bekanntlich gelten nach der Einsteinschen Gleichzeitigkeitsdefinition zwei Ereignisse an verschiedenen Orten als gleichzeitig, wenn ein auf dem Mittelpunkt der Verbindungsgeraden plazierter Beobachter Lichtsignale von beiden Ereignissen gleichzeitig bei sich eintreffen sieht. (Erforderliche Zusatzbedingungen seien hier als erfüllt unterstellt.) Dieser Vorschlag sollte bekanntlich nur ein erster Schritt für den spezifisch relativistischen zweiten sein, wonach dieselben beiden Ereignisse aus der Sicht eines zweiten, relativ zum ersten bewegten Beobachters betrachtet werden. Unter der Prämisse der Konstanz der Vakuumlichtgeschwindigkeit erscheinen dann bekanntlich die für den einen Beoachter gleichzeitigen Ereignisse für den anderen ungleichzeitig.

Die Komplikationen des zweiten Schritts mögen hier unberücksichtigt bleiben, weil bereits der erste Schritt gravierenden *Einwänden* offensteht. Diese betreffen vor allem den *Anspruch auf Operativität.* Ernsthaft zum Problem wird die Bestimmung der Gleichzeitigkeit von Ereignissen nicht auf der Erde, sondern nur im Rahmen der Astronomie und der Kosmologie. Wann sind zwei Ereignisse auf veschiedenen Himmelskörpern gleichzeitig? Ersichtlich läßt sich die Einsteinsche Definition nur auf Ereignisse anwenden, die auf einer Kugel um den Beobachter im Mittelpunkt stattfinden. Sollte es jedoch um die Frage gehen, und diese muß in der Astronomie allemal entscheidbar sein, ob zwei vom Beobachter verschieden weit entfernte Ereignisse gleichzeitig sind, so ist keine Entscheidung mehr möglich. (Eine rechnerische Berücksichtigung der längeren Laufzeit eines Lichtsignals vom entfernteren Ereignis scheidet *hier* aus, weil ja die Gleichzeitigkeitsdefinition in unserem Zusammenhang erst eine operative Definition der Geschwindigkeit erlauben soll.) A fortiori könnte das Problem, ob drei Ereignise auf drei verschiedenen Himmelskörpern gleichzeitig waren, nur durch drei Beobachter gelöst werden, die jeweils genau zwischen zwei dieser drei Himmelskörper plaziert wären. Dann könnte etwa die Frage nach der Transitivität der Gleichzeitigkeit empirisch entschieden werden.

Einem solchen Vorschlag wird man einen operativen Sinn nicht zusprechen können. Das ganze Problem bestand ja in nichts anderem als der Einsicht, daß eine endliche Lichtgeschwindigkeit wegen unterschiedlichen Alters der auf die Erde treffenden Lichtsignale den Informationswert des nächtlichen Sternenhimmels fragwürdig werden ließ. Die Einsteinsche Gleichzeitigkeitsdefiniton befreit jedoch nicht von dieser kosmologischen Befangenheit irdischer Beobachter.

Damit erweist sich aber auch der moderne Geschwindigkeitsbegriff als operativ unzureichend: immer dann, wenn es um Geschwindigkeiten von Körpern geht, die sich nicht als Bewegungen im kinematischen Bezugssystem Erde erfassen lassen, gelingt eine Uhrensynchronisation oder auch

nur die Mittelung einer Start- oder Ankunftszeit mit Hilfe der Einsteinschen Definition nicht generell.
Das eingangs genannte Problem ist damit beschrieben: der vermeintlich unproblematische Geschwindigkeitsbegriff erweist sich dann als höchst problematisch, wenn im Hinblick auf die Physik die Erde als räumliches und zeitliches Bezugssystem aufgegeben und eine universell anwendbare operative Definition der Geschwindigkeit gesucht wird. *Weder das Problem der ungestörten bewegten Uhren noch das Problem der Synchronisation entfernter, zueinander ruhender Uhren ist methodisch bewältigt.* (Daß mit den genannten Schwächen des relativistischen Ansatzes entgegen der verbreiteten Standardinterpretation auch das Problem des Uhrentransports und eines Wissens über die Ganggeschwindigkeit transportierter Uhren nicht gelöst ist, ergibt sich daraus unmittelbar. Die bekannten Transformationsgleichungen der Zeit für einen Wechsel des Bezugssystems sind keine Normen, die den Gang bewegter Uhren festlegen würden.) Der *Begriff der Geschwindigkeit* in einem universellen, d. h. im logischen Sinne eigennamenfreien Gebrauch als Grundbegriff der Physik ist *bis heute unbestimmt.* Auffällig ist jedoch an allen drei hier diskutierten Lösungsvorschlägen, daß die Geschwindigkeit immer auf dem Umweg über Längen- und Zeitmessung ermittelt werden sollte. Es legt sich deshalb die Vermutung nahe, daß der vermeintlich unproblematische Geschwindigkeitsbegriff in methodischer Hinsicht gerade deshalb problematisch geblieben ist, weil in der Physikgeschichte ungeeignete operative Zugänge gesucht wurden. Die beiden anderen syntaktischen Varianten, Länge und Geschwindigkeit bzw. Zeit und Geschwindigkeit direkt operativ zu bestimmen, sind jedoch historisch unseres Wissens nie ergriffen worden, was zumindest für die erste Variante erstaunlich ist, da historisch das Problem der Längenmessung durch die alte Geometrie-Tradition unabhängig von allen kinematischen oder physikalischen Überlegungen immer als gelöst gelten durfte; als gelöst jedenfalls relativ zu den jeweils historisch akzeptierten methodologischen Normen. Die genannte Vermutung wäre bestätigt, wenn es gelänge, *auf der Grundlage der Längenmessung eine „direkte" Operationalisierung des Geschwindigkeitsbegriffs* nach modernen methodologischen Standards zu erreichen. Dieser Weg soll hier tatsächlich beschritten werden, und er wird vorbereitet durch je eine Anleihe bei Aristoteles und Augustinus.

2. Zeit als Abstraktion aus Geschwindigkeit

Aristoteles empfiehlt sich mit seinen physikalischen Vorlesungen nicht nur deshalb als ein hier einschlägiger Autor, weil der Gegenstand der Physik durch eine zeitliche Bestimmung angegeben wird (... was den Grund seiner Bewegung in sich trägt), sondern er nimmt auch mit seiner bekannten Definition „Zeit ist die Zahl (an anderer Textstelle: das Maß) der Bewegung nach dem Früher oder Später" [3] explizit Bezug auf Bewe-

gungen, genauer Körperbewegungen. Diese Aristotelische Definition läßt bereits auf den ersten Blick erkennen, daß *„Bewegung" der definitorisch primäre und „Zeit" der definitorisch sekundäre Begriff* ist. Es wird deshalb zu klären sein, ob vielleicht die Aristotelische Zeitdefinition, zusammen mit geeigneten Erläuterungen im Text, einen Zugang zu einer operativen Definition von Zeit mit Hilfe einer solchen von Längen- und Geschwindigkeitsmessungen eröffnen.
Selbstverständlich sollen hier weder moderne Denkfiguren dem Aristotelischen Text übergestülpt noch immanente Interpretationsprobleme am Text selbst ignoriert werden. Zu letzterem zählt etwa, wie „früher" und „später" als Bestandteile des Definiens verfügbar werden können. Aristoteles schweigt sich hierzu aus. Aus moderner Sicht ergeben sich daraus jedoch keine Schwierigkeiten. Diese beiden Wörter lassen sich nämlich als zweistellige Prädikatoren exemplarisch ohne Schwierigkeit bestimmen. Es bedarf dazu also keiner expliziten Definition anhand von Vorgängen oder Bewegungen, für die es dann zum Problem werden könnte, ihre Orientierung auszuzeichnen, ohne bereits auf die zu definierende Unterscheidungsmöglichkeit zurückzugreifen.

Aus moderner Sicht weit schwieriger ist das Problem zu lösen, daß Aristoteles von der *Zahl* der Bewegung nach dem Früher oder Später spricht. Die Arithmetik der griechischen Antike war nicht sehr hoch entwickelt. Der Eindruck, den hier die Sekundärliteratur vermittelt, läuft darauf hinaus, daß hierin eine unbehebbare Schwäche der Aristotelischen Definition besteht. Man hat nämlich davon auszugehen, daß Aristoteles nur ganze Zahlen zur Verfügung standen[4)], und daß andererseits nicht unterstellt werden darf, daß geeignete Standardeinheiten bestimmt waren.

In Abweichung von der vorherrschenden Lehrmeinung der Aristotelesinterpreten verliert dieses Problem jedoch seine Bedeutung, wenn man weniger Gewicht auf die Textstellen legt, in denen die Zeitdefinition das Wort „Zahl" enthält, und sich darauf verlegt, die Ersetzung von „Zahl" durch *„Maß"* für einen wichtigen Hinweis von Aristoteles zu halten.

Denn es gilt auch als unkontrovers, daß die Defizite der griechisch-antiken Arithmetik durch die hochentwickelte Geometrie kompensiert wurden – bis hin zur Lösung gemischt-quadratischer Gleichungen durch geometrische Konstruktionen.
Hier darf freilich das Wort „Maß" nicht dazu verführen, die moderne, seit Helmholtz explizit gemachte, empiristische Auffassung des Messens bei Aristoteles zu suchen. *Messen* ist gerade *nicht das Zählen von Standard-Maßeinheiten,* die in der zu messenden Größe enthalten sind. Vielmehr zeigt die Erläuterung, die Aristoteles seinem Sprachgebrauch vom Messen gibt, daß man hier an die Feststellung von Proportionen wie in der Geometrie zu denken hat, genauer also an eine geometrische Feststellung der Proportionengleichheit.
Besonders erhellend ist hier eine Textstelle, an der es heißt, daß „der schnellere Körper die Zeit, der langsamere die Strecke teilt".[5)] Man denke

hier etwa an die auch von Aristoteles diskutierte Paradoxie von Zenon, wonach der schnelle Achilleus die langsame Schildkröte nicht einholen könne, weil er dazu erst den halben Abstand zu der Schildkröte zurücklegen müsse, währendessen die Schildkröte einen neuen Weg zurücklegen könne, so daß dann Achilleus erst wieder die Häfte des so entstandenen, neuen Abstandes zurücklegen müsse, in einer Zeit, in der wiederum die Schildkröte einen neuen Weg zurücklegen könne usw.
„Messen" bedeutet hier, daß zurückgelegte Wege und dafür benötigte Zeiten verglichen werden. In moderner Reformulierung würde diese Zenonische Paradoxie auf folgender Erzeugungsregel beruhen:

- Achilleus benötigt zum Zurücklegen der Hälfte des Abstandes a_0 zur Schildkröte die Zeit t_1.
- In der Zeit t_1 legt die Schildkröte den Weg s_1 zurück.
- Achilleus benötigt für die Hälfte des neuen Abstandes $\frac{1}{2}(a_0 + s_1)$ die Zeit t_2.
- In der Zeit t_2 legt die Schildkröte die Strecke s_2 zurück; usw.

An diesem Schema wird sofort sichtbar, was es heißt, daß der schnellere Körper die Zeit, der langsamere die Strecke teilt; im vorgegebenen Einteilungsschema definiert jeweils ein Teil der Bewegung des Achilleus eine Zeitspanne, die ihrerseits wieder für die Bewegung der Schildkröte eine Strecke festlegt.
Für unsere Überlegung ist hier eine, auch aus der Alltagssprache durchaus vertraute, Verknüpfung von Weg- und Zeitangaben bei einem Bewegungsvergleich von Interesse. Durch ein künstliches Setzen von Grenzen an Bewegungen, die ungeachtet dieses Setzens von Grenzen kontinuierlich fortlaufen, wird ein Bewegungsvergleich möglich. Alltagssprachlich würde dies in der Form geschehen, daß man behauptet, ein Körper habe eine Strecke s_1 zurückgelegt in derselben Zeit, in der ein anderer Körper die Strecke s_2 zurückgelegt hat. Wollte man eine solche Aussage auf ein wissenschaftliches Kontrollverfahren gründen, so stünde dafür ein geometrischer Bewegungsvergleich zur Verfügung, der gleichzeitig durchlaufene Stellen der Bahnen der beiden Körper auszeichnet. Wie wenig hierbei im Ernst technische Probleme auftreten, mögen Aussagen über Zahnradgetriebe veranschaulichen. Wenn etwa zwei Zahnräder im Übersetzungsverhältnis 1:2 ineinander greifen, ist an diesen Zahnrädern unmittelbar geometrisch aufweisbar, daß derselbe Zahn des kleineren Zahnrades in diametral gegenüberliegende Lücken des großen Zahnrades eingreift, und so bei allen Umdrehungen.
Unter definitionstheoretischen Gesichtspunkten betrachtet läuft der Aristotelische Vorschlag darauf hinaus, *Zeitdauern durch Vergleich zweier Bewegungen mit Hilfe eines künstlichen Setzens von Grenzen zu bestimmen*. Während Achilleus eine Strecke zurücklegt, legt die Schildkröte eine andere zurück. Das Verhältnis dieser Strecken wird geometrisch gegeben. Die geometrischen Angaben beziehen sich auf Bahnpunkte, die gleich-

zeitig[6] durchlaufen werden. Definitionstheoretisch wird damit *„Dauer" durch Abstraktion aus der Rede über gleichzeitige Bewegungen,* und zwar durch Invarianz bezüglich gleichlang dauernder Bewegungsteile, gewonnen. So, wie man Zahlen aus Ziffern durch Rede über Ziffern invariant bezüglich der Äquivalenzrelation „arithmetisch gleich" gewinnt, werden Dauern durch Rede über gleichzeitige Bewegungen invariant bezüglich der Äquivalenzrelation „gleichlang dauernd" festgelegt.
Damit ist die bei Aristoteles zu findende Anregung genannt: Zeit als der für die Physik bedeutende, metrische Begriff wird dadurch gewonnen, daß mit Hilfe eines geometrischen Vergleichs gleichzeitiger Bewegungen zunächst „gleichdauernd" definiert und dann durch invariante Rede über gleichlang dauernde Ereignisse der Begriff der Dauer gewonnen wird. Selbstverständlich ist damit das Kernproblem der Zeitmessung noch nicht gelöst, wie Dauern zu verschiedenen Zeiten verglichen werden können. Dazu bedarf es einer ausgezeichneten Standardbewegung. Eine Lösung dieses Problems wird sich erst bei Augustinus finden.[7] *Gelöst wird bei Aristoteles das Problem der methodischen Reihenfolge, in der sich Geschwindigkeit und Zeit verknüpfen lassen,* ohne daß Probleme der operativen Bestimmung aufträten: Zeit ist der gegenüber einem Bewegungsvergleich der definitorisch sekundäre Begriff. Ein Maß der Zeit für beliebige und damit nicht gleichzeitige Ereignisse wird daraus gewonnen, wenn nun noch geeignete Standardbewegungen mit ausgezeichneten, d. h. vor allem reproduzierbaren Geschwindigkeiten zur Verfügung stehen. Und damit kommen wir zur Anregung, die bei Augustinus zu gewinnen ist:

3. Augustinus und die Auszeichnung einer Bewegungsform

Die Bekenntnisse des Augustinus sind nicht geschrieben worden, um eine Grundlegung der Physik zu leisten. Diesen Text hier dennoch in Betracht zu ziehen, erlaubt allenfalls ein theologiehistorischer Zufall: bei Augustinus wird zum ersten Mal die Zeit als ein Teil der von Gott erschaffenen Natur begriffen. Selbst unter exegetischen Zielsetzungen wird damit Zeit ein potentieller Gegenstand der Naturforschung. Selbstverständlich dürfte dabei auch sein, daß unter Naturforschung nicht ein Vorgehen moderner Experimentalwissenschaften zu verstehen ist, sondern eine Erörterung aus der Position kontemplativer Naturerkenntnis, die wenig mehr investieren kann als Alltagserfahrung und Konsistenzbetrachtungen der sich so nahelegenden Naturbeschreibungen.
Im elften Buch wirft Augustinus eine Frage auf, die für unser Problem der operativen Geschwindigkeitsdefinition einschlägig ist: „Was ich wissen möchte, ist das Vermögen und die Natur der Zeit, durch welche wir die Bewegung von Körpern messen und sagen, daß diese Bewegung z. B. doppelt so lange gedauert habe als jene".[8] Erläutert wird dieses Anliegen durch das folgende Beispiel: Was ist ein Tag? Im Text heißt es; „Da also

der Tag durch die Bewegung der Sonne und ihren Umlauf von Sonnenaufgang bis Sonnenuntergang erklärt wird, frage ich, ob der Tag diese Bewegung selbst, oder aber die Dauer, in welcher sie zurückgelegt wird, oder aber beides ist. Wenn nämlich das erste der Tag wäre, hätten wir auch dann einen Tag, wenn die Sonne in der Dauer einer einzigen Stunde ihren Lauf vollendete. Wäre der Tag aber das zweite, so hätten wir keinen Tag, wenn die Zeit von einem Sonnenaufgang zum anderen so kurz wie eine Stunde wäre, sondern die Sonne müßte vierundzwanzig Umläufe vollenden, um einen Tag zu erfüllen. Wäre aber der Tag beides, so könnte man weder von einem Tag sprechen, wenn die Sonne ihren ganzen Umlauf in der Dauer einer Stunde vollendete, noch dann, wenn bei stillstehender Sonne so viel Zeit verginge, wie die Sonne von einem Morgen zum anderen gewöhnlich benötigt.“ [9)]

Diese Textstelle ist unseres Wissens von allen Augustinusinterpreten bis auf einen[10)] gemieden worden, und dieser diagnostiziert Widersprüchlichkeit, ja, der Text sträube sich gegen jede konsistente Interpretation.

Wie an anderer Stelle gezeigt,[11)] versagt sich der Augustinische Text allerdings nur dem empiristischen Vorurteil, wonach das Messen auf das Zählen von Standardeinheiten zurückzuführen sei. Macht man sich jedoch von diesem empiristischen Vorurteil frei, so verschwindet der vermeintliche Widerspruch bei Augustinus. Dann nämlich läßt sich der Text so intepretieren, *ob die Sonnenbewegung eine ausgezeichnete, für die Zeitmessung geeignete Bewegungsform sei, oder ob ein ganzer Sonnenumlauf die geeignete Maßeinheit der Zeit sei, oder aber beides.*

Behauptungen darüber, ob der historische Augustinus dieser Interpretation zugestimmt haben würde, sollen hier nicht aufgestellt werden. Behauptet wird dagegen, daß der Augustinische Text entweder in mehrfacher Hinsicht widersprüchlich und unsinnig ist, oder aber, daß Augustinus zumindest intuitiv die Unterscheidung von Bewegungsform und Maßeinheit zur Verfügung hatte.

Modern reformuliert ergibt sich daraus folgende Einsicht: Es ist zweierlei, eine *Bewegungsform* (z. B. die gleichförmige Bewegung konstanter Geschwindigkeit, sei sie nun geradlinig oder eine Rotation) auszuzeichnen oder durch Setzen von Grenzen, Teile einer solchen Bewegung als *Einheiten* (oder Dauer) auszugrenzen.

Werden die Anregungen, die Aristoteles und Augustinus bieten, zusammengenommen, was sich zumindest chronologisch nicht verbietet, so ergibt sich folgendes Bild: Die Rede über Zeitdauern wird durch ein logisches Verfahren aus der Rede über Bewegungsvergleiche gewonnen (Aristoteles). Zu einem Maß der Zeit gelangt man auf diesem Wege allerdings erst dann, wenn Bewegungen einer bestimmten Form als Standardbewegungen ausgezeichnet werden (Augustinus). Damit ist ein Weg auch für moderne Versuche einer operativen Zeitdefinition gewiesen: Ein methodischer Beginn ist bei der operativen Auszeichnung einer Bewegungsform zu suchen. Dazu müssen Bewegungen verglichen werden. Für einen solchen Vergleich stehen zirkelfrei nur geometrische Vergleiche gleichzeitiger Bewegungen zur Verfügung. Zu lösen ist das Problem, wie aus diesem Vergleich gleichzeitiger Bewegungen mit geometrischen Mitteln allein die Aussage über eine über die Zeit hinweg beherrschbare Geschwindigkeit gewonnen werden kann. Diese Frage ist so zu beantworten, daß das im ersten Teil entwickelte Problem der operativen Bestimmung eines metrischen Geschwindigkeitsbegriffs gelöst wird.

4. Bewegungsvergleiche, Geschwindigkeit und Zeit

Der Geschwindigkeitsbegriff ist uns aus dem Alltagsleben auch außerhalb jeder Meßkunst und Geräteverwendung vertraut, weil wir eine Veränderung pro Zeit auf unseren inneren Zeitsinn beziehen. Für die am häufigsten vorkommenden Veränderungen, z. B. für Bewegungen von Menschen oder Tieren, für einen Wetter- oder Jahreszeitenumschwung, dann auch für technisch realisierte Bewegungen wie die eines Radfahrers, Autos oder Flugzeugs haben wir aus der Alltagserfahrung gleichsam einen Standard der Normalgeschwindigkeit erlernt, auf den bezogen einzelne beobachtete Bewegungen dann als schnell oder langsam beurteilt werden. Dieser Bezug auf unseren inneren Zeitsinn ist hier deshalb von Bedeutung, weil er selbst nicht als eine Bewegung empfunden wird, sondern als eine von Bewegungen gerade unabhängige Beurteilungsinstanz für die Geschwindigkeit von Bewegungen. Der Rückgriff auf den inneren Zeitsinn muß deshalb explizit durch eine methodologische Setzung verboten werden, wenn es um eine operative Geschwindigkeitsdefinition geht. *Geschwindigkeit* soll durch einen *Vergleich zweier Bewegungen* definiert werden, die beide beobachtbar im empiristischen oder behavioristischen Sinne sind, d. h. also in der Außenwelt, bezogen jeweils auf einen Beobachter.

Eine solche Forderung, die darauf hinausläuft, stimmungsmäßige Beurteilungen durch Außenweltereignisse zu ersetzen durch Verhältnisse, die vollständig in der Außenwelt aufgewiesen werden können, haben zwar vor dem Hintergrund moderner Experimentalwissenschaften und deren Vorgehen eine hohe Plausibilität. Aber sie unterscheiden sich gravierend von Erörterungen des Zeitproblems etwa bei Aristoteles, wo die Seele die Zeitabschnitte zählt, oder bei Augustinus, wo in der Erinnerung, Wahrnehmung und Erwartung von Ereignissen durch Menschen die Zeit ihre Einteilung in Vergangenheit, Gegenwart und Zukunft erhält. Und sie geraten vor allem in Konflikt mit der *alltäglichen Beurteilung von Bewegungsformen.* Wenn wir nämlich z. B. sagen, eine Kegelkugel rolle gleichmäßig auf einer ebenen Bahn, so unterstellen wir damit die Gleichförmigkeit unseres Zeitsinns, auf den wir dabei Bezug nehmen. Wird jedoch auf eine außenbeobachtbare, relativ zu unserem Zeitsinn ungleichförmige Bewegung Bezug genommen, so kann eine nach unserem Zeitsinn ungleichförmige Bewegung sehr wohl gleichförmig heißen. Das Gesagte läßt sich sehr schön an mechanisch gekoppelten Bewegungen wie z. B. denen von Zahnrädern eines Getriebes erläutern: wie ungleichförmig auch immer das Getriebe als Ganzes relativ zu unserem Zeitsinn läuft, so werden doch die ineinandergreifenden Zahnräder zueinander immer gleichförmig bewegt sein.

Das Problem einer operativen Zeitdefinition als abgeleiteten Begriff aus einer operativ begründeten Längen- und Geschwindigkeitsmessung läßt sich danach so charakterisieren, daß wir einerseits *von der Zeitmeßkunst verlangen,* sie solle eine situationsinvariante Feststellung des Verhältnisses von Dauern ermöglichen, also in dem Sinne gleichförmig sein, daß eine Uhr zu allen Zeiten gleich funktioniert, und andererseits keinen Bezug auf die Gleichförmigkeit unseres Zeitsinns enthalten.

Zur zirkelfreien Verfügung stehen dafür die Geometrie und qualitative Aussagen über Bewegungen, darunter vor allem selbstverständlich diejenige, daß ein Körper relativ zu einem anderen auf einer bestimmten Bahn bewegt sei. Wenn aber erläuternd hinzugefügt wird, mit Hilfe der Geometrie allein sei nur ein Vergleich gleichzeitiger Bewegungen möglich, so bedarf bereits das Wort „gleichzeitig“ einer expliziten Rückführung auf rein geometrisch beschreibbare Sachverhalte. Weder die Verwendung von Uhren noch von gemessenen Geschwindigkeiten können hierzu in Betracht kommen.

Die Weise, in der die Physik seit langem zu Idealisierungen greift, legt hier einen Irrweg nahe: wie etwa Körper in dynamischen Theorien als Massenpunkte idealisiert werden, weil eine Punktmechanik einfacher ist als eine Mechanik ausgedehnter Körper, so werden auch Ereignisse als räumlich und zeitlich punktförmig vorgestellt. Am eindrucksvollsten kommt dies zum Ausdruck in der Begriffsbildung der Minkowski-Welt mit Weltlinien, die die „Geschichte“ einzelner Massenpunkte relativ zu anderen beschreiben. So legitim für bestimmte Zwecke diese Betrachtungsweise sein mag, zur Klärung der Grundbegriffe ist sie irreführend, weil sie in ausdrücklichem Widerspruch zur Ausgedehntheit realer Körper steht, die für eine operative Bestimmung von Maßgrößen verwandt werden müssen. Es stellt sich deshalb nicht das Problem, wie zwei punktförmige, räumlich entfernte Ereignisse als gleichzeitig erkannt werden können – von diesem Problem war ja die Einsteinsche Gleichzeitigkeitsdefinition ausgegangen - sondern, wie wir mit geometrisch bestimmten Formen realer Körper eine Gleichzeitigkeitsdefinition operativ gewinnen können.

Zu diesem Zweck betrachte man etwa einen Zylinder, auf dem eine einzige gerade Mantellinie aufgezeichnet sei, und eine Ebene, auf der der Zylinder rollt. Aus der geometrischen Bestimmung von Ebene und Zylinder ergibt sich dann, daß alle Punkte der Mantellinie *„gleichzeitig“* auf der Ebene auftreffen. Wäre etwa der Zylinder die Walze einer Druckmaschine, so wäre das Aufdrucken einer geraden Strecke auf eine ebene Unterlage ein momentanes, aber räumlich ausgedehntes Ereignis, von dem per definitionem und dann wieder als Idealisierung festgelegt werden könnte, daß die Endpunkte dieser Strecke gleichzeitig gedruckt werden.

Aus Gründen, die weiter unten zu diskutieren sind, wird im folgenden das Beispiel des *Abrollens geometrisch geformter Körper* als *Prototyp für die operative Definition der Geschwindigkeit* gewählt. Man denke sich nun an dem gegebenen Zylinder die Endpunkte der Mantellinie durch eine reguläre Schraubenlinie eines einzigen, vollen Umlaufs verbunden.

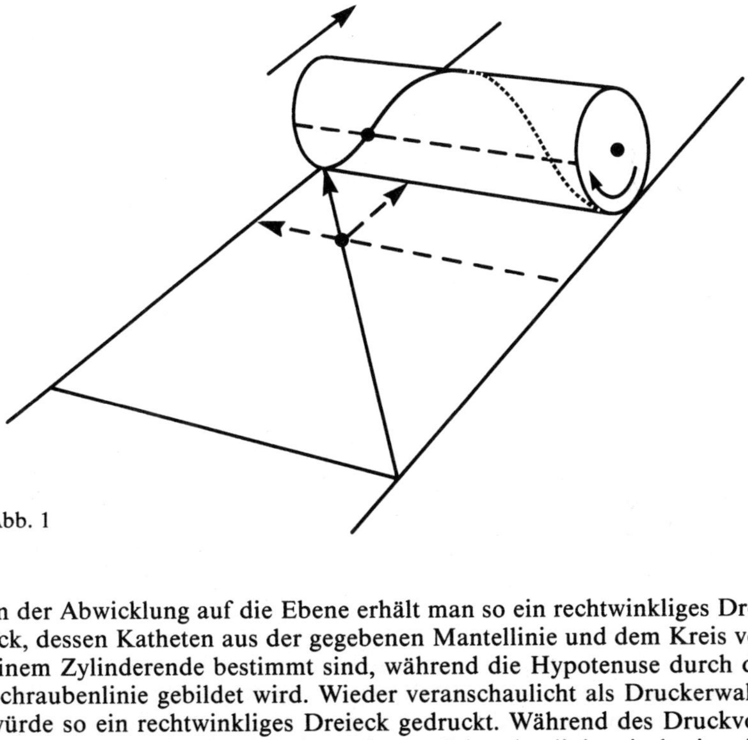

Abb. 1

In der Abwicklung auf die Ebene erhält man so ein rechtwinkliges Dreieck, dessen Katheten aus der gegebenen Mantellinie und dem Kreis von einem Zylinderende bestimmt sind, während die Hypotenuse durch die Schraubenlinie gebildet wird. Wieder veranschaulicht als Druckerwalze würde so ein rechtwinkliges Dreieck gedruckt. Während des Druckvorgangs „durchläuft" der Schnittpunkt der Schraubenlinie mit der jeweiligen Berührgeraden zwischen Zylinder und Ebene die volle Länge des Zylinders. Die auf die Ebene aufgedruckte Gerade sagt also direkt etwas aus über *die Relativgeschwindigkeit zwischen zwei zueinander rechtwinkligen Bewegungen,* nämlich der Bewegung dieses Schnittpunkts und des Zylinders (der Zylinderachse) selbst.

Die Regelmäßigkeit der Schraubenlinie bzw. die Geradheit der Hypotenuse des gedruckten Dreiecks sei das definitorische Kriterium der „Ähnlichkeit" der beiden verglichenen Bewegungen. Die *Ähnlichkeit* zweier Bewegungen ist ein rein geometrisch bestimmtes Kriterium für das, was wir traditionell *die Konstanz eines Geschwindigkeitsverhältnisses* bezeichnen – eine Bezeichnung, die gerade den problematischen Bezug auf den inneren Zeitsinn enthält. In der Ähnlichkeitsdefinition ist dieser Bezug also dadurch ausgeschaltet, daß die verglichenen Bewegungen ausschließlich durch *räumliche* Lage von Stellen auf Oberflächen an Körpern bestimmt werden. „Gleichförmigkeit" und „konstantes Geschwindigkeitsverhältnis" als Relation zwischen zwei Bewegungen haben daher nichts mehr zu tun mit der augenfälligen Gleichförmigkeit einer Bewegung, die wir relativ zu unserem Zeitsinn beurteilen.

Auch der Begriff der *Geschwindigkeit* läßt sich an der gegebenen Vorrichtung definieren, und zwar besonders einfach für zueinander ähnliche Bewegungen, nämlich durch das Längenverhältnis der beiden Katheten des gedruckten Dreiecks. Entgegen dem Alltagsverständnis von Geschwindigkeit enthält diese Definition keinen Zeitparameter, sonderen nur Längenverhältnisse von Wegen, die gleichzeitig zurückgelegt werden. Ersichtlich kann auf diese Weise *uhrenfrei* und damit frei von dem Programm, eine durch unseren inneren Zeitsinn ausgezeichnete Bewegung an einem technischen Gerät zu realisieren, eine *quantitative Bewegungslehre* aufgebaut werden, in der von Geschwindigkeiten und Bewegungsformen die Rede ist, ohne daß überhaupt ein Zeitparameter auftritt. Dies ist eine Bedingung dafür, daß über die operative Bestimmung der Längen- und der Geschwindigkeitsmessung dann ein abgeleiteter Zeitbegriff definitorisch explizit gewonnen werden kann.

Bevor nun die Aristotelische und Augustinische Anregung an die uhrenfreie Bewegungslehre angeschlossen werden sollen, mag ein Blick auf den Gang der bisherigen protophysikalischen Begründung der Zeitmessung erlaubt sein:[12] sie war infiziert durch die in der Physik üblichen Weise, bewegte Körper als Punkte zu idealisieren. Demzufolge wurden Relativbewegungen diskutiert als Bewegungen zweier Punktkörper relativ zu einem dritten längs zweier durch diesen Bezugskörper führenden Geraden. Es dauerte kaum 15 Jahre, bis sich die Schwäche dieses Ansatzes zeigte: für einen geometrischen Bewegungsvergleich mußte ein Realisierungsverfahren vorgesehen werden, bei dem mitgeführte, gerade Stangen auf einer Schreibebene eine „Leitlinie" erzeugten, anhand derer die Relativgeschwindigkeit definiert wird. Es zeigte sich aber,[13] daß die Frage, wie sich verschiedene Relativbewegungen überlagern, innerhalb des Ansatzes Probleme erzeugt, die analog dem oben genannten sind, wonach die Norm für die Ganggleichheit benachbarter Uhren nicht um eine Norm für die Standgleichheit von Uhren nach einer verschiedenen Geschichte erweitert werden kann: Die räumlichen Formen der für das Realisierungsverfahren des Bewegungsvergleichs benötigten Körper sind nämlich durch protophysikalische Geometrie vollständig und eindeutig bestimmt. Die dabei vorgesehenen Herstellungs- und Kontrollverfahren machen Gebrauch von der Berührung und Passung zueinander ruhenden Körper. Logisch folgen daraus keine Aussagen über die räumlichen Verhältnisse von Körpern, während diese zueinander bewegt sind. Andererseits läßt sich das *geometrische* Normensystem nicht für bewegte Körper entsprechend erweitern, weil aus logischen Gründen dafür keine Realisierungsverfahren vorgesehen werden könnten. Die Behebung einer Störung relativ zur Norm für die Form bewegter Körper würde schon aus logischen Gründen eine Verletzung der *geometrischen* Normen beinhalten.

Der in diesem Aufsatz eingeschlagene, neue Weg vermeidet, Bewegungsvergleiche an den Bewegungen von *Punktkörpern* zu definieren und dafür ein Wissen über die räumliche Form von zueinander bewegten Körpern vorauszusetzen. Die formentheoretische Begründung der Geometrie durch die Protophysik leistet eben nur die Reproduzierbarkeit räumlicher Formen, die explizite Definition der Streckenkongruenz und die Angabe eines Kriteriums für die Starrheit von Körpern „bei Transport". „Bei Transport" heißt aber nicht „während der Bewegung", sondern nur, daß ein Körper – ein Meßstab – genau dann starr heißen solle, wenn er Strekken in kongruente Strecken überführt. Dabei muß er zwar bewegt werden, aber *während des Längenvergleichs durch Koinzidenz von Paaren von Marken ruhen die miteinander verglichenen Körper zueinander.*

Der hier vorgetragene Vorschlag jedoch umgeht das Problem, ein Wissen über die räumliche Form eines Körpers aus der Sicht eines „bewegten Beobachters" zu benötigen. Er gerät damit nicht in Konflikt zur Annahme der Lorentz-Kontraktion beweger Körper. Allerdings ist auch er nicht ganz frei von Setzungen, die allerdings auch in der relativistischen Physik nicht bestritten werden. Es wird nämlich angenommen, daß sich *die Abwicklung einer Zylinderfläche auf die Ebene,* wie sie zunächst als geometrische Aufgabe formuliert werden kann und allgemein bekannt ist, *an realen Körpern verwirklichen* läßt. D.h. die Relativbewegung eines rollenden Zylinders zur ebenen Unterlage führt[14] nicht zur Verzerrung der Art, daß beim Abrollen eines Zylinders um eine volle Umdrehung vom Zylinder eine Strecke zurückgelegt würde, die abweicht vom Zylinderumfang. Stellt man in Rechnung, daß bei jedem Abrollen in den Berührpunkten der beiden Körper keine Relativbewegung stattfindet, so mag sich der bewegte Zylinder insgesamt in Bewegungsrichtung kontrahieren oder ausdehnen, wie er will; in den Berührzonen jedenfalls ist kurzzeitig jeweils die Relativgeschwindigkeit gleich Null. Dies sei zugleich eine hinreichende operative Bedingung dafür, daß zwei Körper aneinander „abrollen".

Bevor die sich hier anschließende Frage beantwortet wird, wie mit Hilfe eines geometrischen Vergleichs gleichzeitiger Bewegungen eine *für die Zeitmessung ausgezeichnete Bewegungsform* bestimmt werden kann, sei ein potentieller Einwand sofort abgewehrt: im rollenden Zylinder läge ja nur die Bewegung eines einzigen Körpers relativ zu einem anderen, und in diesem Sinne nur eine einzige Bewegung vor. Die mit der Translation des Zylinders verglichene, orthogonal dazu verlaufende Bewegung des Schnittpunkts von Schraubenlinie und Berührgerade sei dagegen keine

Körperbewegung. Für diese könne so manches gelten oder in Geltung gesetzt werden, was dann für Körperbewegungen nicht mehr gilt bzw. technisch erzwungen werden kann.
Es trifft in der Tat zu, daß für diese Sorte von Bewegungen Aussagen gelten, die, angewandt auf Körperbewegungen, von der relativistischen Physik bestritten werden; das wichtigste Beispiel dürfte wohl *die Vektoraddition von Geschwindigkeiten* sein. Ersichtlich gilt diese geometrisch.
Man denke sich dazu drei in einer Ebene liegende Zylinder gleichen Durchmessers (vgl. Abb. 2), die jeweils eine reguläre Schraubenlinie einer vollen Umdrehung tragen.

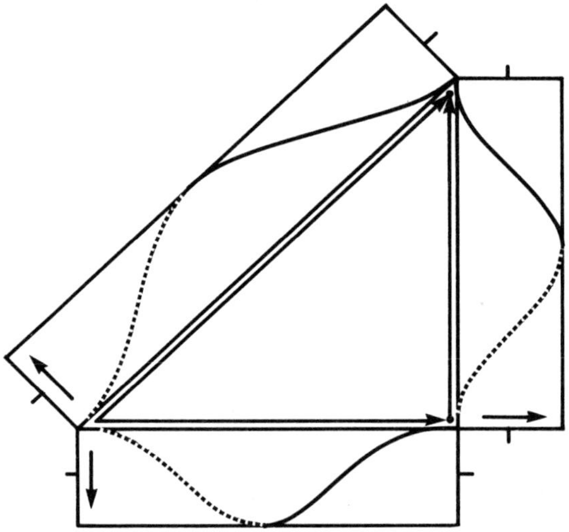

Abb. 2

Die Zylinder seien mechanisch so gekoppelt, daß sie sich jeweils gleich schnell drehen, und daß die Anfangspunkte der Schraubenlinien paarweise koinzidieren. Die Schnittpunkte der drei Schraubenlinien mit der Ebene der drei Zylinderachsen (im Inneren des aus den Zylindern gebildeten Dreieckes) durchlaufen dann gleichzeitig Bewegungen, für deren Geschwindigkeiten die Vektoraddition gilt.
Hier ist also ein geometrischer Beweis für die vektorielle Addition (und damit Überlagerung) zweier uhrenfrei bestimmter Bewegungen und damit Geschwindigkeiten möglich. Schon dies möchte einen Anhänger der relativistischen Physik veranlassen, Einwände zu erheben. Ein solcher Einwand wäre aber vorschnell, weil die Vektoraddition von Geschwindigkeiten der hier gegebenen Definition nicht mit Aussagen der speziellen Relativitätstheorie kollidiert. Der potentielle Einwand müßte dann lauten, daß die hier vorgetragenen Überlegungen für die Physik irrelevant sind. Dort gehe es um den Vergleich von bewegten Körpern und nicht

Schnittpunkten von Linien auf Körpern, und für diese würden empirisch andere Gesetze gelten.
Andererseits läßt sich, wenn dieses Verfahren auch keine technische oder experimentelle Bedeutung haben mag, ein Vergleich gleichzeitiger Bewegungen zweier Körper relativ zu einem dritten durch die gegebene Anordnung mit dem abrollenden Zylinder *kontrollieren,* wenn nur akzeptiert wird, daß räumliche Koinzidenzen festgestellt werden können. Man denke etwa an zwei Kugeln, die längs gerader Bahnen im Winkel von z. B. 45 Grad gleichzeitig vom Schnittpunkt der Bahnen aus starten. Unmittelbar unter oder über dieser Anordnung rolle nun ein Zylinder, und die Bewegungen seien derart geführt, daß in einer senkrechten Projektion auf der durch die Bahnen aufgespannten Ebene beide Kugeln stets mit der Berührgeraden des Zylinders auf dieser Ebene koinzidieren. Die Anordnung läßt sich zusätzlich so normieren, daß dabei eine der Kugeln auf dem Zylinder einen Kreis, die andere eine reguläre Schraubenlinie erzeugt. Ersichtlich ist dann aus geometrischen Gründen die Relativbewegung der beiden bewegten Kugeln zueinander die Resultante aus den Bewegungen der Kugeln relativ zum Schnittpunkt ihrer Bahnen.
Durch die Angabe dieser Vorschrift kann selbstverständlich nicht sichergestellt werden, daß sich solche Bewegungsvergleiche *mit beliebigen Geschwindigkeiten technisch realisieren* lassen. Ob empirisch Schwierigkeiten auftreten werden, wenn Körper z. B. in den Größenbereich der halben Vakuumlichtgeschwindigkeit vordringen, kann damit weder vorhergesagt noch ausgeschlossen werden. Andererseits ergeben sich im Falle solcher technischer Schwierigkeiten so wenig Einwände gegen die vorgetragenen operativen Definitionen, wie es ein Einwand gegen die operative Begründung der Geometrie durch das Dreiplattenverfahren von Dingler wäre, auf die atomare Struktur der Materie und damit die emprischen Grenzen der Herstellung immer besserer ebener Oberflächen hinzuweisen.
Der Übergang vom Vergleich gleichzeitiger Bewegungen auf eine ausgezeichnete *Bewegungsform* geschieht dann in der Weise, wie sie in der Protophysik der Zeit[15)] vorgesehen ist. Sie soll deshalb hier nur zusammenfassend wiederholt werden: Ausgangspunkt sollen *wiederholbare, von selbst ablaufende Vorgänge* sein. Eine strenge Fassung der Wiederholbarkeit schließt aus, daß es sich dabei um Bewegungen handeln kann, die von Lebewesen geführt werden.
Ausgewählt werden dann Paare solcher „von selbst" (nach einem Anstoß durch einen Menschen) ablaufender Bewegungen, die bei Wiederholung *dasselbe Geschwindigkeitsverhältnis in Abhängigkeit vom Ort* zeigen.

Solche Paare von „relativ zueinander wiederholbaren" Bewegungen werden dann entweder technisch so beeinflußt oder entsprechend ausgewählt, daß sie zueinander *ähnlich* (im Sinne der oben gegebenen Definition) und *„verschiebbar"* sind. Mit „Verschiebbarkeit" ist gemeint, daß sich bei Wiederholungen die Ähnlichkeit auch dann erhält, wenn die

Startstellungen der Körperbewegung räumlich gegeneinander verschoben sind, was man alltagssprachlich auch so fassen kann, daß eine der Bewegungen früher anläuft als die andere – und dies für beliebige Verschiebungen.
Paare von Bewegungen, die *bei Wiederholungen „verschiebbar ähnlich"* sind, wie nun kurz gesagt werden kann, heißen *gleichförmig*.
Für jede Klasse von Bewegungen, die relativ zueinander wiederholbar sind, gilt der chronometrische Eindeutigkeitssatz: Sind zwei Paare solcher Bewegungen durch die Bedingung ausgewählt, daß sie zueinander verschiebbar ähnlich sind, so sind alle vier Bewegungen jeweils paarweise untereinander verschiebbar ähnlich.
Daß die Physik „nur *eine*" Zeitmessung kennt und damit gleichsam eine einzige Äquivalenzklasse von zueinander wiederholbaren Bewegungen ausgewählt hat, ist ein kulturhistorisches Faktum, das allein durch die Technikgeschichte der zunehmend besseren Erzeugung von relativ zueinander wiederholbaren Bewegungen bestimmt ist. Ein Naturgesetz verbirgt sich dahinter nicht.
Ersichtlich ist damit das im ersten Teil aufgeworfene Problem gelöst: durch die Auszeichnung einer gleichförmigen Bewegung derart, daß alle gleichförmigen Bewegungen auch zueinander gleichförmig sind (wie ja auch alle ebenen Oberflächen von Körpern aufeinander passen, unabhängig von ihrer Entstehungsgeschichte), ist eine situationsunabhängige, prototypenfreie Realisierbarkeit der konstanten Geschwindigkeit gewonnen. Wegen der Eindeutigkeit der so ausgezeichneten Bewegungsform ist die Relativität des Geschindigkeitsbegriffs beim geometrischen Vergleich gleichzeitiger Bewegungen überwunden. Eine Geschwindigkeit ist sozusagen „an sich" konstant [16] (bzw. eine Bewegung „an sich" gleichförmig), ohne daß dies das operative Defizit der absoluten Zeit Newtons einschlösse.
Selbstverständlich ist damit keine *Einheit* der Geschwindigkeit festgelegt. Dies ist jedoch auch nur in den empiristischen Metrisierungsprogrammen, in denen das Messen auf das Zählen reproduzierbarer Maßeinheiten zurückgeführt wird, erforderlich. Die hier vorgetragene operative Definition der Geschwindigkeit kann sich damit begnügen, daß situationsinvariant *Verhältniszahlen für Geschwindigkeiten* untereinander reproduzierbar festgestellt werden können.
Ein metrischer Zeitbegriff, mit dessen Hilfe Verhältniszahlen für die Dauern zweier Ereignisse ermittelt werden können, ist dann im Sinne des Aristotelischen Vorschlags ebenfalls gewinnbar: die Dauern zweier Ereignisse stehen im selben Verhältnis wie die Strecken zweier Teilvorgänge einer gleichförmigen Bewegung, die mit ersteren gleichdauernd sind.

Anmerkungen:

[1] Hinsichtlich näherer Details dieser wissenschaftshistorischen Bemerkungen vgl. P. Janich, Die Protophysik der Zeit, Frankfurt 1980, Kap. IV (Zur Geschichte der Chronometrie).

[2] Unter „Standgleichheit" im Unterschied zu „Gangleichheit" wird hier verstanden, daß bei zwei verschiedenen Vergleichen der Zeigerstellungen eines Paares von zueinander ruhenden, benachbarten Uhren gleiche Stellungen beobachtet werden. Die Pointe des Unterschieds von Standgleichheit und Ganggleichheit liegt darin, daß per definitionem Ganggleichheit als konstantes Geschwindigkeitsverhältnis der beiden Uhrenzeiger mit Hilfe geometrischer Mittel nur bei dauernd benachbarten und zueinander ruhenden Uhren festgestellt werden kann, während Ganggleichheit durch ein Kontrollverfahren bestimmt ist, das sich auch auf ein Paar von Uhren anwenden läßt, die zwischen den Vergleichen voneinander entfernt worden sind.

[3] Z. B. Physik Δ 11, 219 b, 1–2.

[4] Darauf wies bereits im Altertum Straton von Lampsakus, der Schüler und Nachfolger von Theophrast, hin.

[5] Physik Z, 233 a, 7–8.

[6] Das Wort „gleichzeitig" ist hier ersichtlich unproblematisch zu definieren. Besonders anschaulich zeigt das Zahnradbeispiel, daß geometrische Aussagen allein (über die ineinandergreifenden Zahnräder) das Wort gleichzeitig überflüssig machen.

[7] Aristoteles dagegen zeichnet den gleichförmigen Umschwung des Himmels nur durch ein theologisches Argument aus.

[8] Augustinus, Confessiones, XI, 23, 30.

[9] ebda.

[10] John M. Quinn, The Concept of Time in St. Augustin, Studies in Philosophy and the History of Philosophy 4 (1969), S. 75–127.

[11] Vgl. P. Janich, Augustins Zeitparadox und seine Frage nach einem Standard der Zeitmessung, in: Archiv für Geschichte und Philosophie 54 (1972), 168–186.

[12] Vgl. P. Janich, Die Protophysik der Zeit, Frankfurt 1980, Kap. III.

[13] Vgl. P. Janich, „Hugo Dingler, Die Protophysik und die spezielle Relativitätstheorie" in: P. Janich (Hrsg.), Methodische Philosophie. Beiträge zum Begründungsproblem der exakten Wissenschaften in Auseinandersetzung mit Hugo Dingler, Mannheim, Wien, Zürich 1984, 113–127.

[14] Etwa durch eine Lorentz-Kontraktion.

[15] P. Janich, Die Protophysik der Zeit, Frankfurt 1980.

[16] Dies ist hier also nur eine verkürzte Sprechweise für den Umstand, daß alle Bewegungen, die zu einer gleichförmigen ein konstantes Geschwindigkeitsverhältnis haben, zu ihr auch verschiebbar ähnlich sind.

Heinz Dehnen

Empirische Grundlagen und experimentelle Prüfung der Relativitätstheorie

1. Die Newtonsche Physik

Wir beginnen mit einem kurzen Überblick über den Aufbau der Newtonschen Physik, da die Relativitätstheorie sich aus dieser entwickelt hat und diese als Grenzfall enthält. In der Newton'schen Physik, die über 200 Jahre unangefochten Bestand gehabt hat, begegnet uns zum ersten Mal in der Geschichte ein auf mathematisch formulierten „Prinzipien", d. h. fundamentalen Naturgesetzen gegründetes Axiomengebäude. Dabei werden für die geometrische Struktur des 3-dimensionalen Raumes euklidische Verhältnisse angenommen entsprechend der damals vorliegenden Erfahrung. Andere geometrische Strukturen waren zur Zeit Newtons auch mathematisch nicht bekannt und es bestand auch nicht das Bedürfnis hiernach, zumal die Axiome der euklidischen Geometrie selbst noch für Kant schon aus „reiner Anschauung" hervorzugehen schienen. Der nach Newton – wieder im Einklang mit der damaligen Erfahrung – völlig gleichmäßig ablaufenden Zeit kommt die Bedeutung eines Parameters zu, der die Abfolge der räumlichen Anordnung der physikalischen Ereignisse stetig durchnummeriert.

Diese durch die Erfahrung nahegelegte Konzeption eines *absolut* gegebenen euklidischen *Raumes* und einer *absoluten,* vollkommen gleichmäßig ablaufenden *Zeit* liegt als Ordnungsschema („spatium est ordo coexistendi" nach Leibniz) nicht nur der Newtonschen Physik, sondern auch ihrer analytischen Ausgestaltung, der Hamilton-Jacobischen Mechanik, sowie deren quantisierter Form, der Schrödinger-Heisenbergschen Wellen- oder Quantenmechanik zugrunde.

Gegenstand jeder Mechanik ist die Beschreibung der Bewegung, d. h. die Bestimmung der Lagekoordinaten materieller Körper in Abhängigkeit von der Zeit unter dem Einfluß von Kräften. Die Ausgestaltungen der Mechanik auf der Grundlage obiger Raum-Zeit-Konzeption zeigen nun aber, daß dem Raum und der Zeit weitere Eigenschaften zuzusprechen sind, als nur bloßes Ordnungsschema zu sein. Am ehesten finden diese Eigenschaften in der ursprünglichen Newtonschen Formulierung der Mechanik ihren Ausdruck, die auf folgenden *drei* Prinzipien oder Axiomen basiert: Das erste – auch Galileischer Trägheitssatz genannt – besagt, daß jeder Körper, auf den keine äußeren Kräfte einwirken, sich mit konstanter Geschwindigkeit längs einer geraden Linie im absoluten

Raum bewegt. Das zweite Prinzip definiert den Kraftbegriff und stellt zugleich die Bewegungsgleichung eines materiellen Körpers dar, indem es die zeitliche Änderung des Impulses der äußeren Kraft gleichsetzt. Das dritte Prinzip – auch Reaktionsprinzip genannt – besagt, daß jeder Kraft eine gleich große Gegenkraft entgegenwirkt.
Hiernach stellt der absolute Raum ein mächtiges physikalisches „Agens" dar, indem er jeden kräftefreien Körper auf eine Galileische Trägheitsbahn zwingt. Abweichungen von dieser Trägheitsbahn, z. B. durch äußere Kräfte, rufen sofort sogenannte Trägheitskräfte auf den Plan, die gemäß dem dritten Newtonschen Prinzip mit den äußeren Kräften im Gleichgewicht stehen. Solche Trägheitskräfte, welche bei Beschleunigung relativ zum absoluten Raum auftreten, sind uns allen in Form der Zentrifugalkräfte z. B. beim raschen Durchfahren einer Kurve wohl bekannt. Der absolute Raum Newtons ist somit nicht nur allein Ordnungsschema, sondern zugleich der „Ursprung" der Trägheitskräfte. Worin diese Trägheitskräfte letztlich ihre „Ursache" haben, sagt die Newtonsche Theorie allerdings nicht. Hier liegt ein schwerwiegender erkenntnistheoretischer Mangel vor, auf den zuerst der Physiker und Philosoph Ernst Mach gegen Ende des vorigen Jahrhunderts nachdrücklich hingewiesen hat: Geschwindigkeit und Beschleunigung machen nur Sinn bezüglich der Relativbewegung von Körpern zueinander, aber eigentlich *nicht* bezüglich eines leeren Raumes. Mach hat daher die Vermutung ausgesprochen – in seiner berühmten Kritik am Newtonschen Eimerversuch – daß es in Wahrheit die fernen Fixsternmassen sind, die den absoluten Raum bedingen und die Trägheitskräfte bei Beschleunigung relativ zu ihnen hervorrufen, eine Idee, die in der Mechanik freilich nicht verankert ist, aber durch die Übereinstimmung von „Trägheitskompaß" und „Fixsternkompaß" nahegelegt wird.*) Auf Albert Einstein hat diese Idee, die er auch Machsches Prinzip genannt hat, einen starken Eindruck gemacht, und er hat sie später als heuristisches Prinzip bei der Aufstellung der Allgemeinen Relativitätstheorie herangezogen.
Schließlich muß noch auf eine dritte Eigenschaft der Newtonschen Raum-Zeit-Struktur hingewiesen werden. Ein Bezugssystem, dargestellt durch ein cartesisches Raumachsenkreuz und eine Zeitachse, bezüglich dessen ein kräftefreier Körper eine Galileische Trägheitsbahn beschreibt, heißt „Inertialsystem". Ein solches liegt allerdings nicht eindeutig fest; ist ein Inertialsystem gefunden, so sind alle gleichförmig geradlinig, also

---

*) Bekanntlich läßt sich die Rotation der Erde einmal kinematisch durch die scheinbare Rotationsbewegung des gesamten Himmelsgewölbes (Fixsternkompaß) und zum anderen dynamisch durch die Präzessionsbewegung des Faucaultschen Pendels (Trägheitskompaß) nachweisen. Beide Wege führen erfahrungsgemäß auf die gleiche Winkelgeschwindigkeit der Erdrotation. Die Newtonsche Mechanik gibt hierfür keine Erklärung! Eine derartige Koinzidenz dürfte aber kaum Zufall sein und sollte daher im Rahmen einer vollkommeneren Theorie begründet werden.

unbeschleunigt hiergegen bewegten Bezugssysteme ebenfalls Inertialsysteme. Zwischen den Raum-Koordinaten und der Zeit verschiedener Inertialsysteme vermitteln lineare Transformationen, die sogenannten Galilei-Transformationen, die eine 10-parametrige Transformationsgruppe, die sogenannte Galilei-Gruppe darstellen. Da die physikalischen Gesetzmäßigkeiten in allen Inertialsystemen die gleichen sind, müssen die sie beschreibenden physikalischen Theorien invariant sein gegenüber Galilei-Transformationen. Jede darartige Invarianzeigenschaft einer Theorie gegenüber einer Transformationsgruppe hat jedoch Erhaltungssätze zur Folge, deren Anzahl der Zahl der Parameter der Transformationsgruppe entspricht. In einer Galilei-invarianten Theorie existieren somit 10 Erhaltungssätze: Schwerpunkts-, Impuls-, Drehimpuls- und Energieerhaltung. Ja, die Begriffe „Impuls, „Drehimpuls“ und „Energie“ sind über diese Erhaltungssätze als Folge von Invarianzeigenschaften gegenüber Raum-Zeit-Transformationen definiert.
Dieses Newtonsche Raum-Zeit-Konzept hat bis in die Anfänge dieses Jahrhunderts Bestand gehabt, obwohl die von J. C. Maxwell bereits zu Beginn der 2. Hälfte des vorigen Jahrhunderts entwickelte Theorie der Vereinheitlichung von Elektrizität und Magnetismus keine Galilei-invariante Theorie darstellt. Diese Tatsache, verbunden mit der fortschreitenden Bestätigung der Maxwellschen Theorie durch das Experiment, insbesondere auf dem Gebiet der elektromagnetischen Wellen nach deren Entdeckung durch H. Hertz, legte den Verdacht nahe, daß das bisherige Raum-Zeit-Konzept allenfalls eine gewisse Näherung einer weit vollkommeneren Theorie von Raum und Zeit darstellt. Um die Situation vorläufig aber zu retten, ließ man zunächst die Hypothese eines den absoluten Raum erfüllenden ruhenden „Äthers“ wieder aufleben, der die Funktion eines Trägermediums für die Ausbreitung der transversalen elektromagnetischen Wellen einschließlich des Lichts übernimmt. Aber dann zeigten A. Michelson und E. Morley, daß es nicht möglich ist, die Bewegung der Erde um die Sonne mittels eines optischen Interferenzexperiments nachzuweisen; dies hätte aufgrund der Vorstellung eines im absoluten Raum ruhenden Äthers gelingen müssen. Die Physik geriet daraufhin in eine ernste Krise.

2. Die Spezielle Relativitätstheorie

Den Durchbruch brachte aber erst der im Jahr 1904 mit erhöhter Genauigkeit von D. Miller und E. Morley wiederholte ursprüngliche Michelson-Morley-Versuch. Den negativen Ausgang auch dieses Experiments verbunden mit den sonstigen Schwierigkeiten der Elektrodynamik bewegter Körper nahm Albert Einstein 1905 zum Anlaß, die Spezielle Relativitätstheorie zu begründen unter vollständiger Aufgabe der Äthervorstellung. Im Gegensatz zu anderen Physikern und Mathematikern der damaligen Zeit, die ebenfalls an der Aufklärung der Michelson-Morley-Miller-

Ergebnisse arbeiteten, wie z. B. H. A. Lorentz und H. Poincaré, stellt Einstein experimentell prüfbare Prinzipien (Axiome) an die Spitze seiner Überlegungen, worin letztlich auch seine besondere Leistung zu sehen ist. Seine beiden Prinzipien lauten:

1) Alle gleichförmig geradlinig zueinander bewegten Bezugssysteme (Inertialsysteme) sind physikalisch gleichwertig (Relativitätsprinzip).
2) Die Lichtgeschwindigkeit ist in wenigstens einem Inertialsystem isotrop und von konstantem endlichen Wert *c* unabhängig vom Bewegungszustand der Lichtquelle (Prinzip von der Konstanz der Lichtgeschwindigkeit).

Es ist immerhin bemerkenswert, daß Einstein mit diesen seinen beiden Prinzipien zur Erklärung des Michelson-Morley-Experiments zunächst über das Ziel hinausgeschossen ist; denn hierzu genügt schon die alleinige Annahme der Isotropie der Lichtausbreitung, d. h. der Unabhängigkeit der Lichtgeschwindigkeit von der Strahlrichtung. Daß Einstein dennoch den wahren physikalischen Sachverhalt getroffen hat, hängt damit zusammen, daß das 2. Prinzip in der Maxwellschen Elektrodynamik, die ja auch die optischen Erscheinungen mit umfaßt und bestens bestätigt gilt, bereits voll enthalten ist: Die Ausbreitungsgeschwindigkeit elektromagnetischer Strahlung hängt gemäß den Lösungen der inhomogenen Wellengleichung für eine Strahlungsquelle *nicht* von der Geschwindigkeit der Quelle ab.

In diesem Zusammenhang mag die Feststellung erlaubt sein, daß die Genialität Einsteins gerade darin bestand, mit nahezu schlafwandlerischer Sicherheit aus dem dürftigen empirischen Material seiner Zeit die richtigen physikalischen Prinzipien erkannt zu haben. Mit der Lichtquantenhypothese verhält es sich nicht anders: Im Jahre 1905 zur Erklärung des von H. Hertz und Ph. Lenard gefundenen lichtelektrischen Effekts aufgestellt, von Max Planck noch 1913 heftig angefochten, brachte sie Einstein 1921 den Nobelpreis ein.

Es ist also festzustellen, daß die Spezielle Relativitätstheorie zunächst schon durch die Übereinstimmung der Aussagen der Elektrodynamik mit der Beobachtung gestützt wird. Hierzu gehören vor allem Beobachtungen aus dem Bereich der elektromagnetischen Wellen: Der mit steigender Genauigkeit wiederholte, unter verschiedensten Bedingungen ausgeführte Michelson-Versuch, der Doppler-Effekt, der Fizeausche Mitführungsversuch und die Aberration.[1] Hierunter sind es vor allem die quadratisch von der Geschwindigkeit abhängenden Effeke (Effekte 2. Ordnung), die die Spezielle Relativitätstheorie bestätigen, wie z. B. die Beobachtung des transversalen Doppler-Effekts an Kanalstrahlen.

Trotzdem hat die Spezielle Relativitätstheorie immer wieder Kritiker gefunden. Bereits kurz nach Aufstellung der Theorie hat der bekannte Physiker W. Ritz im Jahre 1908 darauf hingewiesen, daß die *Konstanz* der Lichtgeschwindigkeit – wie bereits oben erwähnt – *nicht* aus dem Michelson-Experiment gefolgert werden kann, und eine gegenteilige, damals

viel diskutierte Erklärung vorgeschlagen, die an Einsteins Lichtquantenhypothese anknüpft. Aber bald danach wies der Astronom W. de Sitter darauf hin, daß speziell das Prinzip von der Konstanz der Lichtgeschwindigkeit mit sehr hoher Genauigkeit (heutige relative Genauigkeit $\lesssim 10^{-9}$) bestätigt wird durch die Beobachtung an Doppelsternen: Würde die Lichtgeschwindigkeit von der Bewegung der Lichtquelle abhängen, so würde das Licht von verschiedenen Stellen der Bahn des Doppelsterns mit verschiedenen Geschwindigkeiten zur Erde gelangen. Bei der Größe der Entfernungen der Doppelsterne bewirkten schon kleinste Geschwindigkeitsunterschiede erhebliche Differenzen in den Laufzeiten; es müßte daher möglich sein, die beiden Komponenten eines Doppelsterns an mehreren Stellen ihrer Bahn gleichzeitig wahrzunehmen (scheinbares Mehrfachsystem). Tatsächlich liegt nicht die geringste Andeutung eines solchen Effekts vor. Ebenso werden aus demselben Grund zu erwartende Einflüsse auf die Pulsfolge von „pulsierenden" Doppelsternen, z. B. von Her X – 1 nicht beobachtet.[2)] Der in den sechziger Jahren auf der Grundlage des Extinktionstheorems vorgebrachte Einwand gegen dieses Doppelsternargument[3)] gilt heute durch die Beobachtung bei verschiedensten Wellenlängen bis in den Röntgenwellenlängenbereich als völlig entkräftet. Schließlich ist im irdischen Labor die Konstanz der Lichtgeschwindigkeit bestätigt (mit relativer Genauigkeit von 10^{-4}) durch Messung der Geschwindigkeit des Lichts, emittiert beim Zerfall sehr schneller π^0-Mesonen (Geschwindigkeit O,99975c).[4)] Alle Laborexperimente mit gegenteiligem Resultat konnten inzwischen widerlegt werden.[5)]
Der Grund dafür, daß dennoch wiederholt versucht wurde, die Relativitätstheorie in Frage zu stellen, dürfte darin zu suchen sein, daß die mathematische Ausgestaltung der beiden „Relativitätsprinzipien" eine umwälzende Änderung der herkömmlichen und alltäglichen Vorstellungen von Raum und Zeit mit sich bringt. Hermann Minkowski leitete seinen berühmten Vortrag über „Raum und Zeit" auf der 80. Versammlung Deutscher Naturforscher und Ärzte zu Köln im Jahre 1908 wie folgt ein: „Die Anschauungen über Raum und Zeit, die ich Ihnen entwickeln möchte, sind auf experimentell-physikalischem Boden erwachsen. Darin liegt ihre Stärke. Ihre Tendenz ist eine radikale. Von Stund an sollen Raum für sich und Zeit für sich völlig zu Schatten herabsinken und nur noch eine Art Union der beiden soll Selbständigkeit bewahren."

Raum und Zeit werden in der Speziellen Relativitätstheorie zu einem pseudoeuklidischen 4-dimensionalen Raum-Zeit-Kontinuum, dem sogenannten Minkowski-Raum, einem Riemann-Raum mit verschwindender Krümmung, verschmolzen. Ein Körper, auf den keine äußeren Kräfte einwirken, bewegt sich in diesem Minkowski-Raum auf einer geradesten (geodätischen) Bahn als natürlicher Formulierung des Galileischen Trägheitssatzes. Ferner gilt: Der von einem Beobachter mit Maßstäben ausmeßbare 3-dimensionale Erfahrungsraum, kurz das Labor, ist ein 3-dimensionaler Raumschnitt durch die 4-dimensionale Raum-Zeit-

Mannigfaltigkeit. Die von Beobachtern mit Uhren gemessene Zeit (Eigenzeit) ist gegeben durch die Bogenlänge der zeitartigen „Weltlinien", die diesen 3-dimensionalen Schnitt orthogonal durchsetzen.

Derartige Raumschnitte mit den zugehörigen Zeiten gibt es beliebig viele, wie es beliebig viele relativ zueinander bewegte Beobachter gibt. Raum- und Zeitmessungen hängen deshalb vom Bewegungszustand der Beobachter relativ zueinander ab. Es gibt keinen absoluten 3-dimensionalen Raum und keine absolute Zeit mehr, daher „Relativitätstheorie"; nur dem 4-dimensionalen Raum-Zeit-Kontinuum kommt noch *absolute* Bedeutung und Struktur zu: Es zerfällt bezüglich jeden Weltpunkts in einen raumartigen Bereich – Gegenwart – und zwei zeitartige Bereiche – Zukunft und Vergangenheit – getrennt durch Vorwärts- und Rückwärts-Lichtkegel, wodurch zugleich die Kausalzusammenhänge in absoluter Weise geregelt sind. Hiernach bleiben also trotz der Verschmelzung von Raum und Zeit zum Raum-Zeit-Kontinuum doch unterschiedliche Qualitäten, nämlich Raumartigkeit und Zeitartigkeit, bestehen. Infolgedessen behält die „Zeit" auch in der Relativitätstheorie einen anderen Charakter als der „Raum", was sich sehr deutlich in der Struktur der Quantentheorie wiederspiegelt: Es gibt einen Zeitentwicklungsoperator, aber kein Pendant hierzu für den Ort, und die Erwartungswerte der Observablen sind Integrale über raumartige Hyperflächen. Unter diesem Aspekt erscheint heute die prägnante Minkowskische Formulierung, daß „Raum für sich und Zeit für sich völlig zu Schatten herabsinken" nur bedingt richtig.

Daß wir von der Relativität von Raum und Zeit in unserer alltäglichen Erfahrung nichts spüren, hängt damit zusammen, daß wir uns nur mit kleinen Geschwindigkeiten relativ zueinander bewegen. Ganz anders sieht die Welt dagegen aus bei Relativgeschwindigkeiten nahe der Lichtgeschwindigkeit. Dann werden die Phänomene der „Längen-Kontraktion" (Lorentz-Kontraktion) und der „Zeitdilatation" beim Vergleich von von verschiedenen Beobachtern gemessenen Strecken und Zeitdauern wesentlich. Aus der Bewegungsgleichung folgt zugleich die Geschwindigkeitsabhängigkeit der Masse von Körpern gemäß $m = m_0/\sqrt{1-\beta^2}$, $\beta = v/c$ sowie Einsteins berühmte Energieformel $E = m \cdot c^2$. Hierin bedeutet v die Geschwindigkeit des Körpers, m_0 seine Ruhmasse und c die Lichtgeschwindigkeit. Da der Ausdruck unter der Wurzel, der Radikand, positiv bleiben muß, kann v nicht größer als c werden. Daraus folgt, daß der Lichtgeschwindigkeit die Bedeutung einer maximal erreichbaren Grenzgeschwindigkeit zukommt.

Im Prinzip ist aber auch der Fall denkbar, daß der Radikand durchweg negativ ist. Man erhält dann wieder eine reelle Masse m, wenn man m_0 durch $i \cdot m_0$ ($i = \sqrt{-1}$, imaginäre Einheit) ersetzt. Für derartige Teilchen stellt die Lichtgeschwindigkeit ersichtlich eine minimale Grenzgeschwindigkeit dar, weshalb man sie „Tachyonen" getauft hat. Diese hypothetischen Partikel hätten die ungewohnte Eigenschaft, daß ihr Energieinhalt bei Verzögerung, d. h. Annäherung an die Lichtgeschwindigkeit wächst

und bei Beschleunigung abnimmt. Einen empirischen Nachweis ihrer Existenz gibt es allerdings bis heute nicht.
Es ist die Ansicht weit verbreitet, daß der Gültigkeitsbereich der Speziellen Relativitätstheorie auf gleichförmig geradlinig zueinander bewegte, unbeschleunigte Bezugssysteme beschränkt sei, daß dagegen für beschleunigte Beobachtersysteme Aussagen nur im Rahmen der Allgemeinen Relativitätstheorie möglich seien. Diese Auffassung trifft nicht zu: Die Spezielle Relativitätstheorie ist in invarianter Weise definiert als die Theorie des flachen (ungekrümmten) Minkowski-Raumes, und in diesem sind beschleunigte Beobachter ebenso berechtigt wie unbeschleunigte. Die relativ zueinander gleichförmig geradlinig bewegten beschleunigungsfreien Beobachtersysteme sind vor jenen aber dadurch ausgezeichnet, daß sie keine Trägheitskräfte wahrnehmen und somit Inertialsysteme darstellen; der Zusammenhang zwischen ihren cartesischen Raum- und Zeitkoordinaten wird in Verallgemeinerung der Galilei-Transformationen nunmehr durch die „Lorentz-Transformationen" hergestellt. Die Invarianz physikalischer Theorien gegenüber Lorentz-Transformationen hat sodann die relativistischen Erhaltungssätze für Schwerpunkt, Impuls, Drehimpuls und Energie zur Folge, woraus zugleich die relativistische Definition dieser Größen resultiert.

Die theoretischen Vorhersagen der Speziellen Relativitätstheorie werden im übrigen durch die Beobachtung genauestens bestätigt: Die Energieformel durch die Paarerzeugung und -vernichtung von Elementarteilchen *durch* bzw. *in* elektromagnetische Strahlung oder durch den Massendefekt in der Physik der Atomkerne. Letzterer findet seinen eklatantesten Ausdruck in der enormen Energieerzeugung der Fixsterne und in der verheerenden Wirkung der Kernwaffen. Die Massenformel ist für den Betrieb der Maschinen zur Beschleunigung von Elektronen und Protonen auf hohe Energien bzw. Geschwindigkeiten ganz nahe der Lichtgeschwindigkeit, wie sie zur Erforschung der Elementarteilchen benötigt werden, von entscheidender Bedeutung: Keine dieser Maschinen würde funktionieren, träfe die Massenformel nicht zu. Die Zeitdilatation spielt eine Rolle für die Myonen der Höhenstrahlung; diese würden andernfalls die Erdoberfläche gar nicht erst erreichen, sondern bereits vorher zerfallen sein. Selbstverständlich ist die Zeitdilatation an Myonen und Pionen auch im Flug im Labor nachgewiesen.[6)] Schließlich konnte die Zeitdilatation von J. Hafele und R. Keating mittels Atomuhren in Übereinstimmung mit der Theorie gemessen werden auf ihren 1971 durchgeführten Flügen um die Erde in östlicher und westlicher Richtung.[7)] Sie stellten eine Zeitdifferenz gegenüber einer erdfesten Uhr fest von -6×10^{-8} sec für den Ostflug und von $2{,}7 \times 10^{-7}$ sec für den Westflug. Dieser Effekt enthält außer dem speziell-relativistischen Anteil auch noch einen allgemein-relativistischen Beitrag von gleicher Größenordnung infolge des Schwerefeldes der Erde, auf den wir noch zu sprechen kommen (siehe Abschnitt 3). Hierdurch ist zugleich auch das sogenannte „Zwillingsparadoxon" geprüft, wonach zwei Zwillingsbrüder, die von einem Punkt der Erde zu verschiedenen Raumflügen starten und später an den Ausgangspunkt zurückkehren, verschieden gealtert sind, sowohl untereinander als auch verglichen mit den auf der Erde zurückgebliebenen Zeitgenossen. Das „Zwillingsparadoxon" (oder auch Uhrenparadoxon) ist nicht Science-Fiction, sondern Realität! Die geodätisch bewegte Uhr geht am schnellsten.

Diesem bisher geschilderten Erfahrungsschatz scheint allerdings die neuerliche Beobachtung von Überlichtgeschwindigkeiten bei manchen Radiogalaxien und Quasaren zu widersprechen. Aus den zu verschiedenen Zeiten gemessenen Radioisophoten (Linien gleicher Radiointensität) z. B. der Radioquelle 3C 345 ergibt sich, daß es sich hierbei um eine expandierende Radiodoppelquelle handelt, deren beide Komponenten sich auf den ersten Blick mit der achtfachen Lichtgeschwindigkeit voneinander weg bewegen.[8)] Es unterliegt gar keinem Zweifel, daß es sich hier *nicht* um einen Widerspruch zur Relativitätstheorie handelt, sondern daß die überlichtschnelle Expansion nur scheinbar existiert und geometrisch vorgetäuscht wird. Bei Zugrundelegung vollständig relativistischer Modelle für diese Objekte kommt man ohne derartige Überlichtgeschwindigkeiten bei der Deutung der Beobachtungen aus, wenngleich die Expansionsgeschwindigkeiten der Radiodoppelquellen auch noch recht hoch, nahe der Lichtgeschwindigkeit ausfallen.[9)]

Worauf gründet sich diese Überzeugung außer auf den bereits geschilderten Experimenten? Hierzu ist zu bedenken, daß der „Minkowski-Raum" den Hintergrund von Raum und Zeit abgibt, auf dem sich das ganze physikalische Geschehen, die klassische Physik – wie z. B. Mechanik und Elektrodynamik – als auch die Quantenphysik abspielt. Alle physikalischen Theorien einschließlich der Quantentheorie sind somit dem speziellen Relativitätspostulat zu unterwerfen. Als Elemente physikalischer Theorien kommen daher nur Lorentz-invariante Skalare und Lorentz-kovariante Spinoren und Vektoren (Tensoren) in Frage. Die sich hieraus ergebenden beobachtbaren Konsequenzen stellen eine weitere starke Stütze der speziell-relativistischen Vorstellungen von Raum und Zeit dar.

Genannte Forderungen, angewandt auf die Quantenmechanik, führt von der nicht-relativistischen Theorie Schrödingers zur Dirac-Theorie des Elektrons. Diese relativistische Quantentheorie erklärt ohne modellmäßige Zusatzannahmen den Spin des Elektrons sowie die magnetomechanische Anomalie zwischen Spin und magnetischem Moment des Elektrons und die hiermit verbundenen Phänomene wie z. B. den anomalen Zeeman-Effekt bei einwertigen chemischen Elementen. Ferner hat sie die Existenz von Antiteilchen, speziell des Positrons vorausgesagt, das dann 1932 von Anderson in der Höhenstrahlung nachgewiesen werden konnte. Schließlich liefert diese Theorie die Feinstruktur des Wasserstoffspektrums (und der Röntgenspektren schwerer chemischer Elemente) in bester Übereinstimmung mit der Beobachtung, insbesondere bei Berücksichtigung von zusätzlichen Effekten, die auf der Quantisierung des Elektronenfeldes und des elektromagnetischen Strahlungsfeldes beruhen (Lamb-Shift). Weitere Erfolge dieser „Quantenelektrodynamik" sind die Erklärung des anomalen magnetischen Moments von Elektron und Myon und aller Wechselwirkungen von Elektronen, Positronen und dem elektromagnetischen Feld (z. B. Compton-Effekt) mit einer relativen Genauigkeit von 10^{-6} bis 10^{-10}.

Ja, selbst die moderne Theorie der (elektro-)schwachen Wechselwirkung, die den radioaktiven β-Zerfall beschreibt und neuerdings durch den Nachweis der Existenz der „intermediären" Bosonen W^+, W^- und Z^0 bestätigt werden konnte, basiert ganz wesentlich auf dem Einsteinschen Raum-Zeit-Konzept. Denn die Händigkeit oder Helizität masseloser Elementarteilchen, welche für die Erfassung der Paritätsverletzung der schwachen Wechselwirkung unerläßlich ist, ist eine Lorentz- und nicht Galilei-invariante Eigenschaft. Überhaupt wäre der enorme Fortschritt in der Elementarteilchenphysik der letzten zwei Jahrzehnte undenkbar ohne Spezieller Relativitätstheorie. Die Gültigkeit dieser Theorie, die die Grundlage für all diese Erfolge darstellt, kann damit kaum in Zweifel gezogen werden. Jedenfalls sind alle Versuche einer Konkurrenztheorie bislang daran gescheitert, das geradezu erdrückende Erfahrungsmaterial zu beschreiben.

Abschließend sei noch kurz die zunächst ganz unerwartete außerordentliche Tragweite der speziell-relativistischen Konzeption streiflichtartig beleuchtet. Das bekannte Paulische Ausschließungsprinzip, das z. B. den Aufbau der Elektronenhülle der Atome und damit ihre chemischen Eigenschaften regelt sowie für die Festigkeit kondensierter Körper bis hin zu Planeten, Weißen Zwergen und Neutronensternen verantwortlich ist, findet seine zwanglose theoretische Begründung erst im Rahmen der relativistischen Quantenfeldtheorie in Gestalt des sogenannten Spin-Statistik-Theorems. Hiernach unterliegen alle Elementarteilchen mit halbzahligem Spin, die Fermionen (z. B. Elektronen), dem Pauli-Prinzip, Teilchen mit ganzzahligem Spin, die Bosonen (z. B. Lichtquanten), dagegen nicht. Diese Tatsache hat dann zur Folge, daß beide Teilchensorten unterschiedlichen statistischen Gesetzmäßigkeiten, der Fermi-Statistik bzw. der Bose-Statistik, gehorchen. Und hier spielen in unserem Zusammenhang das relativistische „Fermi-Gas" und „Bose-Gas" nochmals eine besondere Rolle: Die spektrale Intensitätsverteilung der schwarzen elektromagnetischen Hohlraumstrahlung, die für Planck der Anlaß zur Aufstellung der Quantenhypothese war, ergibt sich in bester Übereinstimmung mit der Erfahrung als Folge der Energieverteilung eines relativistischen Bose-Gases mit den von Einstein eingeführten Lichtquanten als Partikel. Für den Fall des relativistischen Elektronengases ergibt sich, daß kondensierte Materie mit Massen größer als 1,4 Sonnenmassen bezüglich des Gravitationskollapses instabil ist und daß diese Instabilität Anlaß zur

Explosion (Supernova vom Typ II) ausgebrannter massereicher Sterne gibt. Und in der Tat: Die bisher bekannten Massen von Neutronensternen, den Überbleibseln von Supernova-Explosionen, liegen bei 1,4 $M_{\odot}$. Da weiterhin nur in den Sternen die chemischen Elemente schwerer als He^4 synthetisiert werden können und allein durch die Supernova-Explosionen in erheblichem Umfang an den interstellaren Raum abgegeben werden, woraus sich dann später erst Sonnen- und Planetensysteme, bestehend auch aus schweren chemischen Elementen wie C,N,O usf., bilden, so dürfte letztlich selbst die Entstehung des Lebens auf der Erde speziell-relativistische Gesetzmäßigkeiten unmittelbar zur Voraussetzung haben.

Diese Überlegungen zeigen, daß die speziell-relativistische Konzeption von Raum und Zeit mit fast allen Gebieten der Physik, ja sogar mit unserer eigenen Existenz verflochten ist.

3. Die Allgemeine Relativitätstheorie

Trotz all' dieser Erfolge haftet jedoch auch der Speziellen Relativitätstheorie ein erkenntnistheoretischer Mangel an: Der Minkowski-Raum stellt ein äußerst wirksames „Führungsfeld" dar, das jeden freien Körper auf eine zeitartige geodätische Trägheitsbahn zwingt, selbst aber keinerlei Rückwirkungen von Seiten der Körper erfährt, sondern als absolut gegeben und unabänderlich gilt. Dies ist äußerst befremdlich, da wir sonst gewöhnt sind – entsprechend dem dritten Newtonschen Prinzip – daß es zu jeder physikalischen Wirkung eine Gegenwirkung gibt. Demzufolge sollte eine Rückwirkung der in Raum und Zeit eingebetteten Körper und Felder auf die Raum-Zeit-Struktur, d. h. auf die Geometrie der Raum-Zeit vorhanden sein, wobei der flache Minkowski-Raum, d. h. die Spezielle Relativitätstheorie, nur eine erste, wenngleich auch sehr gute Approximation der wahren Verhältnisse darstellt.

Dies ist die Konzeption, die der Allgemeinen Relativitätstheorie Einsteins zu Grunde liegt. In Strenge sind also die Maßverhältnisse, d.i. die Metrik des Raum-Zeit-Kontinuums als nichteuklidisch anzusehen, d. h. die 4-dimensionale Welt ist gekrümmt, wobei die Krümmung des Riemann-Raumes, d. h. der Riemannsche Krümmungstensor, selbst von Zeit und Ort abhängt. Als Folge hiervon gelten die speziell-relativistischen Gesetzmäßigkeiten nur noch *lokal,* d. h. innerhalb hinreichend kleiner Raum-Zeit-Bereiche, während *global* gänzlich veränderte geometrische Verhältnisse herrschen. Global verlieren deshalb auch die Lorentz-Transformationen ihre Bedeutung: Es gibt *im allgemeinen* keine globalen Inertialsysteme und folglich keine globalen Erhaltungssätze für Impuls, Drehimpuls und Energie mehr. Das ist lediglich bei Vorliegen entsprechender Symmetrien der Metrik noch der Fall. Die Problematik des Newtonschen absoluten Raumes, auf die E. Mach so nachdrücklich hingewiesen hat und die beim Übergang zur Speziellen Relativitätstheorie nur vom

3-Dimensionalen ins 4-Dimensionale verlagert wurde, wird eigentlich erst durch die Allgemeine Relativitätstheorie entschärft, wenn auch nicht vollständig behoben (s.u.).
Worin kann aber die Rückwirkung der Körper und Felder auf die Metrik des Raum-Zeit-Kontinuums bestehen? Doch offenbar nur darin, daß bestimmte Eigenschaften der Materie die Metrik verändern. Um diese ausfindig zu machen, ist erneut die experimentelle Erfahrung heranzuziehen. Einstein knüpft an das seit Galileis Fallversuchen bekannte und seitdem bewährte „Äquivalenzprinzip" an, d.h. an das Prinzip von der Gleichheit der trägen und schweren Masse jeden Körpers. Während in der Newtonschen Physik dieses Prinzip nur rein äußerlich ohne innere Verbindung der Dynamik angefügt ist, erhebt es Einstein zum empirischen Grundpfeiler seiner Theorie. Es kommt daher zunächst auf eine möglichst genaue Prüfung dieses Prinzips an. Im Jahre 1964 ist es R. Dicke und Mitarbeitern und später V. Braginsky gelungen, die Gleichheit von träger und schwerer Masse mittels einer Präzisionsdrehwaage bis zu der extremen relativen Genauigkeit von 10^{-11} bzw. 10^{-12} zu bestätigen, was um einen Faktor 10^3 bis 10^4 besser ist, als die alten Eötvösschen Experimente, auf die sich Einstein gestützt hat, die aber heute wieder leicht in Zweifel gezogen werden. Ich komme hierauf am Ende (Abschnitt 4) nochmals zurück.

Aus diesem Ergebnis darf mit Einstein zunächst geschlossen werden, daß Trägheit und Schwere wesensgleich sind, weshalb sich hinsichtlich Gravitationswirkungen *alle makroskopischen* Körper gleich verhalten, da ihre Masse aus den mechanischen Bewegungsgleichungen der Gravitation herausfällt. Folglich muß die Metrik von Raum und Zeit die Führung eines Körpers nicht nur auf Grund seiner Trägheitseigenschaften, sondern auch auf Grund seiner Schwere in ununterscheidbarer Weise garantieren. Ein Körper, der Gravitationsfeldern unterliegt, bewegt sich demnach weiterhin auf einer zeitartigen geodätischen Trägheitsbahn, aber das metrische Feld ist jetzt so einzurichten, daß auch die Gravitationswirkungen umgebender Massen mit erfaßt werden. Die Metrik von Raum und Zeit ist also zugleich als „Gravitationspotential" zu verstehen und ihre Bestimmungsgleichung ist so zu wählen, daß jedenfalls in erster Näherung der Anschluß an die alte Newtonsche Gravitationstheorie gewonnen wird, die sich ja bekanntlich in der Himmelsmechanik durch hohe Genauigkeit bewährt hat.

Die Erweiterung der Speziellen Relativitätstheorie zur Allgemeinen Relativitätstheorie führt also notwendigerweise zu einer Theorie der Gravitation. Demnach bleibt nur die Masse der Körper oder – wegen der Äquivalenz von Masse und Energie – allgemeiner die Energie der Materie, welche Wirkungen auf die Metrik ausübt gemäß den Feldgleichungen der Gravitation, deren endgültige Gestalt Einstein im Jahre 1915 gefunden hat. Die Metrik des Raum-Zeit-Kontinuums ist jetzt nicht mehr absolut gegeben, sondern wird durch die Energieverteilung in der Welt beeinflußt. Geometrie der Raum-Zeit und Gravitationsfeld sind ein und dasselbe, weshalb man auch von „Geometrisierung der Gravitation" oder „metrischer Gravitationstheorie" spricht.

Die Allgemeine Relativitätstheorie ist als einheitliche Theorie von Geometrie und Gravitation zugleich eine kosmologische Theorie, welche die geometrische Struktur und die dynamische Entwicklung des Universums im Großen gleichermaßen zu beschreiben gestattet. Dabei schwebte Einstein seinerzeit selbst vor, daß die Struktur von Raum und Zeit durch die jeweilige Materieverteilung in der Welt nach Maßgabe seiner Feldgleichungen der Gravitation *bedingt und restlos bestimmt wird.* Hierdurch würde zugleich der Machschen Idee Rechnung getragen, wonach das Trägheitsverhalten materieller Körper durch die Massen in der Welt festgelegt wird, entsprechend der empirischen Übereinstimmung von Trägheitskompaß und Fixsternkompaß.

Es ist jedoch hervorzuheben, daß sich diese Einsteinsche Vision des „Machschen Prinzips" im Rahmen der Allgemeinen Relativitätstheorie nicht hat realisieren lassen, selbst nicht nach zusätzlicher Modifikation der ursprünglichen Feldgleichungen durch Hinzufügen des kosmologischen Terms durch Einstein in seiner kosmologischen Arbeit von 1917. Denn die Gravitationsfeldgleichungen lassen Lösungen für die Metrik zu, in welchen Trägheitskompaß und Fixsternkompaß *nicht* übereinstimmen wie z. B. in der Gödel-Welt; es gibt weiterhin eine absolute Rotation. Ja, es gibt sogar Lösungen bei Abwesenheit jeglicher Materie, und hierunter befindet ich als einfachste wieder der Minkowski-Raum der Speziellen Relativitätstheorie oder – nach der oben erwähnten Modifikation der Feldgleichungen um den kosmologischen Term – die de Sitter-Welt.

In beiden Fällen handelt es sich um ein übermächtiges physikalisches Führungsfeld, das das Trägheitsverhalten aller materieller Körper eindeutig bestimmt, ohne daß irgendeine materielle Ursache hierfür ersichtlich wäre. Die Problematik der speziell-relativistischen absoluten Raum-Zeit – ein Relikt noch aus der Newtonschen Physik – ist also auch in der Allgemeinen Relativitätstheorie gar nicht endgültig überwunden! Dafür, weshalb das so ist, lassen sich unterschiedliche Begründungen anführen: Zum einen sind die Feldgleichungen der Gravitation *nicht-lineare* Differentialgleichungen, so daß das metrische Feld infolge von Selbstwechselwirkungen eine gewisse Eigenständigkeit gegenüber der Materie erlangt. Zum anderen sind Randbedingungen erforderlich, um die Lösungen eindeutig zu bestimmen, so daß z. B. ein unendlich ferner, prinzipiell nicht beobachtbarer Massensaum das Trägheitsverhalten determinieren kann. Um dieses auszuschließen, hat bereits Einstein selbst vorgeschlagen, Randbedingungen im räumlich Unendlichen gänzlich zu vermeiden und nur räumlich geschlossene, endliche Welten zuzulassen. Zu ihrer Konstruktion erweiterte er eigens seine Feldgleichungen um den kosmologischen Term, dessen physikalische Bedeutung aber bis heute ungeklärt ist. Dem Machschen Prinzip würde hiernach nur die Rolle eines regulativen

Auswahlprinzips zufallen,[10] was aber äußerst unbefriedigend und auch unzureichend ist. Denn wir wissen heute, daß es selbst räumlich geschlossene Lösungen gibt, in denen Trägheits- und Fixsternkompaß nicht übereinstimmen (Oszváth-Schücking-Lösungen).

Demgegenüber ist aber auch zu bedenken, daß der Trägheitskompaß in erster Linie durch den quantenfeldtheoretischen Vakuumzustand festgelegt sein könnte. Denn das Vakuum der modernen Physik ist nicht der leere Raum schlechthin, nicht das μὴ ὂν eines Demokrit, sondern es ist gleichsam der Grundzustand (Zustand tiefster Energie) des Universums und besitzt Struktur, indem es bereits alle Elementarteilchen virtuell enthält. Der Vakuumzustand übernimmt sozusagen die Funktion eines modernen Äthers; er ist polarisierbar und besitzt Energie und ist daher als eigenes mächtiges Substrat neben der realen Materie zu betrachten. Letztere bringt dann auf Grund der Feldgleichungen der Gravitation an der Metrik fast nur noch Retuschen an, von extremen Situationen wie z. B. bei Schwarzen Löchern oder zu Beginn des Universums abgesehen. Zu Gunsten dieser Auffassung spricht, daß durch Beschleunigung gegenüber dem Minkowski-Raum nicht nur Trägheitskräfte geweckt, sondern zugleich auch Teilchen-Antiteilchen-Paare aus dem quantenfeldtheoretischen Vakuum erzeugt werden.[11] Übereinstimmung von Trägheitskompaß und Fixsternkompaß besagt hiernach nur, daß die reale Materie in der Welt relativ zum Vakuumzustand nicht beschleunigt ist z. B. nicht rotiert, eine Feststellung, die freilich eine tiefere Begründung herausfordert, welche aber erst im Rahmen einer Theorie über den Ursprung des Kosmos dürfte gegeben werden können, eventuell bereits auf Grund des Modells des „Inflationären Universums".[12]

Der Allgemeinen Relativitätstheorie kommt als kosmologischer Theorie noch eine weitere besondere Bedeutung zu. Die kosmologischen Lösungen haben zum einen die Expansion der Welt vorhergesagt, die dann durch E. Hubble im Jahre 1929 in der allgemeinen Fluchtbewegung der Galaxien nachgewiesen wurde. Zum anderen geben die kosmologischen Lösungen den Rahmen, d. h. die Randbedingungen für das übrige physikalische Geschehen in der Welt ab. Es besteht kaum Zweifel, daß die selbständige Entwicklung von Strukturen im Kosmos (Galaxien, Sterne, chemische Elemente) durch die von den kosmologischen Lösungen vorgegebenen Randbedingungen z. B. durch die Schwärze des Nachthimmels getrieben wird.[13]

Wenden wir uns schließlich der experimentellen Prüfung der Allgemeinen Relativitätstheorie im einzelnen zu! Der Umstand, daß das Gravitationsfeld ein geometrisches Führungsfeld ist, die Feldgleichungen im Gegensatz zur Newtonschen Gravitationstheorie nicht-linear und von hyperbolischem Charakter sind und es sechs unabhängige „Gravitationspotentiale" gibt, statt nur eines wie bei Newton, bedingt eine Fülle im Prinzip prüfbarer Effekte. Im Gegensatz zu anderen physikalischen Kraftwirkungen handelt es sich jedoch bei der Gravitation um eine äußerst schwache Wechselwirkung, was wegen der alltäglichen Erfahrung mit dem Gravitationsfeld der Erde leicht übersehen wird. Das Verhältnis zwischen der elektrostatischen Abstoßung zweier Elektronen und ihrer gravitativen Anziehung ist von der Größenordnung

$$\gamma = e^2/m_e^2\,G \simeq 4 \times 10^{42}$$

(e elektrische Elementarladung, m_e Masse des Elektrons, G Newtonsche Gravitationskonstante), wonach die Gravitationswechselwirkung um den ungeheuren Faktor 10^{42} schwächer ist als die elektromagnetische und damit die schwächste Wechselwirkung überhaupt darstellt. Das ist auch die Ursache dafür, daß die Spezielle Relativitätstheorie, die Gravitationseinflüsse auf die Metrik nicht kennt, so gut bestätigt werden konnte; die Abweichungen von der Minkowski-Metrik sind in der Regel minimal und werden erst merklich in der Nähe großer Massenansammlungen oder auf großen Distanzen, wobei von nicht unerheblicher Bedeutung ist, daß die Gravitation nicht abgeschirmt werden kann wie etwa elektromagnetische Felder (es gibt nur Massen eines Vorzeichens, aber elektrische Ladungen entgegengesetzten Vorzeichens). Dies hat zur Folge, daß nicht allzu viele allgemein-relativistische Effekte bis heute der Beobachtung zugänglich sind.[14)] Bevor wir hierauf eingehen, sei noch folgende Bemerkung vorausgeschickt:

Im Hinblick auf die schwer verständliche ungeheuer große Zahl γ hat P.A.M. Dirac im Jahre 1937 vorgeschlagen, die Gravitations-„Konstante" als eine zeitlich veränderliche Größe aufzufassen, die mit dem Alter der Welt abnimmt, so daß die Größenordnung von γ veränderlich ist und nur für den gegenwärtigen Zustand des Universums in dieser Höhe zutrifft, im Frühzustand der Welt dagegen ungefähr 1 gewesen ist. Zugleich stellte Dirac eine zweite Hypothese hinsichtlich der Masse der Welt auf, wonach diese mit dem Weltalter zunehmen sollte. Beide Hypothesen sind später im Jahre 1945 von P. Jordan im Rahmen einer verallgemeinerten Einsteinschen Gravitationstheorie, einer sogenannten Skalar-Tensor-Theorie, feldtheoretisch formuliert worden. Diese Theorie enthält außer modifizierten Feldgleichungen für den metrischen Tensor noch eine Feldgleichung für den räumlich und zeitlich veränderlichen Gravitations*skalar* G (anstelle einer Gravitationskonstanten).

Die Entdeckung der 3°-Hintergrundstrahlung durch A. Penzias und W. Wilson im Jahre 1965, welche als schwarze elektromagnetische Hohlraumstrahlung isotrop aus dem Weltraum einfällt und als Relikt aus dem Urzustand des Universums anzusehen ist, hat jedoch die Jordansche Theorie wesentlich eingeschränkt, da das Plancksche Verhalten der Strahlung mit der *zweiten* Diracschen Hypothese der Massenzunahme der Welt *nicht* verträglich ist. Die Jordansche Theorie wird dadurch auf denjenigen Spezialfall reduziert, der Massenerhaltung gewährleistet und nur eine Veränderlichkeit von G ins Auge faßt. Diese spezielle Theorie wurde unabhängig von Jordan im Jahre 1961 auch von C. Brans und R. Dicke im

Hinblick auf eine befriedigendere Efüllung des Mach-Prinzips entwikkelt. Die Jordan-Brans-Dickesche Skalar-Tensor-Theorie darf wohl auch heute noch als Konkurrentin zur Einsteinschen Theorie angesehen werden, die sie allerdings als Grenzfall (G = const.) mit enthält. Dieser Umstand macht die empirische Entscheidung zwischen Einsteinscher und Jordan-Brans-Dickescher Theorie besonders schwierig.
Wir wenden uns nunmehr der Besprechung der zu erwartenden allgemein-relativistischen Effekte und ihrer Prüfung zu. Dabei ist es zweckmäßig, zwischen statischen, stationären und nicht-stationären Effekten zu unterscheiden.

A. Statische Effekte

Hierzu gehören alle Effekte in statischen Gravitationsfeldern, die nicht von der Newtonschen Theorie erklärt werden; sie sind auch als solar-relativistische Effekte bekannt, da in erster Linie das zentralsymmetrische Gravitationsfeld der Sonne zu ihrer Überprüfung herangezogen wird. Es sind dies a) die Rotverschiebung von Spektrallinien bzw. die Verlangsamung des Gangs von Uhren im Gravitationsfeld, b) die Perihelbewegung der Planetenbahnen, c) die Lichtablenkung an der Sonne, d) die Laufzeitverzögerung von Radarsignalen im Gravitationsfeld der Sonne und e) die geodätische Präzession. Abgesehen von den beiden letztgenannten Effekten, sind die vorangehenden bereits 1915/16 von Einstein bei Aufstellung der Theorie vorausgesagt worden.
In Frühjahr 1919 fanden daraufhin die beiden ersten Expeditionen statt, um Einsteins Vorhersage der Ablenkung der Strahlen von Sternenlicht, die das Gravitationsfeld der Sonne passieren, bei der totalen Sonnenfinsternis in Südamerika zu prüfen. Man fand für den Ablenkwinkel eines die Sonne tangierenden Lichtstrahls 1,98″ bzw. 1,61″, während die Theorie den Wert von 1,74″ forderte. Die Übereinstimmung war zwar nicht sehr überzeugend, aber innerhalb der Fehlergrenzen waren Beobachtung und Theorie immerhin verträglich. Da andererseits die bereits 1859 von Leverrier bestimmte und bis dahin unerklärte Diskrepanz in der Perihelbewegung des Planeten Merkur von 42,9″ im Jahrhundert mit der gemäß Einsteins Theorie zu erwartenden zusätzlichen relativistischen Perihelbewegung von 43,03″ im Jahrhundert sehr gut übereinstimmte, erblickte man in den beobachteten Werten für die Lichtablenkung bereits eine gewisse Bestätigung der Allgemeinen Relativitätstheorie. Der dritte von Einstein vorausgesagte Effekt, die Rotverschiebung der Spektrallinien der Sonne gegenüber den in irdischen Laboratorien erzeugten Spektrallinien vom Betrag $\Delta\lambda/\lambda = 2{,}1 \times 10^{-6}$, ließ sich zunächst nur für den Sonnenrand größenordnungsmäßig bestätigen, nicht dagegen für mittlere Bereiche der Sonnenscheibe. Dies führte man naheliegenderweise auf Störungen durch die vertikale Komponente der Turbulenzbewegung in

der Sonnenatmosphäre zurück und erblickte hierin keinen ernsthaften Einwand gegen die Theorie.
Diese Situation der zwanziger Jahre konnte jedoch keinesfalls endgültig befriedigen, insbesondere auch wegen der inzwischen von Jordan, Brans und Dicke konzipierten konkurrierenden Theorie. Wie sieht die Lage heute aus?

Objekt	Theor. Wert	Beobachtung bzw. Genauigkeit der Bestätigung des theor. Werts	Meßlinie, Beobachter
Sirius B	$6{,}5 \cdot 10^{-5}$	$6{,}3 \cdot 10^{-5}$	H_β-Linie; Adams (1925)
40 Eridani B	$5{,}7 \cdot 10^{-5}$	$(7 \pm 1) \cdot 10^{-5}$	H_β-, H_γ-Linie Popper (1954)
Erdfeld h = 22 m	$2{,}5 \cdot 10^{-15}$	±10%	14,4 keV γ-Linie von Fe 57, Pound, Rebka (1960)
Sonne	$2{,}1 \cdot 10^{-6}$	±5%	Na-D_1-Linie; Dicke (1964)
Erdfeld h = 22 m	$2{,}5 \cdot 10^{-15}$	±1%	14,4 keV γ-Linie von Fe 57; Pound, Snider (1965)

Tabelle 1: Vergleich der theoretischen und der beobachteten Rotverschiebungswerte $\Delta\lambda/\lambda$.

a) *Die gravitative Rotverschiebung* der Spektrallinien der Sonne blieb lange Zeit unsicher wegen der störenden Konvektionsströme in der Sonnenatmosphäre, bis im Jahre 1964 R. Dicke eine gute Übereinstimmung zwischen Theorie und Beobachtung an der Natrium D_1-Linie über die ganze Sonnenscheibe feststellte. Zuvor war der Effekt, allerdings mit geringerer Genauigkeit, von Adams und Popper bei den beiden Weißen Zwergen Sirius B und 40 Eridani B an den H_β- und H_γ-Linien nachgewiesen worden (Tabelle 1). Als beste Bestätigung des Effekts gilt heute die Feststellung der Frequenzverschiebung von γ-Strahlen des Eisenisotops Fe^{57} im Erdfeld mittels des Mößbauereffekts durch Pound, Rebka (1960) und Snider (1965);[15] die Genauigkeit der Bestätigung des theoretischen Wertes beträgt etwa 1% (Bild 1).
Die gravitative Rotverschiebung der Spektrallinien läßt sich – cum grano salis – auch so interpretieren, daß der Gang einer Uhr in einem Gravitationsfeld verlangsamt ist gegenüber einer Uhr außerhalb dieses Feldes. Ein solcher Effekt läßt sich heute mit Cäsiumuhren überprüfen, und ein

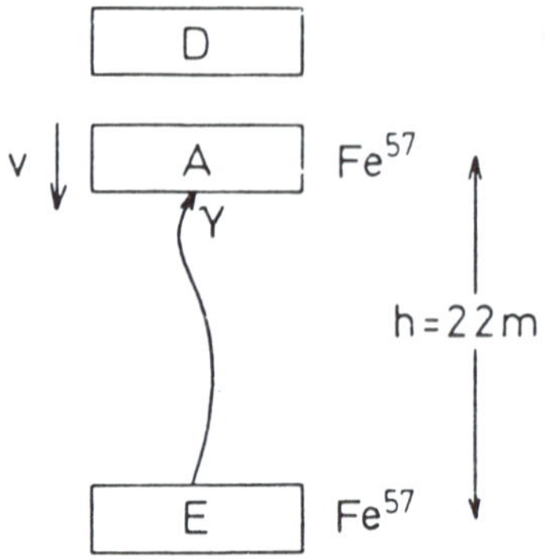

Bild 1: Gravitative Rotverschiebung im Erdfeld: Die vom Emitter E emittierte γ-Strahlung wird wegen der Rotverschiebung im Absorber A (Höhe $h = 22$ m über E) nicht mehr absorbiert und im Detektor D nachgewiesen. Durch Bewegung von A mit der Geschwindigkeit v in Richtung E kann aufgrund des Doppler-Effekts die Rotverschiebung kompensiert werden, so daß Resonanzabsorption in A eintritt und die Zählrate in D auf ein Minimum absinkt. Aus der Geschwindigkeit v läßt sich die Rotverschiebung bestimmen.

entsprechendes Experiment ist 1971 – wie oben bereits erwähnt – von J. Hafele und R. Keating ausgeführt worden.[7)] Sie nutzten die Tatsache, daß hiernach der Gang einer Uhr in einem hoch fliegenden Flugzeug beschleunigt sein sollte gegenüber einer auf der Erdoberfläche befindlichen Uhr; allerdings ist zusätzlich auch die speziell-relativistische Zeitdilatation infolge der Fluggeschwindigkeit zu berücksichtigen, so daß das Experiment die Summe zweier Effekte, eines allgemein-relativistischen und eines speziell-relativistischen, mißt. Der Einfluß beider Effekte läßt sich wegen der Erdrotation trennen, wenn man Flüge in östlicher und westlicher Richtung durchführt. Hafele und Keating flogen daher, mit

Serien-Nr. der Uhr		Ostflug	Westflug
120		−57	277
361		−74	284
408		−55	266
447		−51	266
Mittelwert der Messung		−59 ± 10	+273 ± 7
Theoretische Werte	Gravitationseffekt	144 ± 14	179 ± 18
	Geschwindigkeitseffekt	−184 ± 18	96 ± 10
	Summe	−40 ± 23	+275 ± 21

Tabelle 2: Theoretische und experimentelle Werte für die Zeitdifferenzen der transportierten Atomuhren gegen eine erdfeste Uhr in 10^{-9} sec für das Hafele-Keating-Experiment.

Cäsiumuhren ausgerüstet, einmal in östlicher und einmal in westlicher Richtung um die Erde und stellten bei ihrer Rückkehr einen Zeitunterschied zu einer auf der Erde zurückgebliebenen Cäsiumuhr in der Größenordnung von -60×10^{-9} bzw. $+270 \times 10^{-9}$ sec fest. Das bedeutete eine Bestätigung der Vorhersage der Theorie auf etwa 10 % genau (Tabelle 2). Ein analoges Experiment der Universität von Maryland brachte im Jahre 1976 eine Erhöhung der Genauigkeit auf 1 %.

Die Verlangsamung des Gangs von Uhren in Gravitationsfeldern, insbesondere aber die Rotverschiebung der Spektrallinien konnten also inzwischen mit einer relativ guten Genauigkeit zweifelsfrei bestätigt werden. Andererseits ist aber zu betonen, daß diese Effekte für die Einsteinsche Theorie insofern nicht signifikant sind, als sie in jeder metrischen Gravitationstheorie, also auch in der Jordan-Brans-Dicke-Theorie, gleich ausfallen.

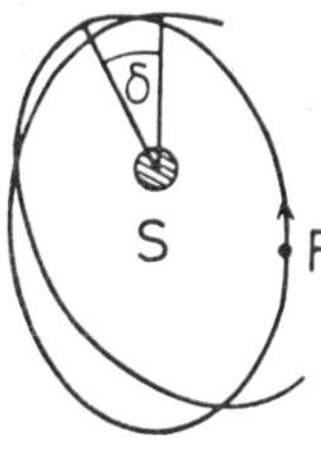

Bild 2: Perihelbewegung eines Planeten *P* im Feld der Sonne *S*: Die Kepler-Ellipse präzediert um den Winkel δ (Präzessionswinkel) pro Umlauf des Planeten, so daß sich eine Rosettenbahn ergibt.

b) *Die Perihelbewegung der Planeten* (Bild 2) galt seither als die überzeugendste Bestätigung der Einsteinschen Theorie, da im Gegensatz zu den übrigen solar-relativistischen Effekten zu ihrer Berechnung die nichtlinearen Feldgleichungen der Gravitation in zweiter Näherung gelöst werden müssen (nicht-linearer Effekt). Darüberhinaus wird ein gewisser Beitrag zur Perihelbewegung auch durch die speziell-relativistische Abhängigkeit der Masse der Planeten von ihrer Umlaufgeschwindigkeit um die Sonne verursacht, so daß es sich hierbei im Grunde wieder um einen gemischten Effekt handelt. Durch genaue Vermessung der Planetenbahnen mittels Radar und die Aufarbeitung eines sehr umfangreichen Beobachtungsmaterials mit Elektronenrechnern ist es nicht nur gelungen, den von Leverrier bestimmten Wert des anomalen Vorrückens des Perihels von Merkur mit $43{,}11'' \pm 0{,}45''$ im Jahrhundert zu bestätigen, sondern auch die empirischen Werte für das anomale Vorrücken des Perihels von Venus, Erde, Mars und des 1949 entdeckten Kleinplaneten Ikarus (mit

Planet	Theoretischer Wert im Jahrhundert	Aus der Beobachtung ermittelter Wert
Merkur	42,98″	43,11″ ± 0,45″
Venus	8,6″	8,4″ ± 4,8″
Erde	3,8″	5,0″ ± 1,2″
Mars	1,4″	1,5″ ± 0,15″
Ikarus	10,3″	9,8″ ± 0,8″

Tabelle 3: Vergleich des theoretisch berechneten und des aus der Beobachtung bestimmten Wertes für das anomale Vorrücken des Perihels der inneren Planeten. Bis vor kurzem galt als theoretischer Wert für Merkur 43,o3″ pro Jahrhundert. Verbesserung der in die Berechnung der theoretischen Werte eingehenden Meßdaten führt heute auf den angegebenen Wert (nach A. Nobili u. C. Will, Nature *320*, 39 (1986)).

sehr exzentrischer Bahn) zu bestimmen. Nach den in Tabelle 3 aufgeführten Daten stellt die Perihelbewegung des Merkur eine glänzende Bestätigung von Einsteins Theorie mit einer Genauigkeit von 1% dar. Diese Genauigkeit ist umso bemerkenswerter, als die effektiv gemessene Perihelbewegung von Merkur 574,1″ im Jahrhundert beträgt. Erst nach Abzug aller Störungen durch die Nachbarplaneten von etwa 531″ ergibt sich der anomale, durch Newtons Theorie unerklärte Betrag der Periheldrehung von 43,11″ im Jahrhundert.
Doch sind gerade hier ernst zu nehmende Zweifel aufgetaucht, die bis heute nicht ganz ausgeräumt werden konnten. Die Messung der Perihelbewegung ist im Gegensatz zur Bestimmung der übrigen solarrelativistischen Effekte kein Null-Experiment und es erhebt sich deshalb die Frage, ob tatsächlich alle Störeffekte erfaßt worden sind. Infolge der Rotation der Sonne ist die Massenverteilung in ihrem Innern nicht exakt kugelsymmetrisch anzunehmen, sondern ein wenig abgeplattet. Hierdurch entsteht ein Massenquadrupolmoment, welches seinerseits schon gemäß Newtons Gravitationstheorie eine Perihelbewegung vor allem des innersten Planeten hervorruft.[16] Derartige störende Einflüsse sind auch dafür verantwortlich, daß sich der in Frage stehende relativistische Effekt nicht an Mondsystemen der Planeten, z. B. beim Jupiter oder an künstlichen Erdsatelitten prüfen läßt. Gewiß ist das gesamte anomale Vorrücken des Perihels von Merkur nicht auf ein Sonnenquadrupolmoment allein zurückführbar, aber einen gewissen Beitrag bis zu 10% des beobachteten Wertes könnte dieses doch beisteuern (Bild 3). Dann würde die gute Übereinstimmung bei Merkur zwischen Einsteinscher Theorie und Beobachtung auf purem Zufall beruhen und die Jordan-Brans-Dicke-Theorie an Boden gewinnen, die einen kleineren relativistischen Wert für die Perihelbewegung voraussagt als Einsteins Theorie. Doch ist eine hinreichend zuverlässige Bestimmung des Sonnenquadrupolmoments bislang nicht gelungen.

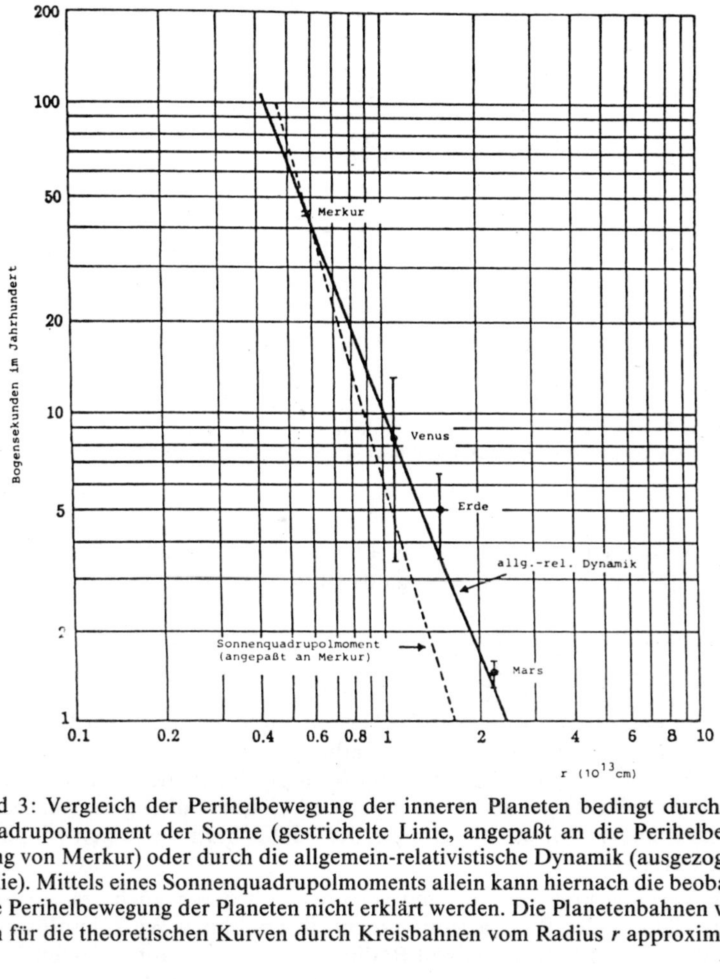

Bild 3: Vergleich der Perihelbewegung der inneren Planeten bedingt durch ein Quadrupolmoment der Sonne (gestrichelte Linie, angepaßt an die Perihelbewegung von Merkur) oder durch die allgemein-relativistische Dynamik (ausgezogene Linie). Mittels eines Sonnenquadrupolmoments allein kann hiernach die beobachtete Perihelbewegung der Planeten nicht erklärt werden. Die Planetenbahnen wurden für die theoretischen Kurven durch Kreisbahnen vom Radius *r* approximiert.

c) *Die Beobachtung der Lichtablenkung an der Sonne* hat in den Jahren nach 1919 zunächst nicht zu befriedigenderen Resultaten geführt, als die beiden ersten Expeditionen erbracht haben. Die bei weiteren Sonnenfinsternissen beobachteten Werte für den Ablenkwinkel eines die Sonne tangierenden Lichtstrahls schwanken zwischen 1,70″ und 2,24″ um den theoretisch erwarteten Wert von 1,74″ (Tabelle 4). Von einer quantitativen Bestätigung der Einsteinschen Theorie kann daher hier kaum die Rede sein.

Der Grund hierfür dürfte darin zu suchen sein, daß die Bestimmung des Ablenkwinkels sich allein schon infolge verschiedener optischer Bedin-

Jahr der Sonnenfinsternis	Ort	Ergebnis der Plattenauswertung	Beobachter
1919	Südamerika	1,98″	Crommelin
		1,61″	Cottingham
1922	Nord-Australien	1,74″	Chant
		1,72″	Campbell
1929	Sumatra	2,24″	Freundlich
		1,75″	Trümpler
1936	UdSSR	2,68″	Mikhailov
		1,69″	Matukuma
1947	Brasilien	2,01″	v. Biesbroek
1952	Sudan	1,70″	v. Biesbroek

Tabelle 4: Ablenkwinkel eines die Sonne tangierenden Lichtstrahls, bestimmt im sichtbaren Spektralbereich bei totalen Sonnenfinsternissen (theoretischer Wert 1,74″).

gungen äußerst schwierig gestaltet. Zunächst ist eine Nachtaufnahme eines Sterngebiets mit einer Tagaufnahme bei Sonnenfinsternis, hergestellt in einem Abstand von einem halben Jahr bei unterschiedlichen atmosphärischen Voraussetzungen, zu vergleichen, um aus den geänderten Sternpositionen den Winkel der Ablenkung der Lichtstrahlen durch die Sonne zu ermitteln (Bild 4). Sodann muß die Brennweite des Instruments, um eine Auflösung von 0,1″ bei einem Stern mit einem Winkelabstand zur Sonne von etwa 5 Sonnenradien zu erhalten, mit einer relativen Genauigkeit von 5×10^{-6} festliegen. Man gewinnt daher den Eindruck, daß bei den vorliegenden Messungen der Lichtablenkung im sichtbaren Spektralbereich bereits die Grenze der beobachtungsmäßigen Möglichkeiten erreicht ist.

Eine Veränderung der Situation zeichnet sich daher auch erst ab nach Einbeziehung der Radioastronomie mit ihrem hohen Winkelauflösungsvermögen bei Verwendung von Radio-Interferometern mit großer Basislänge. Schwierigkeiten ergeben sich im Bereich der Radiostahlung allerdings wegen den bei niedrigen Frequenzen vergößerten, störenden Dispersionsphänomenen in der Sonnen-Corona und dem interplanetarischen Plasma. Doch lassen sich diese durch Verwendung verschiedener Wellenlängen bewältigen. Zuerst haben R. Sramek und Mitarbeiter im Jahre 1970 den Umstand, daß die Radioquelle 3C 279 zufällig ziemlich genau in der Ekliptik liegt und daher jedes Jahr einmal im Oktober von der Sonne bedeckt wird, dazu benutzt, die Ablenkung der Radiostrahlung in Sonnennähe mit einem Interferometer von 2,7 km Basislänge zu messen; sie fanden einen Wert von 1,57″ für einen die Sonne tangierenden Strahl. Dieses erste Ergebnis war keinesfalls überzeugend für die Ein-

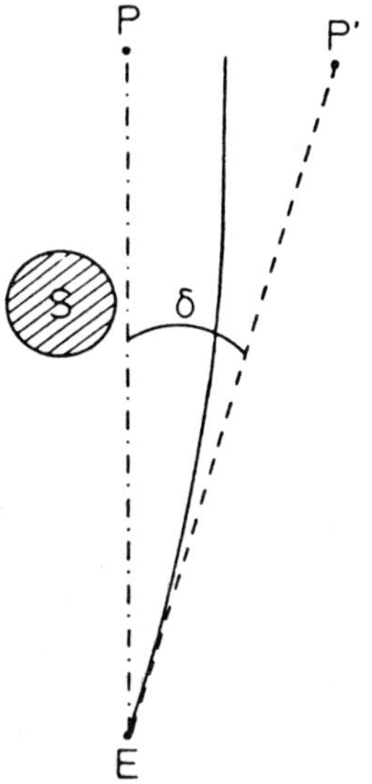

Bild 4: Lichtablenkung an der Sonne: Die strichpunktierte Kurve zeigt den Lichtstrahl eines sehr entfernten Sterns ohne Sonne *S*, die ausgezogene Kurve bei Anwesenheit der Sonne. Von der Erde *E* aus erscheint der Stern dann in Richtung der gestrichelten Kurve an der Stelle *P'*, und zwar um den Ablenkwinkel δ gegenüber der ursprünglichen Position *P* verschoben.

steinsche Theorie, sondern eher für die von Jordan, Brans und Dicke, die auch im Falle der Lichtablenkung einen geringeren Wert vorhersagt. Verbesserungen der Methode durch Vergößerung der Basislänge auf 35 km bis 3900 km und Heranziehung weiterer Radioquellen haben jedoch zu einer Bestätigung des Einsteinschen Wertes von 1,74″ auf ±1% genau geführt (Bild 5).[17)]

d) *Die Laufzeitverzögerung von Radarsignalen* hat den gleichen Ursprung wie die Lichtablenkung. Letztere läßt sich anschaulich so interpretieren, daß die effektive Lichtgeschwindigkeit bei Annäherung an die Sonne infolge Zunahme des Gravitationsfeldes abnimmt, was nach dem Huygensschen Prinzip unmittelbar eine Krümmung der Lichtstrahlen zur Sonne hin zur Folge hat (Bild 4). Dem Gravitationsfeld kann somit ein variabler Brechungsindex $n = 1 + 2|\Phi|/c^2$ (Φ Newtonsches Potential) zugeordnet werden. Ein Radarsignal, das von der Erde ausgesandt worden ist und an einem Planeten (Merkur, Venus) oder künstlichen Satelliten (Mariner 6 und 7) reflektiert wird und zur Erde zurückkehrt, trifft daher infolge der Krümmung des Radarstrahls und der Verminderung der Lichtgeschwindigkeit in Sonnennähe mit einer Verspätung auf der Erde ein, sobald der reflektierende Körper sich hinter die Sonne zu schieben beginnt. Lichtablenkung und Laufzeitverzögerung sind daher *äquivalente* Effekte, die auf exakt *denselben* physikalischen Ursachen beruhen, ähnlich wie Rotverschiebung und Verlangsamung des Uhrenganges.

Die zu erwartende Verzögerung des Radarsignals beträgt nach der Einsteinschen Theorie für einen knapp an der Sonne vorbeilaufenden, an der Venus reflektierten Strahl etwa 2×10^{-4} sec bei einer Gesamtlaufzeit von 1400 sec. Erste Messungen von J. Shapiro und Mitarbeitern im Jahre 1968 ergaben zunächst nur eine qualitative Übereinstimmung mit dem theoretischen Ergebnis (Fehler von 20%). Erhöhung der Messgenauigkeit und insbesondere genauere Abschätzungen der Dispersionseffekte in Sonnennähe haben heute zu einer Bestätigung des Einsteinschen Wertes mit einem Fehler von 3% geführt (Bild 6).[18] Die Begrenzung der Genauigkeit ist im wesentlichen durch die Unsicherheit in der Kenntnis der Position des Orts der Reflektion bedingt. Dieser muß bei obiger Meßgenauigkeit bereits auf 1 km genau bekannt sein, was sich bei Reflektion z. B. an Planeten wegen deren Oberflächenstrukturen kaum unterbieten läßt.

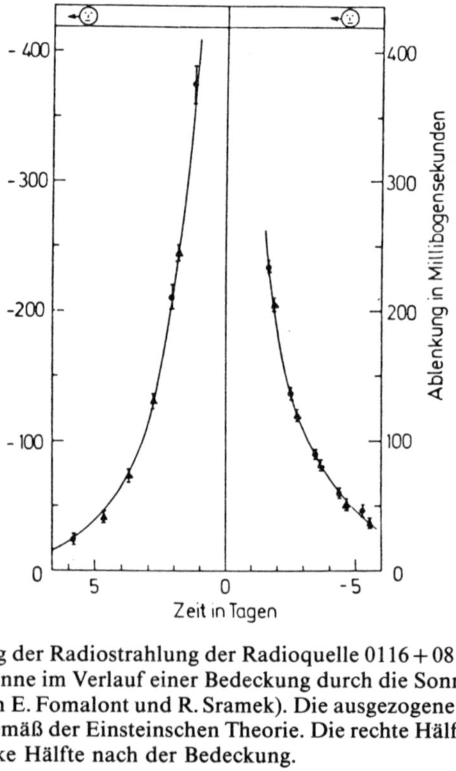

Bild 5: Ablenkung der Radiostrahlung der Radioquelle 0116+08 durch das Gravitationsfeld der Sonne im Verlauf einer Bedeckung durch die Sonne zum Zeitpunkt des Tages *O* (nach E. Fomalont und R. Sramek). Die ausgezogene Kurve entspricht der Vorhersage gemäß der Einsteinschen Theorie. Die rechte Hälfte des Bildes entstand vor, die linke Hälfte nach der Bedeckung.

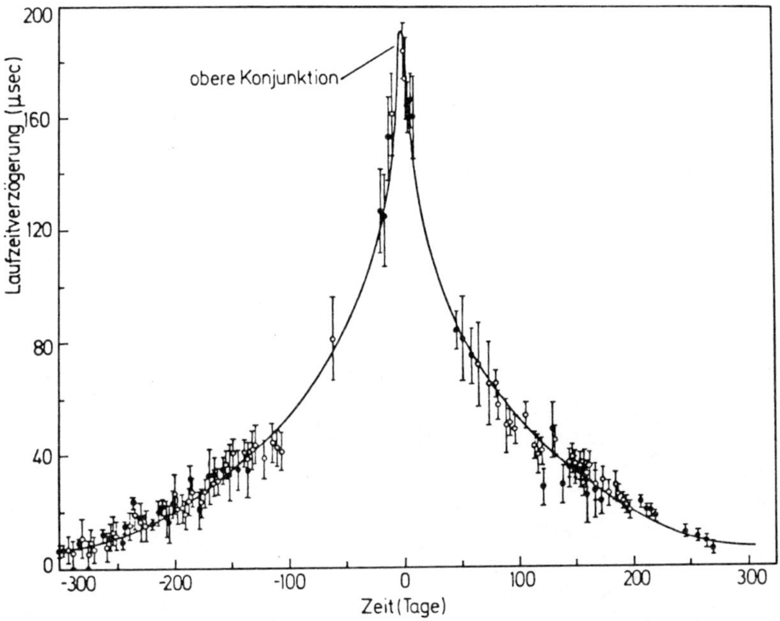

Bild 6: Laufzeitverzögerung eines Radarsignals, reflektiert an der Venus (nach J. Shapiro). Die ausgezogene Kurve entspricht der Voraussage nach der Einsteinschen Theorie, die Spitze entspricht der oberen Konjunktion der Venus zur Sonne. Die vertikalen Balken geben die Meßwerte und ihre Fehlerbreiten wieder (aufgenommen von den Stationen *Haystack* ● und *Arecibo* ○ bei 7 840 MHz bzw. 430 MHz).

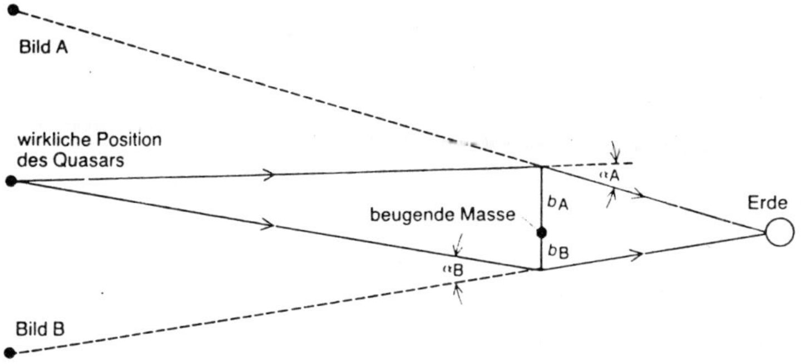

Bild 7: Wirkungsweise einer Gravitationslinse (αA und αB sind die jeweiligen Ablenkwinkel; Figur aus Spektrum 1, 18 (1981).

Der Umstand, daß das Gravitationsfeld einem Medium mit variablem Brechungsindex entspricht, führt unmittelbar zur Möglichkeit der Existenz von Gravitationslinsen (Bild 7). Solche Gravitationslinsenwirkungen, hervorgerufen durch eine bestimmte Konstellation von Galaxien im Weltraum, sind inzwischen astronomisch tatsächlich beobachtet worden, indem das Bild ein und desselben Quasars in leicht unterschiedlichen Richtungen gesehen wird (Bild 8).

e) *Die geodätische Präzession oder Fokker-Präzession* eines Kreisels beruht darauf, daß in einem gekrümmten Raum der Begriff der Parallelität modifiziert wird. Führt man einen Kreisel auf einer geschlossenen Raumkurve, so wird die Kreiselachse auf Grund der mechanischen Eigenschaften des

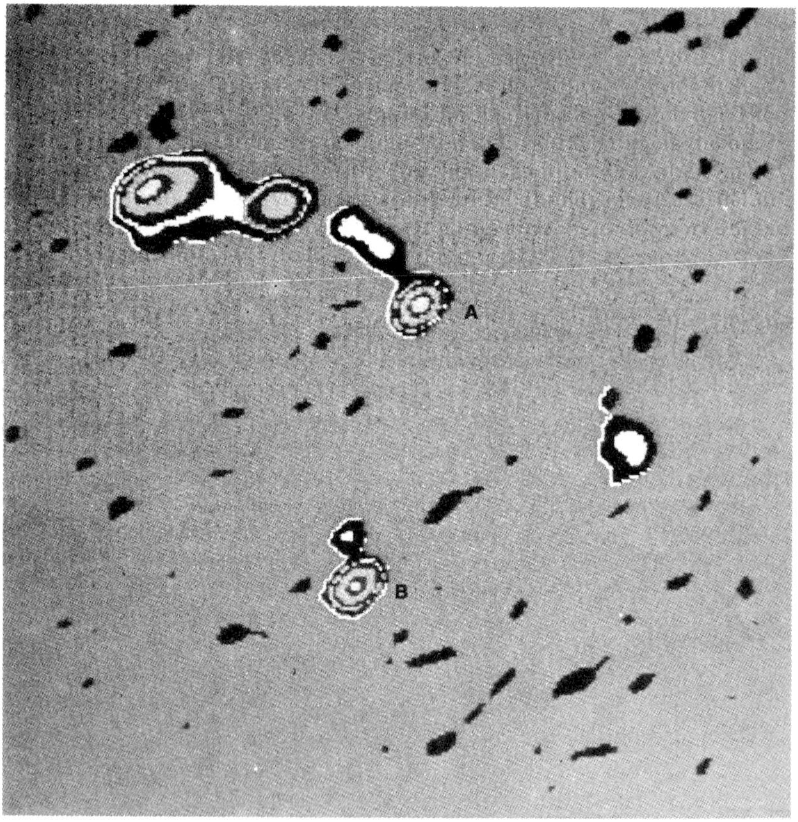

Bild 8: Gravitationslinseneffekt: Das Bild ein und desselben Quasars (0957+561A,B) erscheint in zwei leicht unterschiedlichen Richtungen *A* und *B* (Rotverschiebung 1,4). Bild aus Spektrum 1, 12 (1981).

Kreisels zwar von Wegelement zu Wegelement ihre Richtung beibehalten, wegen der Nichteuklidizität des Raumes aber nach Umfahren der geschlossenen Bahn im allgemeinen nicht in die Ausgangslage zurückkehren. Vielmehr hat die Kreiselachse eine progressive Präzessionsbewegung um die Bahnnormale ausgeführt (Bild 9). An natürlichen Himmelskörpern läßt sich dieser Effekt leider nicht nachprüfen, da diese wegen ihrer Abplattung infolge ihrer Rotation ein Drehmoment durch das Gravitationsfeld der Sonne bzw. ihrer Nachbarobjekte erfahren. Dieses Drehmoment bewirkt Präzessionsbewegungen der Rotationsachse, die etwa 10^3 mal größer sind als die Fokker-Präzession.

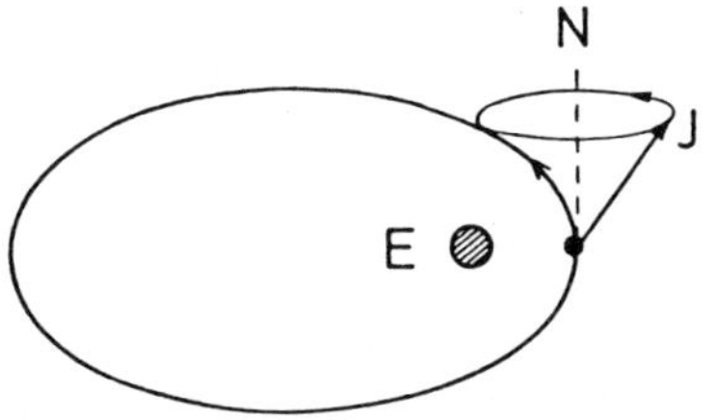

Bild 9: Geodätische oder Fokker-Präzession: Die Achse *J* eines Kreisels präzediert um die Bahnnormale *N*, wenn der Kreisel im statischen Gravitationsfeld des Zentralkörpers *E* umläuft.

Es ist daher naheliegend, den Effekt mittels künstlicher Satelliten zu prüfen, in die rasch rotierende Kreisel eingebaut sind. Bei einer mittleren Flughöhe eines Erdsatelliten von 250 km ist eine Präzession der Kreiselachsen relativ zum Fixsternhimmel um den Winkel von 8,25″ pro Jahr zu erwarten. Obwohl solche Experimente über Jahre in Vorbereitung waren, konnten die enormen technischen Schwierigkeiten bei der Elimination aller Störeffekte bislang nicht überwunden werden.

Mit Ausnahme der geodätischen Präzession konnten die statischen allgemein-relativistischen Effekte also mit guter Genauigkeit (1% bis 3%) empirisch bestätigt werden, die Perihelbewegung von Merkur allerdings nur mit Vorbehalt. Damit ist die konkurrierende Jordan-Brans-Dicke-Theorie zwar nicht widerlegt, aber ihre Gültigkeit ist doch sehr in Frage gestellt. Diese Aussage wird gestützt durch die Feststellung, daß eine zeitliche Veränderlichkeit der „Gravitationskonstanten" G (Gravitationsskalar), wie sie von der Jordan-Brans-Dicke-Theorie ja auch gefordert wird, ebenfalls nicht beobachtet wird ($|\Delta G|/G < 10^{-10}$/Jahr).[21] Eine zeitliche Veränderlichkeit von G hätte z. B. eine stark veränderte Leuchtkraft entfernter Sternsysteme zur Folge, da die Leuchtkraft eines Sterns G^4 proportional ist. Allerdings gestatten die statischen Effekte nur eine Prüfung desjenigen Teils der Einsteinschen Theorie, der am wenigsten von der Newtonschen Gravitationstheorie abweicht in dem Sinne, als für statische Gravitationsfelder – und nur für diese – in niedrigster Näherung beide Theorien äquivalent sind. Erst bei Einbeziehung des Einflusses einer Veränderlichkeit der Materieverteilung auf die Metrik stößt man in Bereiche vor, die dem Geist der Newtonschen Theorie völlig fremd sind und in denen erst alle Freiheitsgrade der Einsteinschen Theorie zum Tragen kommen.

B. Stationäre Effekte

Unter stationären Gravitationsfeldern versteht man solche, die von stationär strömender Materie hervorgerufen werden, wie z. B. von der gegenüber dem Fixsternhimmel gleichmäßig rotierenden Erde. In diesem Falle treten in der Metrik neben den statischen zusätzlich *stationäre* Anteile auf, die eine *Mitführung* des Inertialsystems durch die Materieströmung beschreiben und zu Phänomenen Anlaß geben, wie sie in Gestalt der Coriolisschen und zentrifugalen Trägheitskräfte in gleichmäßig rotierenden Bezugssystemen der Newtonschen Mechanik bekannt sind. Nur liegt der Unterschied darin, daß bei Newton diese Phänomene allein infolge der Beschleunigung gegen den absoluten Raum auftreten, während sie in Einsteins Theorie auch durch beschleunigte Massen hervorgerufen werden, ganz im Sinne der Machschen Kritik an Newtons Interpretation des bekannten Eimerversuchs. Die Situation ist ganz ähnlich der in der Elektrodynamik: Wie dort ruhende elektrische Ladungen statische elektrische Felder erzeugen und stationär auf einem Kreis bewegte Ladungen zusätzlich ein Magnetfeld hervorrufen, so verursachen unbeschleunigte Massen zunächst ein statisches Gravitationsfeld und stationär rotierende Massen zusätzlich noch ein „Coriolisfeld". Nur sind verglichen mit der Elektrodynamik die gravitativen Phänomene allgemein um den ungeheuer großen Faktor γ schwächer, so daß sich ihre Überprüfung trotz der zur Verfügung stehenden großen Massen (Erdmasse) als äußerst schwierig erweist.

Die geschilderte Erscheinung der Mitführung des Inertialsystems durch rotierende Massen wurde von Einstein schon im Jahre 1913 in einem Brief an E. Mach erwähnt, lange vor Aufstellung der endgültigen Theorie,[19] ist aber erst 1921 von J. Lense und H. Thirring auf Grund der Feldgleichungen berechnet worden (Lense-Thirring-Effekt). Hiernach würde ein außerhalb der Erde postiertes, im Aufhängepunkt relativ zum Fixsternhimmel ruhendes Foucaultsches Pendel infolge der Mitführung des Inertialsystems durch die Rotation der Erdmassen zu präzedieren beginnen. Statt eines Pendels verwendet man zweckmäßiger einen Kreisel, dessen Achse dann um die Richtung des Coriolisfeldes präzediert und den man in einem künstlichen Erdsatelliten installiert. Bei einer mittleren Flughöhe von 250 km ergibt sich eine Präzession der Kreiselachse im günstigsten Fall von 10,3″ im Jahrhundert, wenn nämlich Bahnebene und Äquatorebene zusammenfallen (Bild 10). Diesem Effekt überlagert sich aber noch die geodätische Präzession mit 825″ im Jahrhundert (s.o.). Allerdings ließen sich beide Effekte trennen bei Verwendung verschieden gegen die Äquatorebene geneigter Satellitenbahnen. Die Schwierigkeiten bei der Ausführung des Experiments sind dieselben wie bei der Fokker-Präzession und bis heute nicht gemeistert.

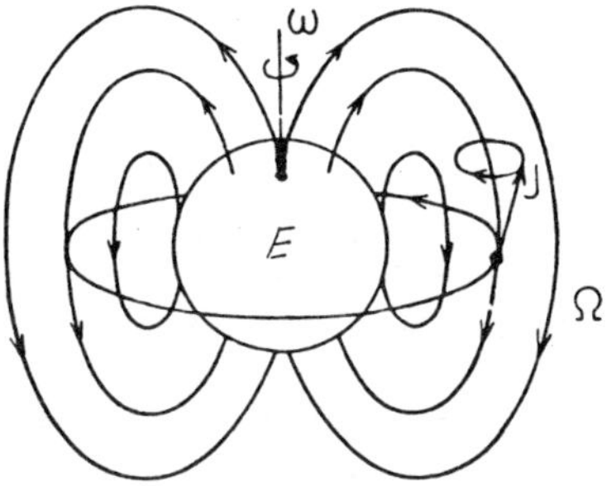

Bild 10: Lense-Thirring-Effekt: Die Kreiselachse J präzediert um die Richtung des Coriolisfeldes Ω, hervorgerufen durch die Rotation ω der Erde.

Dabei käme der experimentellen Bestätigung gerade des Lense-Thirring-Effekts besondere Bedeutung zu: Die Kopplungskonstante zwischen dem Coriolisfeld und den rotierenden Massen ist nach der Einsteinschen Theorie 4-mal so groß wie zwischen dem statischen Gravitationsfeld und seinen Quellen, oder wie auf Grund der Analogie zur Elektrodynamik zu erwarten wäre. Dieser Faktor 4 hat seinen Ursprung im Tensorcharakter des Gravitationsfeldes, welcher somit durch den Lense-Thirring-Effekt geprüft würde. Es ist daher zu hoffen, daß die Messung dieses Effektes in absehbarer Zeit doch noch gelingen wird.

C. Nicht-stationäre Effekte

Im Gegensatz zur Newtonschen Gravitationstheorie ist Einsteins Theorie eine Nahwirkungstheorie der Gravitation. Die Feldgleichungen sind ihrer mathematischen Struktur nach Ausbreitungsgleichungen für die Metrik. Danach breiten sich Störungen des metrischen Feldes mit Lichtgeschwindigkeit aus, ähnlich den bekannten elektromagnetischen Wellen. Wie diese von beschleunigten Ladungen ausgesandt werden, so werden jene „Gravitationswellen" von beschleunigten Massen emittiert, sofern der Vorgang nicht-stationär ist, z. B. von rotierenden Hanteln oder im astronomischen Bereich von Doppelsternen und Planeten- bzw. Mondsystemen, also von solchen Systemen, die ein zeitlich sich änderndes Massenquadrupolmoment besitzen (Quadrupolstrahlung). Nur ist die Emissions- und Absorptionsrate von Gravitationswellen wiederum um den sehr großen Faktor γ kleiner als diejenige von elektromagnetischen Wellen. Der Nachweis von Gravitationsstrahlung ist daher um Größenordnungen schwieriger als derjenige von elektromagnetischer Strahlung. Die gravitative Strahlungsleistung des ganzen Planetensystems der Sonne beträgt nur einige tausend Watt!

Während das Planetensystem zum Nachweis der statischen und stationären Effekte ausreichen dürfte, trifft dies also für die Gravitationsstrahlung offensichtlich nicht mehr zu. Anfängliche Versuche, Gravitationswellen gar im irdischen Labor mit einem Sender zu erzeugen und anschließend mit einem Empfänger nachzuweisen – vergleichbar den Hertzschen Versuchen zum Nachweis der Existenz elektromagnetischer Wellen – waren daher von vornherein zum Scheitern verurteilt. Das „Labor" ist vielmehr auf das ganze Milchstraßensystem auszudehnen. Nur so besteht die Hoffnung, daß sich Gravitationsstrahlung nachweisen läßt, die bei der Entstehung von Neutronensternen und vor allem von Neutronendoppelsternen zweifellos in enormem Maße emittiert wird.

Die Wellenlänge bzw. Frequenz der hiernach zu erwartenden Gravitationsstrahlung läßt sich zu ca. 100 km bzw. 3×10^3 Hz abschätzen. Deshalb hat bereits vor über 20 Jahren J. Weber zunächst im Kilohertz-Bereich die Suche nach Gravitationswellen aus unserer Milchstraße aufgenommen. Er benutzt hierzu einen Zylinder aus Aluminium von etwa 150 cm Länge und 50 cm Durchmesser, der in der Mitte aufgehängt und mit Piezoquarzen beklebt ist; seine Resonanzfrequenz beträgt 1 660 Hz.

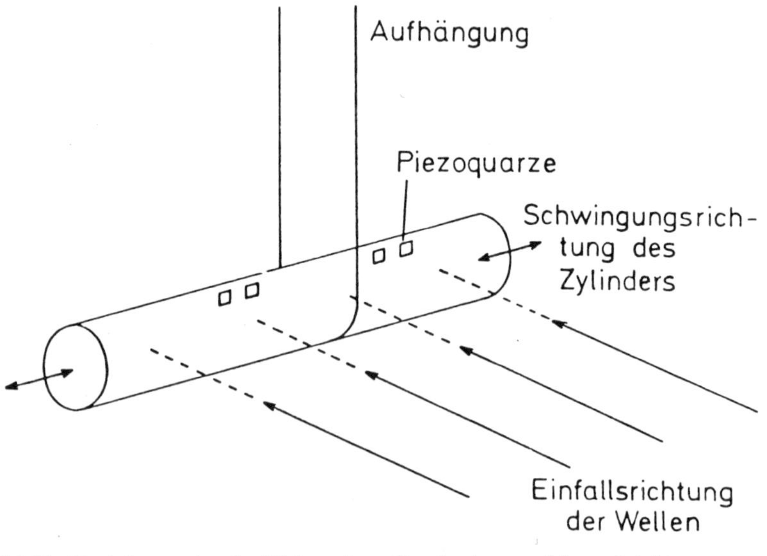

Bild 11: Funktionsweise des Weberschen Gravitationsstrahlungsdetektors.

Fällt eine Gravitationswelle dieser Frequenz ungefähr senkrecht zur Zylinderachse ein, so beginnt der Zylinder in Längsrichtung zu schwingen, was mit den Piezoquarzen elektronisch nachgewiesen wird (Bild 11). Zur Elimination von Störeffekten benutzt Weber zwei Detektoren in Koinzidenzschaltung in einer Entfernung von 2000 km voneinander.

Die Meßergebnisse waren zunächst ermutigend. Fast jeden Tag wurde ein Strahlungspuls aus der Richtung des Zentrums unserer Milchstraße registriert. Diese hohe Rate stieß aber bald auf Mißtrauen. Wegen des geringen Wirkungsquerschnitts und der geringen Bandbreite des Weberschen Detektors wären mit den einzelnen Ereignissen große Energieflüsse von mehr als 10^4 erg/cm^2 verbunden. Stammt diese Energie aus dem Zentrum der Milchstraße, so müßte dieses in einigen Millionen Jahren „zerstrahlt" sein!

Es sind deshalb die Weberschen Versuche andernorts wiederholt worden, aber seine Resultate konnten nicht reproduziert werden. Andererseits ließ sich bei den Weberschen Messungen auch kein wesentlicher Fehler ausfindig machen. Die Vermutung geht heute dahin, daß Weber *keine* Gravitationsstrahlung beobachtet hat; vielleicht sind die von ihm registrierten Ereignisse auf kosmische Schauer zurückzuführen.

Ein *indirekter* Hinweis auf die Existenz von Gravitationsstrahlung hat sich allerdings in den letzten Jahren aus der Beobachtung der Periode von Neutronendoppelsternen (Pulsardoppelsternen) ergeben. Verliert ein Doppelstern Energie infolge Abstrahlung von Gravitationswellen, so rükken die beiden Komponenten näher aneinander heran, und die Umlaufdauer wird entsprechend dem dritten Keplerschen Gesetz kürzer. Eine derartige Abnahme der Umlaufdauer wird seit 1974 von J. Taylor und R. Hulse bei dem Pulsardoppelstern PSR 1913+16 beobachtet, indem die Umlaufzeit bis heute regelmäßig registriert worden ist.[20)]

Die Beobachtungsdaten – Abnahme der Umlaufzeit von etwa 10^{-4} sec pro Jahr bei einer Umlaufdaur von etwa acht Stunden – entsprechen dabei ziemlich genau der theoretisch zu erwartenden Abnahme der Umlaufzeit infolge von Gravitationsstrahlungsverlusten (Bild 12), wenn man annimmt, daß es sich bei dem fraglichen Objekt in der Tat um einen Doppelstern und nicht etwa um ein Dreier-System handelt mit einer weiteren dunklen Komponente. Obwohl dies bislang nicht völlig ausgeschlossen werden kann, dürfte in den vorliegenden Beobachtungen der letzten 12 Jahre doch schon ein Beweis für die Existenz von Gravitationsstrahlung gesehen werden. Sollte sich der Doppelsterncharakter von PSR 1913+16 durch weitere Beobachtungen erhärten, so dürfte dieses Objekt nicht nur einen *indirekten* Nachweis der Existenz von Gravitationsstrahlung erbringen, sondern darüber hinaus eine Prüfung der übrigen relativistischen Effekte einschließlich der stationären ermöglichen!

Der *direkte* Nachweis von Gravitationswellen steht demgegenüber noch aus. Sollte die Anzahl der Ereignisse in unserer Milchstraße, die zur Emission von direkt nachweisbarer Gravitationsstrahlung Anlaß geben,

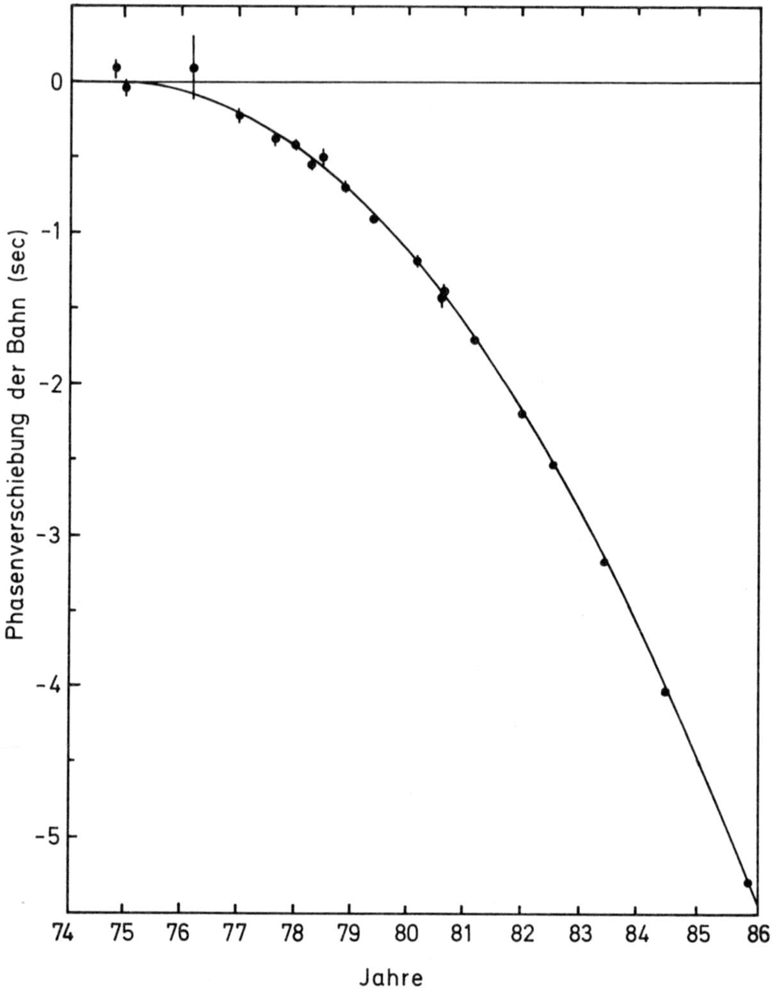

Bild 12: Phasenverschiebung für den Umlauf des Pulsardoppelsterns PSR 1913 + 16 seit Herbst 1974. Die Parabel gibt die Phasenverschiebung infolge Gravitationsstrahlungsverlusten gemäß der Einsteinschen Theorie wieder (nach J. Taylor et al.). Figur aus Spektrum 8, 77 (1987).

jedoch wesentlich geringer sein, als es nach den Weberschen Messungen zunächst den Anschein hatte, so ist es notwendig, Detektoren für Gravitationsstrahlung zu bauen, mit denen sich die Strahlung aus dem uns nächst gelegenen Galaxienhaufen, dem Virgo-Haufen mit über zweitausend

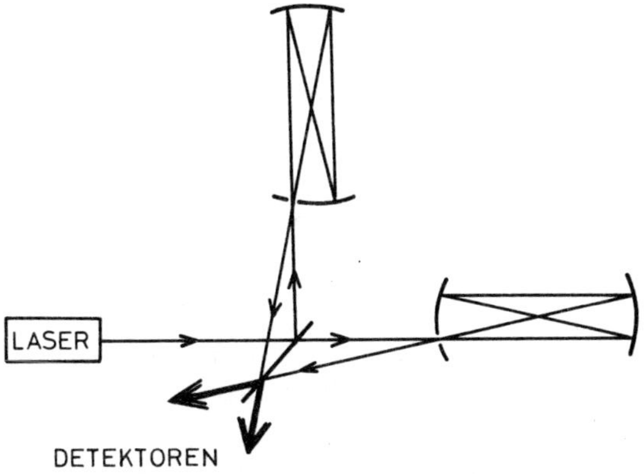

Bild 13: Funktionsweise eines im Bau befindlichen Gravitationsstrahlungsdetektors nach dem Prinzip eines Michelson-Interferometers: Bei senkrechtem Einfall der Gravitationswelle auf die Bildebene wird eine entgegengesetzte Änderung der optischen Wege in beiden Armen hervorgerufen. Die hierdurch bedingte Phasenverschiebung der interferierenden Lichtstrahlen führt zu nachweisbaren Helligkeitsschwankungen im Detektor.

Galaxien, aufspüren ließe. Mit dieser neuen Generation von hochempfindlichen Detektoren, die sich in der Entwicklung befinden (Bild 13), dürfte das Geheimnis der Existenz der Gravitationswellen dann endgültig gelüftet werden.

4. Offene Fragen

Die bisherige recht gute Bestätigung der allgemeinen Relativitätstheorie[21)] darf aber nicht darüber hinwegtäuschen, daß eine Reihe wesentlicher Fragen unbeantwortet ist und daß die Theorie einige zumindest seltsam anmutende Züge aufweist. Zu letzteren gehört die Vorhersage von Singularitäten des metrischen Feldes, bei welchen auch die Zustandsgrößen der Materie wie Dichte, Druck und Tempratur divergieren. Allerdings konnte ihre Existenz z. B. in Gestalt der „Schwarzen Löcher" bislang nicht zweifelsfrei nachgewiesen werden; nur „Kandidaten" hierfür wie z. B. die Röntgenquelle Cygnus X1 können genannt werden. Sodann gibt es Lösungen der Feldgleichungen der Gravitation mit geschlossenen zeitartigen Weltlinien, z. B. die Gödel-Welt, längs derer man in seine eigene Vergangenheit zurückkehren kann! Man gewinnt den Eindruck, daß hier der Gültigkeitsbereich der Theorie „irgendwie" überschritten ist.
Auf das unbefriedigend gelöste kosmologische Problem des Machschen Prinzips wurde bereits eingegangen. Aber die Kosmologie ist auch aus folgendem Grund noch nicht zufriedenstellend: Die Einsteinsche Theorie

hat zwar die Expansion des Universums vorhergesagt, aber sie gibt keine kausale Begründung für das Auseinanderstieben der Galaxien; hierfür hält sie nur das Schlagwort „Urknall“ parat; aber woher kommt die Energie der Expansion? Was ist eigentlich „explodiert“? Die modernen Überlegungen zum „Inflationären Universum“ haben zum Ziel, gerade dieses Problem zu lösen unter Zuhilfenahme der Antigravitationswirkung des mit der Energie des quantenfeldtheoretischen Vakuums verbundenen *negativen* Drucks.[12] Hierdurch wird zugleich auch die empirisch gesicherte enorme Euklidizität des beobachtbaren Weltraums erklärt. Das ist jedenfalls wesentlich befriedigender als „Expansion“ und „Flachheit“ unter Bemühung des „Anthropischen Prinzips“ nur als Folge einer speziellen Anfangsbedingung für die Welt anzusehen (Mehr-Welten-Theorie).[22]

Im übrigen beschränkt sich die Prüfung der Allgemeinen Relativitätstheorie bislang nur auf ein vergleichsweise kleines Raumgebiet, kleiner als die Größe unseres Milchstraßensystems. R. Sanders hat Anfang 1986

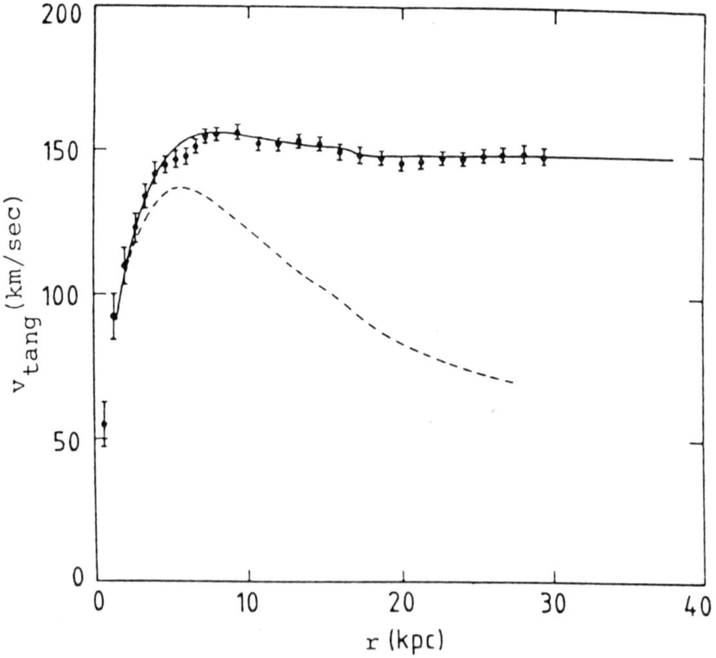

Bild 14: Beobachtete Rotationskurve der Spiralgalaxie NGC 3198 (ausgezogene Kurve) nach R. Sanders. Theoretisch wäre bei Gültigkeit eines r^{-1}-Potentials aufgrund der sichtbaren (leuchtenden) Materie ein Verlauf der Rotationsgeschwindigkeit gemäß der gestrichelten Kurve zu erwarten.

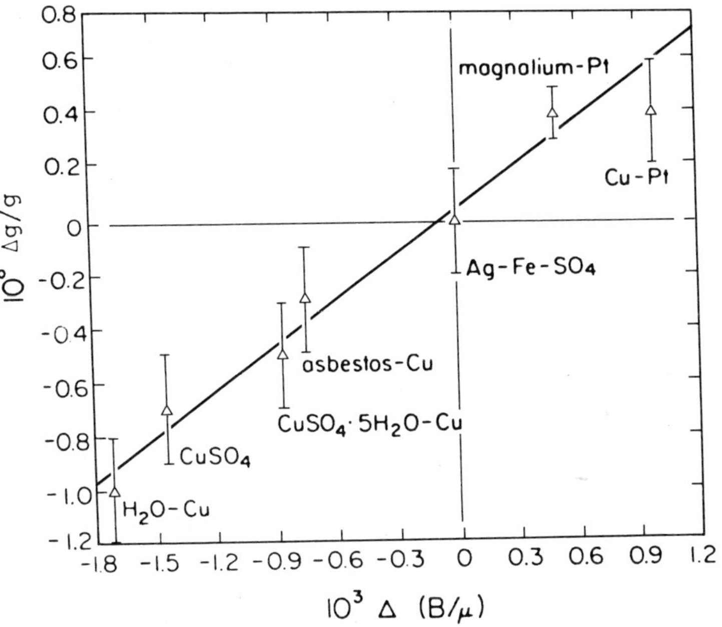

Bild 15: Variation der Erdbeschleunigung *g* in Abhängigkeit von der unterschiedlichen chemischen Zusammensetzung der von Eötvös benutzten Substanzen (nach E. Fischbach et al.). Wesentlich ist, daß sich die Fehlerbereiche der verschiedenen Materialien nicht überdecken. Hieraus resultiert eine relative Abweichung von der Gleichheit der trägen und schweren Masse bis zu 10^{-3}.

hervorgehoben, daß die Gültigkeit des für die Einsteinsche (und auch Newtonsche) Gravitationtheorie charakteristischen r^{-1}-Potentials für Distanzen größer als 20 kpc empirisch nicht erwiesen ist im Hinblick auf die flachen Rotationskurven der großen Spiralgalaxien (Bild 14).[23] Und E. Fischbach hat zur gleichen Zeit auf der Grundlage einer Reanalyse der Eötvös-Experimente darauf hingewiesen, daß die Gleichheit der trägen und schweren Masse auf Distanzen kleiner als 200 m nicht exakt erfüllt zu sein scheint (relative Abweichung $\simeq 10^{-3}$, Bild 15).[24] Hier sind dringend neue Experimente erforderlich, insbesondere auch um zu prüfen, worauf diese eventuelle Abweichung basiert: Ob es z. B. eine neue 5. Kraft gibt, ob es sich um einen Einfluß der übrigen physikalischen Wechselwirkungen handelt, oder ob gar eine Modifikation des Gravitationsgesetzes selbst vorliegt; im letzteren Falle würde auf Distanzen kleiner als 200 m der Einsteinschen Theorie, jedenfalls in der vorliegenden Fassung, immerhin die Grundlage entzogen.

5. Gravitation und Quantentheorie

Die Lösung dieser offenen Probleme mag zumindest teilweise – ich denke z. B. an das Urknallproblem – mit der ebenfalls immer noch ungeklärten Frage des Verhältnisses der metrischen Gravitationstheorie zur Quantentheorie verknüpft sein. Dies dürfte überhaupt begrifflich wie mathematisch das tiefste und zugleich schwierigste Problem darstellen. Immerhin stoßen hier zwei Gebiete der Physik aufeinander, die beide Anspruch auf Allgemeingültigkeit erheben: Alles unterliegt der Geometrie von Raum und Zeit und ist in ihr eingebettet; alles ist zunächst Quantengeschehen und die klassische Physik ein Grenzfall hiervon.

Bisher haben wir Einsteins Gravitationstheorie als *klassische* geometrische Theorie von Raum und Zeit aufgefaßt, in der sich das physikalische Geschehen einschließlich des Quantengeschehens abspielt, das seinerseits auf die Geometrie zurückwirkt. Doch schon auf dieser semiklassischen Ebene zeigen sich die Grenzen der Einsteinschen Theorie: Während der Einfluß der Geometrie, d. h. der klassischen Gravitation auf das Quantengeschehen weitgehend beherrscht wird, ist die Rückwirkung des Quantengeschehens auf die Geometrie nicht befriedigend durchführbar,[25)] und das zeigt sich schon bei der Behandlung der Emission von Gravitationsstrahlung durch Quantensysteme (z. B. Atome oder Neutronen eines Neutronensterns). Aber in welcher Richtung ist ein Ausweg zu suchen?

Die Beobachtung des lichtelektrischen Effekts und Einsteins Folgerung der Existenz von Lichtquanten, den Photonen, gab den empirischen Anstoß zur Quantisierung des elektromagnetischen Wellenfeldes. Die dem lichtelektrischen Effekt analoge gravitative Erscheinung ist freilich empirisch nicht bekannt; aber die Vorhersage und der inzwischen indirekt gelungene Nachweis der Existenz von Gravitationswellen fordern dazu heraus, das gravitative Wellenfeld ebenfalls zu quantisieren und den Photonen als gravitatives Analogon die „Gravitonen" an die Seite zu stellen. Zugleich würde hierdurch auch das metrische Feld Quantenfluktuationen unterworfen, die bei kleinen Abständen und Zeitdauern von der Größenordnung der Planck-Länge ($\approx 10^{-33}$ cm) und Planck-Zeit ($\approx 10^{-44}$ sec) raumzeitliche Aussagen grundsätzlich begrenzen. Jedoch ist die Quantisierung der klassischen Metrik – einmal abgesehen von der linearisierten Theorie (und einigen Spezialfällen) – trotz intensivster Anstrengungen bis heute gescheitert!

Das Problem der Quantisierung des Gravitationsfeldes scheint mit einem anderen aktuellen und zentralen Problem der Physik zusammenzuhängen, nämlich mit dem Problem der Vereinheitlichung aller Wechselwirkungen. Die Einsteinsche metrische Gravitationstheorie ist trotz großer Ähnlichkeiten nicht vom Typ jener Theorien, die die schwache, elektromagnetische und starke Wechselwirkung beschreiben und allesamt quantisierbar sind. Zur Beschreibung der physikalischen Wechselwirkungen werden mit wachsendem Erfolg, ausgehend vom Hamiltonschen Prinzip der kleinsten Wirkung, sogenannte Eichfeldtheorien herangezogen, die auf der Invarianz des Wirkungsfunktionals gegenüber (lokalisierten) Transformationsgruppen basieren. In diesem Sinne ist Einsteins Gravitationstheorie als Verallgemeinerung der Speziellen Relativitätstheorie eine Eichtheorie mit der (nicht-kompakten) Lorentz-Gruppe der Raum-Zeit-Transformationen als Eichgruppe. Demgegenüber gehören die Eichtransformationen der elektro-schwachen und starken Wechselwirkung den kompakten unitären Transformationsgruppen der Quantentheorie an (Yang-Mills-Theorien). Im Hinblick sowohl auf eine einheitliche Beschreibung der physikalischen Wechselwirkungen als auch auf eine Quantisierung des Gravitationsfeldes hat man in den letzten Jahren einen Mittelweg beschritten und die sogenannte Supergravitation entwickelt, eine Eichfeldtheorie besonderer Art, in der nämlich die Transformation von fermionischen Spinor-Feldern in bosonische Vektor-Felder als Eichtransformation gewählt wird, während üblicherweise eine Yang-Mills-Eichtransformation nur unter den Komponenten eines Teilchenmultipletts bestehend *allein* aus Fermionen vermittelt.[26)] Bemerkenswert hieran ist, daß die „Eichung einer derartigen Supersymmetrie“ nur dann durchgeführt werden kann, wenn die Raum-Zeit gekrümmt ist, d. h. Gravitation a priori anwesend ist. Die „Supergravitation“ ist somit die Eichtheorie der „Supersymmetrie“, wobei dem bosonischen (Spin-2)-Graviton ein fermionisches (Spin-3/2)-„Gravitino“ als Eichfeld an die Seite gestellt wird, was die gravitative Wechselwirkung im Hochenergie-Bereich wesentlich modifiziert und verbesserte Quantisierungseigenschaften zur Folge hat.

Der hierauf begründete anfängliche Enthusiasmus ist jedoch inzwischen einer mehr nüchternen Einschätzung der Lage gewichen, da sich herausgestellt hat, daß die Supergravitation in den höheren Näherungen auch nicht renormalisierbar ist. Man hat daraufhin Zuflucht genommen zu einer alten Idee von Th. Kaluza, wonach es möglich sein sollte, alle Wechselwirkungen einheitlich durch das metrische Feld einer hochdimensionalen, d. h. 10- bis 11-dimensionalen Raum-Zeit-Mannigfaltigkeit zu beschreiben, unter Umständen mit Einbeziehung der Supersymmetrie,[27)] wobei die Teilchen nicht mehr punktförmig, sondern durch sognannte (Super-)Strings dargestellt werden. Ziel dieser Überlegungen ist letztlich sogar die 4-Dimensionalität der „wirklichen“ Raum-Zeit verständlich zu machen. Doch bei diesem Versuch werden viel zu viele Elementarteilchen – noch dazu teilweise mit exotischem Spin – vorausgesagt, als empirisch überhaupt bekannt sind. Dies mag darauf hindeuten, daß bereits das Grundkonzept zu künstlich angelegt sein könnte.

In dieser Situation erscheint es gerechtfertigt, nochmals den empirischen Ausgangspunkt der Allgemeinen Relativitätstheorie kritisch zu beleuchten. Es war das Herausfallen der Masse aus der Bewegungsgleichung für einen Gravitationskräften ausgesetzten *makroskopischen* Körper als

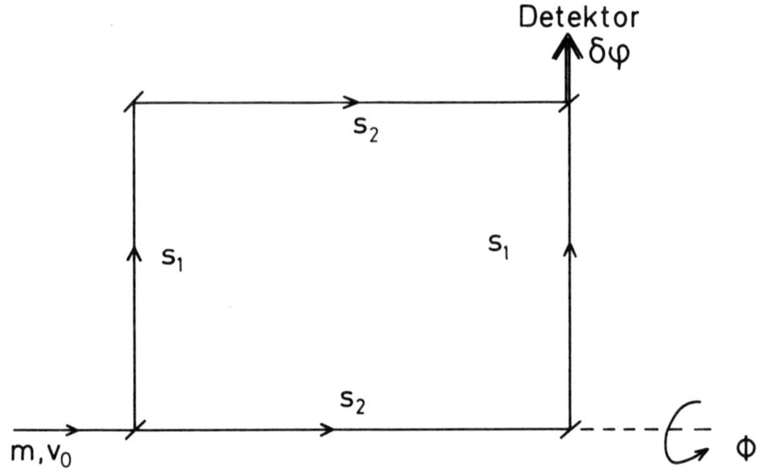

Bild 16 a: Schema eines gravitativ beeinflußten Neutroneninterferenzexperiments: Bei Drehung der Bildebene um den Winkel Φ aus der Horizontalen ergibt sich eine Masse-abhängige Phasenverschiebung $\delta\varphi = \mathrm{mg}\, s_1 s_2/\hbar\, v_0 \sin \Phi$ zwischen den beiden Strahlwegen (g Erdbeschleunigung).

Folge der Gleichheit der trägen und schweren Masse, was die Geometrisierung des Gravitationsfeldes bedingte. Die metrische Gravitationstheorie Einsteins ist also schon von ihrem Ansatz her eine rein *klassische, makroskopische* Theorie. Denn im Rahmen der Mikrophysik, d.h. der Quantenmechanik ändert sich die Sachlage drastisch: Auch bei Gültigkeit der Gleichheit der trägen und schweren Masse fällt nämlich in der Schrödinger-Gleichung (oder Dirac-Gleichung) mit gravitativem Wechselwirkungspotential die Masse des Teilchens *nicht* heraus; das ist erst im klassischen Limes der Fall! Der durch die Wellenfunktion beschriebene quantenmechanische Zustand wird also in Abhängigkeit von der Masse des jeweils betrachteten Teilchens „bewegt", was z. B. bei Streu- und Beugungsexperimenten zu Masse-abhängigen Effekten führt,[28] wie A. Overhauser, R. Collela und S. Werner 1975 in ihrem Neutroneninterferenzexperiment mit hoher Genauigkeit (1 %) gezeigt haben (Bild 16).[29]

Üblicherweise verschwinden die Symmetrien einer klassischen Theorie beim Übergang zur Quantentheorie nicht, sondern treten vielmehr stärker hervor. In der metrischen Gravitationstheorie ist das Gegenteil der Fall! Das signalisiert einen Vorrang der Quantentheorie gegenüber der Allgemeinen Relativitätstheorie. Es gibt *keine universelle* Führung des Quantengeschehens im Schwerefeld und hiermit entfällt zugleich die *Notwendigkeit* der Geometrisierung des Gravitationsfeldes im Rahmen der Mikrophysik. Die Möglichkeit der Geometrisierung des Gravitationsfel-

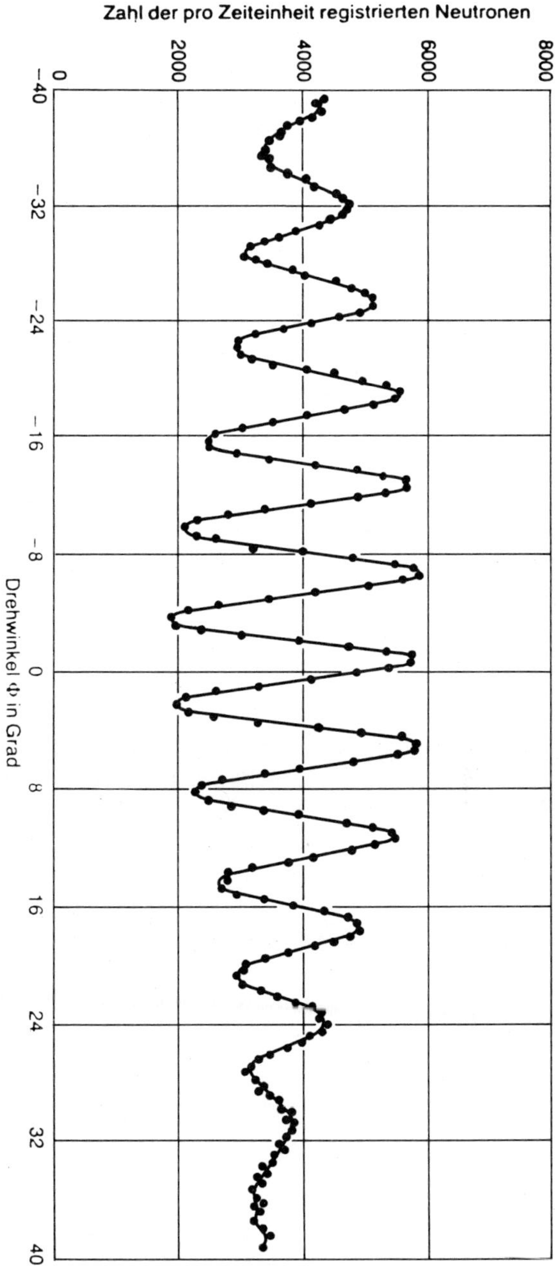

Bild 16b: Die Phasenverschiebung $\delta\varphi$ führt zu einer Schwankung der Zahl der Neutronen im Detektor in Abhängigkeit vom Drehwinkel Φ (nach A. Overhauser et al.).

des bleibt natürlich auch hier bestehen, allerdings ohne tiefere Begründung. Es ist deshalb ein noch radikalerer Standpunkt, als ihn die hochdimensionalen supersymmetrischen Kaluza-Theorien einnehmen, nicht auszuschließen, daß nämlich *mikrophysikalisch* die Gravitation *überhaupt nicht* durch ein metrisches Führungsfeld repräsentiert, sondern durch ein Eichfeld vergleichbar den übrigen Wechselwirkungen beschrieben wird, wodurch zugleich auch das Quantisierungsproblem gelöst wäre;[30] lediglich im klassischen makroskopischen Grenzfall muß sich Einsteins metrisches Feld als eine Art „effektives Feld" jedenfalls innerhalb des geprüften Rahmens ergeben!

Man kann nur gespannt sein, welche einheitliche Quantentheorie aller Wechselwirkungen sich schließlich als erfolgreich erweist und durch das Experiment bestätigt wird.

Literatur:

[1] Siehe hierzu z. B. v. Laue, M.: Die Relativitätstheorie, 1. Band, Vieweg, Braunschweig 1955.
[2] Brecher, K.: Phys. Rev. Lett. *39,* 1051 (1977).
[3] Fox, J. G.: Am. J. Phys. *30,* 297 (1962).
[4] Alväger, T. et al,: Phys. Lett. *12,* 260 (1964).
[5] Babcock, G. C. und Bergmann, T. G.: J. Opt. Soc. Am. *54,* 147 (1964).
[6] Ayres, D. S. et al.: Phys. Rev. *D 3,* 1051 (1971).
[7] Hafele, J. und Keating, R.: Science *177,* 166 u. 168 (1972).
[8] Withney, R. et al.: Science *172,* 52 (1971); Cohen, M. et al.: Astr. J. *170,* 207 (1972).
[9] Dehnen, H. und Obregon, O.: Astr. Lett. *14,* 91 (1973).
[10] Hönl, H.: Physikertagung Wien, Physik Verlag Mosbach 1962.
[11] Unruh, W. G.: Phys. Rev. *D 14,* 870 (1976).
[12] Guth, A. und Steinhardt, P.: Spektrum *7,* 80 (1984).
[13] Kraus, K.: Phys. Blätter *29,* 9 (1973).
[14] Siehe z. B. Dehnen, H.: Umschau *80,* 162 (1980).
[15] Pound, R. und Snider, J.: Phys. Rev. *140 B,* 788 (1965).
[16] Dicke, R. und Goldenberg, H.: Phys. Rev. Lett. *18,* 313 (1967).
[17] Fomalont, E. und Sramek, R.: Comm. Astr. Phys. *7,* 19 (1977).
[18] Shapiro, J. et al.: Geophys. Res. *82,* 4329 (1977).
[19] Hönl, H.: Phys. Blätter *11,* 571 (1960).
[20] Taylor, J. und Weisberg, J.: Ap. J. *253,* 908 (1982).
[21] Siehe Will, C.: Theory and Experiments in Gravitational Physics, Cambridge University Press, Cambridge 1981.
[22] Gale, G.: Spektrum *2,* 90 (1982).
[23] Sanders, R.: Astron. Astrophys. *154,* 135 (1986).
[24] Fischbach, E. et al.: Phys. Rev. Lett. *56,* 3 (1986).
[25] Schäfer, G. und Dehnen, H: Phys. Rev. *D 27,* 2864 (1983).
[26] Siehe z. B. van Nieuwenhuizen, P.: Phys. Rep. *68,* 189 (1981); Campbell, B. und Fogleman, G.: In „An Introduction to Kaluza-Klein Theories", H. C. Lee (Hrsg.), World Scientific (1984).
[27] Toms, D: In „An Introduction to Kaluza-Klein-Theories, H. C. Lee (Hrsg.), World Scientific (1984).
[28] Hönl, H.: Phys. Blätter *37,* 25 (1981).
[29] Collela, R., Overhauser, A. und Werner, S.: Phys. Rev. Lett. *34,* 1472 (1975); siehe auch Greenberger, D. und Overhauser, A.: Spektrum *7,* 42 (1980).
[30] Dehnen, H. und Ghaboussi, F. : Phys. Rev. D *33,* 2205 (1986).

Kurzbiographien der Herausgeber und Autoren

Audretsch, Jürgen; Prof. Dr., Universität Konstanz, geb. 1942 in Einbeck, studierte Physik in Tübingen und Freiburg. Nach der Promotion 1971, einem einjährigen Forschungsaufenthalt am Queen Elizabeth College (University of London) und der Habilitation 1973, ist er seit 1980 Professor für Theoretische Physik an der Universität Konstanz. Seine Arbeitsgebiete sind Allgemeine Relativitätstheorie, Kosmologie, Quantenmechanik und Quantenfeldtheorie sowie insbesondere die Bereiche, in denen diese Theorien gemeinsam zur Anwendung kommen. Neben einigen wissenschaftstheoretischen Arbeiten betreffen seine Veröffentlichungen überwiegend die Untersuchung der Einwirkung von Gravitations- und Beschleunigungsfeldern auf quantenmechanisch und quantenfeldtheoretisch beschriebene Systeme, sowie die Rolle der Quantentheorie in der Axiomatik der Allgemeinen Relativitätstheorie.

Dehnen, Heinz; Prof. Dr., Universität Konstanz, geb. 1935. Nach dem Studium der Physik promovierte er 1961 an der Universität Freiburg bei Prof. Dr. H. Hönl. Nach vierjähriger Assistentenzeit am Institut für theoretische Physik in Freiburg habilitierte er sich 1965 für das Fach Theoretische Physik. Die anschließende Privatdozentenzeit wurde 1968/69 durch eine Lehrstuhlvertretung an der Universität München unterbrochen. Im Jahr 1970 folgte er einem Ruf auf einen Lehrstuhl für Theoretische Physik an die Universität Konstanz. Seine Hauptarbeitsgebiete sind Allgemeine Relativitätstheorie mit den Grenzgebieten Kosmologie und relativistische Astrophysik sowie Feldtheorie.

Ehlers, Jürgen; Prof. Dr., geb. 1929, seit 1971 wissenschaftliches Mitglied des Max-Planck-Instituts für Physik und Astrophysik und Honorarprofessor an der Universität München. Zuvor war er an den Universitäten in Hamburg, Kiel, Syracuse (New York), Dallas, Austin (beide Texas), Würzburg und Bonn als theoretischer Physiker in Forschung und Lehre tätig. Sein Arbeitsgebiet ist die Allgemeine Relativitätstheorie einschließlich der Kosmologie. Seine Veröffentlichungen betreffen überwiegend physikalische und mathematische, manchmal auch wissenschaftstheoretische Fragen aus diesem Gebiet. Er ist Mitglied der Deutschen Akademie der Naturforscher Leopoldina, der Bayerischen Akademie der Wissenschaften und der Akademie der Wissenschaften und der Literatur in Mainz.

Janich, Peter; Prof. Dr., Universität Marburg, geb. 1942, 1969 Promotion, 1969–1970 Gastdozent an der University of Texas, Austin; 1973 Professor für Philosophie an der Universität Konstanz, seit 1980 o. Professor für Philosophie an der Universität Marburg. *Hauptarbeitsgebiete:* Philosophie und Geschichte der Physik, allgemeine Wissenschaftstheorie, Handlungstheorie, Sprachphilosophie, philosophische Probleme der Biologie und der Psychologie. *Buchveröffentlichungen* u. a.: Die Protophysik der Zeit. Konstruktive Begründung und Geschichte der Zeitmessung, Frankfurt 1980; Wissenschaftstheorie und Wissenschaftsforschung (als Hrsg.), München 1981; Methodische Philosophie. Beiträge zum Begründungsproblem der exakten Wissenschaften in Auseinandersetzung mit Hugo Dingler (als Hrsg.), Mannheim/Wien/Zürich 1984.

Mainzer, Klaus; Prof. Dr., Universität Konstanz, geb. 1947; Studium der Mathematik, mathematischen Logik und Grundlagenforschung, Physik und Philosophie an der Universität Münster; 1973 Promotion, danach wissenschaftlicher Assistent am Philosophischen Seminar der Universität Münster; 1979 Habilitation für das Fach Philosophie an der Universität Münster; 1980 Heisenberg-Stipendiat; seit 1981 Prof. für Philosophie an der Universität Konstanz; Visiting Fellow in Campinas (Brasilien) und Pittsburgh (USA); seit 1985 Prorektor der Universität Konstanz (Wiederwahl 1987). *Hauptarbeitsgebiete:* Logik, Erkenntnistheorie, Wissenschaftstheorie, Naturphilosophie und Wissenschaftsgeschichte. *Buchveröffentlichungen* u. a.: Geschichte der Geometrie, Mannheim/Wien/Zürich 1980; Grundwissen der Mathematik Bd. I (mit H.-D. Ebbinghaus, H. Hermes, F. Hirzebruch, M. Koecher, A. Prestel, R. Remmert), Berlin/New York/Tokyo 1984 (engl. Übersetzung 1988); Symmetrien der Natur – Ein Handbuch zur Natur- und Wissenschaftsphilosophie, Berlin/New York 1988.

Mittelstaedt, Peter; Prof. Dr., Universität Köln, geb. 1929 in Leipzig. Studium der Physik an den Universitäten Jena, Bonn und Göttingen. Promotion (Theoretische Physik) 1956 bei W. Heisenberg in Göttingen. Anschließend Forschungsaufenthalte am Max-Planck-Institut für Physik und Astrophysik in München, bei CERN in Genf und am MIT in Cambridge (Mass.). Habilitation an der Universität München 1961. Seit 1965 ordentlicher Professor für Theoretische Physik an der Universität Köln. *Hauptarbeitsgebiete:* Theoretische Kernphysik, Relativitätstheorie, Grundlagen der Quantentheorie, Wissenschaftstheorie und Logik. *Buchveröffentlichungen* u. a.: Philosophische Probleme der modernen Physik, Mannheim ^{6}1981; Quantum Logic, Dordrecht 1978; Der Zeitbegriff in der Physik, Mannheim ^{2}1980; Sprache und Realität in der modernen Physik, Mannheim 1986.

Scheibe, Erhard; Prof. Dr., Universität Heidelberg, geb. 1927 in Berlin. Studium der Mathematik und Physik mit Abschluß Promotion in Göttingen. Stipendiat am Max-Planck-Institut für Physik bis 1957. Assistent am

Philosophischen Seminar der Universität Hamburg. Habilitation daselbst 1963. 1964 ordentlicher Professor der Philosophie in Göttingen, seit 1983 in Heidelberg. Mitglied der Göttinger Akademie der Wissenschaften, der Akademie der Wissenschaften und der Literatur in Mainz und der Académie Internationale de Philosophie des Sciences in Brüssel. *Hauptsächliches Lehr- und Forschungsgebiet:* Wissenschaftstheorie, insbesondere philosophische Begründung von Mathematik und Physik. *Buchveröffentlichungen:* Die kontingenten Aussagen in der Physik. Axiomatische Untersuchungen zur Ontologie der klassischen Physik und der Quantentheorie, Frankfurt 1964; The Logical Analysis of Quantum Mechanics, Oxford 1973.

Schröter, Joachim; Prof. Dr., Universität-GH-Paderborn, geb. 1931 in Dresden. Studium der Biologie, später Physik an der FU Berlin, Diplom (1957) und Promotion in Physik (1962) an der FU Berlin bei Prof. Günther Ludwig, Habilitation 1965 an der Universität Marburg, seit 1973 o. Prof. an der Universität-GH-Paderborn. *Hauptarbeitsgebiete:* Statistische Physik, hauptsächlich Grundlagenfragen der Statistischen Mechanik und Probleme der Transporttheorie (Herleitung der Boltzmanngleichung, Herleitung von Mastergleichungen, exakte normale Lösungen der Fokker-Planck-Gleichung, Begründung der Thermodynamik aus der Kinetischen Theorie, Beiträge zur Theorie von Elektrolyten in Membransystemen, Kinetische Theorie von Systemen aus geladenen Teilchen unter Berücksichtigung von Korrelationen und elektromagnetischer Wechselwirkung). Daneben Arbeiten zur Quantenmechanik und in letzter Zeit Beschäftigung mit Problemen der Relativitätstheorie (Raum-Zeit-Theorie).

Sachregister

G

H

I

J

K

Personenregister